U0213739

普通高等教育规划教材

摩擦磨损与润滑

主　编　侯文英
副主编　高　琳
参　编　李文卓　张春艳　朱东岳

机 械 工 业 出 版 社

本书主要介绍摩擦、磨损与润滑方面的基本知识、基本理论与基本方法，使学生能应用有关知识分析与解决机械设备尤其是冶金设备中出现的摩擦、磨损与润滑方面的有关问题。

本书可作为机械设计制造及其自动化专业本科教材，也可供有关工程技术人员参考。

图书在版编目(CIP)数据

摩擦磨损与润滑/侯文英主编. —北京：机械工业出版社，2012.3
(2018.2 重印)
普通高等教育规划教材
ISBN 978-7-111-36996-7

Ⅰ.①摩… Ⅱ.①侯… Ⅲ.①机械-摩擦-高等学校-教材②机械-磨损-高等学校-教材③机械-润滑-高等学校-教材 Ⅳ.①TH117

中国版本图书馆 CIP 数据核字(2011)第 280135 号

机械工业出版社(北京市百万庄大街 22 号 邮政编码 100037)
策划编辑：倪少秋 责任编辑：倪少秋 周璐婷
版式设计：常天培 责任校对：张 媛
封面设计：张 静 责任印制：李 飞
北京机工印刷厂印刷
2018 年 2 月第 1 版第 2 次印刷
184mm×260mm · 13 印张 · 315 千字
标准书号：ISBN 978-7-111-36996-7
定价：25.80 元

凡购本书，如有缺页、倒页、脱页，由本社发行部调换

电话服务
社服务中心：(010) 88361066
销售一部：(010) 68326294
销售二部：(010) 88379649
读者购书热线：(010) 88379203

网络服务
门户网：http://www.cmpbook.com
教材网：http://www.cmpedu.com
封面无防伪标均为盗版

前　言

摩擦、磨损与润滑是机械设计制造及其自动化专业的一门专业选修课。了解摩擦存在的机理从而控制磨损，改善润滑与密封，已成为当前节约能源和原材料、缩短停机及维修时间的重要手段。同时，摩擦、磨损与润滑在提高产品质量、延长设备寿命和增加可靠性等方面发挥重要作用。

近几年国内出版的关于摩擦、磨损与润滑的教材较少，以往的教材内容又比较陈旧，不够全面，不能反映当今摩擦学发展的最新成果。而且对于具有冶金特色的学校，除了上述摩擦学基本内容以外，还应针对自身特点，加入一些关于冶金机械中如何研究应用摩擦学的章节，以满足学生的专业学习需求。因此，迫切需要一本内容全面、资料新颖且能满足专业特色的一本摩擦学教材。这是机械专业建设的一个亟待解决的迫切任务。

本书正是考虑了上述原因，为机械专业大学本科高年级学生编写的。其目的在于培养学生具有摩擦、磨损与润滑方面的基本知识、基本理论与基本方法，能应用有关知识分析与解决机械设备尤其是冶金设备中出现的摩擦、磨损与润滑方面的有关问题。

本书由内蒙古科技大学侯文英担任主编（第1~6章、第10章），高琳担任副主编（第7~9章、第11、12章），李文卓、张春艳、朱东岳参编。

本书在编写过程中得到了机械工业出版社和本书编辑的大力支持和热情帮助，并提出了宝贵的意见和建议，在此表示衷心的感谢。

编　者

目　录

前言

第1章　绪论 …… 1

1.1　摩擦学的发展 …… 1

1.2　摩擦学研究的内容以及研究意义 …… 5

1.3　本课程的目的和要求 …… 7

第2章　固体的表面特性 …… 8

2.1　固体表面的几何特性 …… 8

2.2　固体表面的物理化学特性 …… 9

第3章　固体表面的接触特性 …… 15

3.1　概述 …… 15

3.2　研究接触特性的方法 …… 20

第4章　摩擦原理 …… 22

4.1　摩擦的概念与分类 …… 22

4.2　古典摩擦定律 …… 23

4.3　摩擦理论概述 …… 25

4.4　分子—机械理论 …… 30

4.5　摩擦的能量理论 …… 32

4.6　摩擦时金属表面特性的变化 …… 35

4.7　摩擦因数的影响因素 …… 40

4.8　滚动摩擦 …… 43

4.9　特殊工况条件下的摩擦 …… 46

第5章　磨损 …… 47

5.1　概述 …… 47

5.2　磨损的几种主要类型 …… 47

5.3　近代磨损理论 …… 60

第6章　润滑理论 …… 65

6.1　润滑的作用以及常见的润滑状态类型和转化 …… 65

6.2　边界润滑 …… 66

6.3　流体动压润滑 …… 68

6.4　流体静压润滑 …… 70

6.5　弹性流体动压润滑 …… 75

第7章　耐磨和减摩材料 …… 79

7.1　金属耐磨材料 …… 79

7.2　减摩材料 …… 85

第8章　润滑剂和添加剂 …… 93

8.1　概述 …… 93

8.2　润滑油的理化性质 …… 94

8.3　润滑油的分类及简要介绍 …… 98

8.4　润滑脂 …… 101

8.5　添加剂 …… 104

8.6　矿物基础油的生产工艺 …… 109

第9章　润滑方法和润滑系统 …… 114

9.1　润滑方法 …… 114

9.2　润滑装置 …… 114

9.3　润滑系统 …… 119

第10章　钢铁冶金典型设备的润滑 …… 122

10.1　烧结和炼焦设备的润滑 …… 122

10.2　炼铁设备的润滑 …… 130

10.3　炼钢与连铸设备的润滑 …… 134

10.4　轧钢机的润滑 …… 140

10.5　炼钢与连铸设备润滑技术应用实例 …… 145

10.6　轧钢设备润滑技术的应用 …… 156

10.7　无缝钢管轧制芯棒石墨润滑

系统的国产化改进 …………………… 164

第 11 章 摩擦学设计 ………………………… 168

11.1 摩擦学设计概述 ………………… 168

11.2 耐磨设计 …………………………… 169

11.3 典型零部件的摩擦学设计 …… 173

第 12 章 摩擦磨损试验和测试分析技术 ………………………………… 180

12.1 摩擦磨损试验的分类 …………… 180

12.2 磨损试验的模拟问题和实验参数的选择 ……………………… 181

12.3 摩擦、磨损、润滑试验机 …… 183

12.4 摩擦磨损试验中的测试 ………… 187

12.5 摩擦表面的近代微观分析法 … 192

12.6 磨损微粒的分析技术 …………… 194

参考文献 ………………………………………… 199

第 1 章 绪 论

1.1 摩擦学的发展

1.1.1 摩擦学的发展过程

摩擦与磨损是普遍存在于人类的物质生产和生活中，并具有极其重要影响的自然现象。很难设想人类能够生存在一个没有摩擦的世界。早在原始社会，人类就学会了“钻木取火”，这是人类最早利用摩擦现象的例子。在我国周代的《诗经》中就有“载脂载辖”的诗句，辖（音狭）是指车轴两端的金属部分。说明我国早在2000多年前，就已掌握了初步的润滑技术。

将摩擦现象作为科学研究的对象进行系统的研究，始于15世纪意大利文艺复兴时期的杰出艺术家和科学家达·芬奇（Leonardo da Vinci），他在摩擦研究领域中有不少卓越的贡献。他研究了摩擦的规律性，确定了摩擦因数以及滑动摩擦与滚动摩擦等概念，此外还研究了摩擦表面上引起的磨损现象。1785年，法国的库仑根据前人的研究，用机械啮合概念解释干摩擦，提出摩擦理论。后来又有人提出分子吸引理论和静电力学理论。1935年，英国的鲍登（Bowdon）等人开始用材料粘着概念研究干摩擦。1950年，鲍登提出粘着理论。严格地说，润滑现象作为科学研究对象的历史始于1886年，英国著名水力学家雷诺（Reynolds）在英国皇家学会的论文集上发表的被称为对建立流体润滑理论具有历史意义的论文，即“润滑的理论及比彻姆·陶渥尔（Beauchamp Tower）在试验方面的应用”。这篇论文从理论上阐述了这样一个原理：将润滑油注入圆柱轴承之后，当轴转动时，轴与轴承之间的流体油膜因旋转而产生流体力学性质的压力，支持轴载荷。

然而长期以来，摩擦、磨损和润滑这三种现象被人为地分割开来进行研究，而且大多数都是从力学或物理学的角度进行研究。其研究成果分散在各个传统的分支学科中，有关知识分散在大学的物理、力学、机械原理和机械零件或机械设计等课程中，而没有综合成一门统一的学科和课程。这就大大地妨碍了它的发展。

20世纪50年代普遍应用电子计算机以后，线接触弹性流体动压润滑理论有所突破。60年代在相继研制出各种表面分析仪的基础上，磨损研究得以迅速开展。至此，综合研究摩擦、磨损与润滑相互关系的条件已初步具备，并逐渐形成摩擦学（Tribology）这一新学科。

随着计算机技术的发展，以前不能用解析法解决的问题大都可以进行精确的定量计算，所分析的因素更加全面和符合实际，目前经典流体润滑理论已经基本成熟，研究的重点转向特殊介质和极端工况下的润滑理论，例如超层流润滑、多相流体和流变润滑理论，特别是针对异向曲面摩擦副的润滑问题所建立的弹性流体动压润滑理论和应用研究已取得重大进展。

混合润滑是最为普遍的润滑状态，在国外也受到广泛的关注。

材料磨损研究已从早期的宏观现象分析转向微观机理研究，应用现代表面分析技术揭示磨损过程中表面层组织结构和物理化学变化。目前国际上提出的能量理论或材料疲劳机制的各种磨损理论，可以作为摩擦副材料选择和抗磨损设计的依据。此外，新型轴承和动密封装置的结构、新型材料与表面热处理技术、新型润滑材料与添加剂等方面的研究均有较大的进展。

摩擦学学科的迅速发展是与工业界的需求密不可分的。随着机械设备向着大功率、高速度方向发展，以及机械设备在苛刻工况下的应用，机械零件因摩擦磨损而加速失效，不仅维修费用增大，甚至使整个机械设备丧失功能。因此，降低机械设备的摩擦损耗，提高机械设备的效率，维护机械设备的正常工作，就成为机械设计、制造及使用维护部门关注的问题。正是工业界的这种需求，推动了摩擦学理论的发展。

今天，摩擦学研究已经深入到更为广阔的领域，除了在摩擦与磨损机理、润滑理论、摩擦学测试技术和设备工况检测技术，以及减摩耐磨材料研究等传统领域摩擦学研究得到进一步发展外，而且在以往未曾达到的技术领域，例如太空领域、微观领域、生命科学等亦形成了新的研究方向和学科分支，并对推动这些领域的科学进步作出了贡献。

摩擦学研究的对象也越来越广泛，在机械工程中主要包括：①动、静摩擦副，如滑动轴承、齿轮传动、螺纹联接等；②零件表面受工作介质摩擦或碰撞、冲击，如犁铧和水轮机转轮等；③机械制造工艺的摩擦学问题，如金属成形加工、切削加工和超精加工等；④弹性体摩擦副，如汽车轮胎与路面的摩擦、弹性密封的动力浸漏等；⑤特殊工况条件下的摩擦学问题，如宇宙探索中遇到的高真空、低温和离子辐射，深海作业的高压、腐蚀、润滑剂稀释和防漏密封等。此外还有生物中的摩擦学问题，如研究海豚皮肤结构以改进舰船设计，研究人体关节润滑机理以诊治风湿性关节炎，研究人造心脏瓣膜的耐磨寿命以谋求最佳的人工心脏设计方案等。地质学方面的摩擦学问题有地壳运动、火山爆发和地震，以及山、海、断层形成等。在音乐和体育以及人们日常生活中也存在大量的摩擦学问题。随着科学技术的发展，摩擦学的理论和应用必将由宏观进入微观，由静态进入动态，由定性进入定量，成为系统综合研究的领域。

1.1.2 摩擦学主要研究方向的发展

摩擦学是一门十分复杂的学科，迄今发现的与摩擦有关的因素多达上百个。在一般的基础物理教材中很少谈及摩擦的起因和本质问题，只给出一些经验规律。事实上目前也确实还没有建立起十分成熟的摩擦理论，摩擦问题一直是科学技术研究领域的一个重要课题。

1. 流体润滑理论的发展

随着人们对润滑机理和理论的深入研究，润滑理论经历了由宏观观察到微观分析的发展；从凭经验对摩擦现象作定性分析，发展到对摩擦的各种物理和化学现象的相互关系建立精确的定量动态模型；从对摩擦磨损的少数因素的研究向全面综合研究的方向发展。

1886 年，Reynolds 提出了润滑方程，开创了流体润滑理论研究。随后，基于粘性流体力学建立的流体动润滑理论广泛应用于滑动轴承等面接触机械零件的设计中。20 世纪 60 年代以后，人们又将 Reynolds 流体润滑理论与 Hertz 弹性接触理论相结合而发展了弹流理论，成功地解释了诸如齿轮传动、滚动轴承等点线接触机械零件的润滑设计问题。弹流理论经历了从经典的弹流理论到现代弹流理论的发展过程，经典的弹流理论考虑了固体表面在流体动压作用下的弹性变形，润滑剂的粘度和可压缩性。但它所预测的油膜厚度不能满意地解释牵引力的数值是随着滚动速度或滑动速度变化的原因。1919年，Hardy提出边界润滑状态，即润滑油添加剂中的元素通过物理或化学作用，在金属表面形成具有润滑作用的吸附膜。边界膜更薄，通常由规则排列的单分子或几个分子层组成。边界润滑的理论基础主要是物理化学和表面吸附理论。

弹性润滑理论及其观测技术的深入发展，促使人们去探索新的润滑状态，如薄膜润滑（Thin Film Lubrication）状态，用它来描述边界润滑与弹流润滑之间的过渡状态。20世纪90年代初，从理论和实验两方面都论证了薄膜润滑状态的存在，并在薄膜润滑性能和机理研究方面取得了重要进展。

2. 纳米摩擦学

现代机械科学的发展趋于机电一体化、超精密化和微型化。许多高新技术装置中的摩擦副间隙常处于纳米量级。微型机械因受到尺寸效应的影响，使零件表面的粘着力、摩擦力和膜粘滞力相对于体积而言显得非常突出。因此，微观摩擦磨损和纳米薄膜润滑成为关键问题。

纳米摩擦学研究不仅是现代科技发展的需要，也是摩擦学深入发展的趋势。纵观摩擦学的发展历史，它作为技术基础的学科，随着机械工业的技术进步经历了几个发展阶段和研究模式。17世纪，Amontons建立了以固体摩擦经典理论为代表的研究模式，属于经验研究模式。18世纪末，在工业革命的推动下，Reynolds根据流体力学奠定了流体润滑理论基础，从此开创了摩擦学。到20世纪30年代，随着机器工况参数日益复杂，人们开始应用表面物理学、金属物理和工程热力学等研究摩擦学行为。例如，Tomlinson研究摩擦学过程中的原子间能量转换，Bowdon和Tabor建立表面粘着理论等，促使摩擦学成为涉及机械、物理化学、材料化学和热物理等的边缘学科，其研究模式由单一的学科研究进入多学科的综合分析。1989年，Winer在欧洲摩擦学国际会议的特邀报告中指出，研究微观或原子水平的摩擦学在今后可能获得重大突破，1992年里兹-里昂摩擦学国际研讨会上，Dowson在主题报告中总结近20年来摩擦学的重大发展并提示：人们已认识到亚微米和纳米厚度的润滑膜和表面涂层的重要作用，现代摩擦学研究正在向表面和界面科学的方向发展。从20世纪80年代末期开始，美国、日本等发达国家提出微观摩擦学研究，20世纪90年代微观摩擦学发展为纳米摩擦学，并迅速成为机械学科的前沿研究领域。

纳米摩擦学旨在原子、分子尺度上研究摩擦界面磨损与机理。其学科基础之一是现代表面科学，在研究方法、理论基础、测试技术和应用对象等方面与宏观摩擦学不同。显然，在纳米摩擦学研究范围内，材料的物理化学特性及其对环境变化的反应都有很大变化，作为宏观摩擦学主要依据的连续介质的力学性能和材料的体相特征均不完全适用。

纳米摩擦学有着广泛的研究前景，其中，薄膜润滑的机理研究是近年来摩擦学领域中最为活跃的研究方向之一。人们在对弹性流体理论的研究过程中发现，许多处于低速、重载、高温和低粘度润滑介质的机械设备和超精密机械的摩擦副常处于比通常弹流润滑膜厚度更薄的润滑状态（即薄膜润滑状态，膜厚在几个至几十个纳米之间）下工作。另外，随着现代高新技术和超精密机械的发展以及新型材料和表面工程的应用，处于纳米间隙的摩擦磨损问题也较为突出。因此，有关纳米摩擦学的研究无论是在理论上还是在工程应用前景上都有重大的价值。

3. 摩擦学设计

作为在机械设计阶段就可以有效地解决设备中摩擦、磨损与润滑问题的现代设计方法之一，摩擦学设计以摩擦学理论为基础，从系统工程观点出发，通过理论、试验以及经验类比分析，预测并排除可能发生的故障，使机械设备在使用中具有最好的工作性能和经济性。摩擦学设计和其他现代设计方法被认为是机械零件设计经历了运动学设计和强度设计之后的第三阶段的设计过程。

早在1985年，美国标准局组织了一个摩擦学设计的专题讨论会，会议制定了开发计算机人工智能技术计划，以便实现真正意义上的摩擦学设计，并在工程实际中得到推广运用。1988年9月，第十五届里兹-里昂国际摩擦学学术会议在英国召开，会上宣读论文54篇，其中已有一些论文使用了人工智能的设计思想和方法，并把它用于摩擦学设计中，研究内容涉及航空、汽车、铁路和电力等诸多行业。在中国，1989年4月中国摩擦学学会和机械设计学会共同在南京召开了摩擦学设计研讨会，会上正式提出了以摩擦学设计的名称开展研究工作，并提出了研究的方法。以中国工程院院士谢友柏教授领衔的西安交通大学润滑理论及轴承研究所在该领域里开展了大量的颇有成效的研究工作。黄碧华、谢友柏等人针对柴油机的磨损问题进行了“柴油机磨损状态监测及故障诊断专家系统知识库建立的研究”。武汉汽车工业大学梁华、杨明忠等人在研究人工智能的基础上提出了摩擦学系统磨损趋势神经网络预测模型，并进一步研究了磨损趋势神经网络预测的单步预测法和多步预测法。合肥工业大学的桂长林教授及其研究小组在AICAD摩擦学设计的研究方面已经取得初步成效，已在1999年3月完成机械工业技术发展基金项目“发动机摩擦学设计理论和方法的研究”，运用人工智能CAD的方法，对发动机摩擦副进行了概括性的分析研究，并提出了一种集成化智能CAD的研究方法。武汉工程大学徐建生副教授在研究人工智能摩擦学设计的基础上开发了一套丝杆螺母副摩擦学设计程序软件，此软件所设计的丝杆螺母副既能满足强度设计要求，又能满足摩擦磨损设计要求，为人工智能摩擦学设计和应用起到了较好的示范作用。

4. 耐磨材料

耐磨材料广泛用于矿山、建材、冶金、电力及铁路等行业的耐磨零件的制造，如破碎机的颚板、锤头、球磨机衬板、磨球等。衬板是主要磨损件，磨球和磨段更是大宗消耗材料。磨损件很快失效，频繁更换，不仅浪费大量的金属材料，而且造成巨大的停工停产损失，这已成为制约生产发展的一个障碍。

高锰钢在国内外已经成功地应用了一百多年了，它必须在充分的强烈冲击条件下才能产生加工硬化而变得耐磨，所以在许多工况条件下，高锰钢并不是一种万能和有效的耐磨材料。例如，目前公认的球磨机衬板、熟料破碎机锤头等零件在采用高锰钢时冲击硬化程度很低，使用寿命较短。

与传统的金属耐磨材料相比，陶瓷和非金属耐磨材料有着比金属材料更优异的性能。但是，由于陶瓷材料的脆性，往往限制了其在有冲击条件下的应用范围。现在，利用高硬度的脆性耐磨材料和韧性较好的基体相结合的复合耐磨材料得到了成功的应用。最普遍的是采用高铬铸铁和高锰钢或中、低合金钢基体的复合（包铸）件；也有采用硬质合金和陶瓷材料镶嵌的复合件（如锤头和磨辊等）。双金属复合材料是由具有优良抗磨性的合金白口铸铁与具有一定强度和韧性的钢组成，白口铸铁作为抗磨组元能有效地抵抗磨料磨损，而钢具有一定的强度和冲击韧度来承受冲击载荷。这种复合金属材料可应用于既受到严重磨料磨损，又受到较大的冲击载荷，如颚式破碎机、锤式破碎机锤头、大型球磨机衬板等。实践表明，这种双金属复合材料的冲击韧度是单一白口铸铁的5~10倍，其使用寿命是传统高锰钢的几倍或十几倍，且使用过程中安全可靠，双金属复合材料在冶金、矿山、采石场、水泥厂等工矿企业的应用前景广阔。

目前国内外对耐磨材料的需求在不断增长，为了不断提高我国耐磨材料的品质，应认真做好如下几点：①提高冶金质量；②积极研究和推广耐磨材料的加工工艺；③建立严格的材料检验制度；④正确选择和使用耐磨材料。

1.2 摩擦学研究的内容以及研究意义

1.2.1 摩擦学研究的内容

摩擦学是20世纪60年代中期在英国首先创立的一门新兴学科。它是研究发生在作相对运动的相互作用的表面（界面）上的各种现象产生、变化和发展的规律及其应用的一门科学。它的研究对象是表面（界面）上发生的各种现象，而这种现象的产生只是由于相对运动而引起的表面之间以及表面与环境之间的相互作用。这种相互作用不仅包括力学和物理的作用，也包括化学、热力学、力化学和摩擦化学的作用。因此，在机器设备的静止表面上产生的腐蚀现象以及机器零件内部发生的疲劳损伤均不属于摩擦学研究的对象。

摩擦学研究的基本内容是摩擦、磨损（包括材料转移）与润滑（包括固体润滑）的原理及其应用。大体上可概括为以下几方面：

1）摩擦学现象的机理。

2）材料的摩擦学特性。

3）摩擦学元件（包括人体人工关节）的特性与设计及其摩擦学失效分析。

4）摩擦学材料。

5）润滑材料。

6）摩擦学状态的测试技术与仪器设备。

7）机器设备摩擦学失效状态的在线检测与监控以及早期预报与诊断。

8）摩擦学数据库与知识库。

从学科性质上看，摩擦学具有以下三个特点：

1）摩擦学是一门在传统学科的基础上综合发展起来的边缘学科。摩擦、磨损与润滑涉及科学技术的极其广泛的专业领域，包括力学、物理学、化学、热力学、传热学、表面科学以及机械工程和材料科学与工程等多种学科。

2）摩擦学是一门具有很强应用背景的横断学科。摩擦学的产生主要是以节约资源、节省能源、提高效益等近代实用性很强的课题为背景。然而，它的应用背景已远远超出了机械行业以及工业和交通运输业的领域，因而产生了生物摩擦学、地质摩擦学和生态摩擦学等新的学科分支。

3）摩擦学是一门学科边界还没有完全界定的新兴学科。随着科学技术的发展，摩擦学与一些先进的技术和方法相结合，并且不断地向其他学科渗透，从而又逐步形成新的学科分支，如摩擦化学、摩擦学设计以及陶瓷摩擦学、高分子材料摩擦学、空间摩擦学、核反应系统摩擦学和纳米摩擦学以及计算摩擦学等。

综上所述，摩擦学的基本框架可表示为一个以摩擦学的学科基础、研究内容及其应用目标组成的三维结构图，如图 1-1 所示。

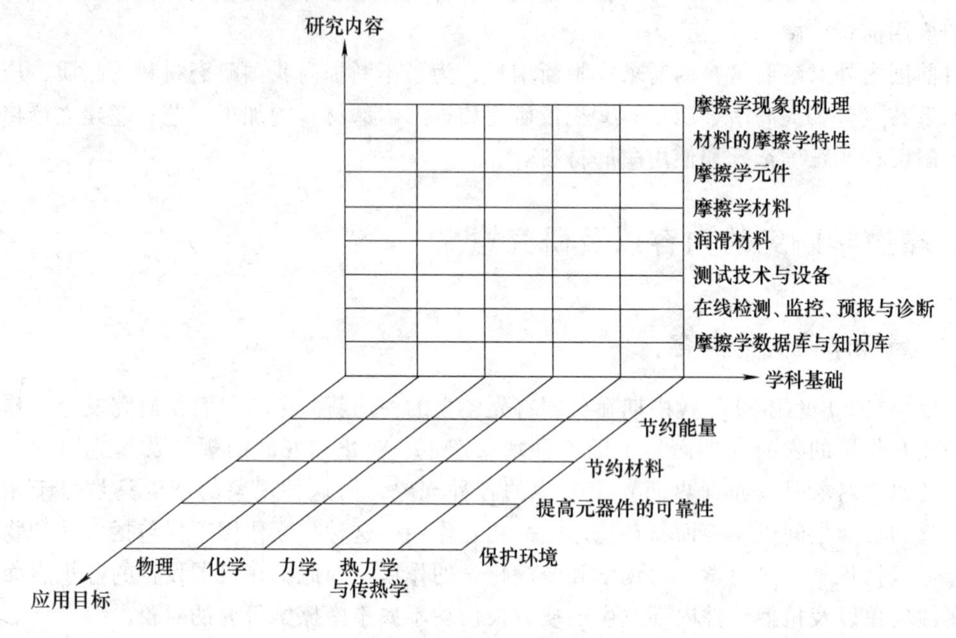

图 1-1　摩擦学的基本框架

自从摩擦学作为一门独立的学科创建以来，它在工业和交通运输业中对国民经济的发展和科技进步所发挥的重要作用及其巨大的经济意义已越来越为人们所认识。然而，摩擦、磨损与润滑是自然界（包括人体）普遍存在的现象，大至宇宙，小至分子、原子，只要有相对运动的界面，这些现象都会发生。因此可以推断，摩擦学将会在更广泛的范围内促进其他学科的发展，如天体物理、地球科学、核子物理、医学工程、运动力学等。一旦这一点被人们所充分认识，摩擦学必将进入一个新的发展阶段。

1.2.2　摩擦学研究的意义

摩擦学与人类生活和生产的各个方面都有着极为密切的关系，尤其是科学技术及工业生产高度发展的今天，要求摩擦学不断深入研究和迅速发展，就更有重要的现实意义。

1. 摩擦学是一门能源保护的科学

据估计，世界上能源的 1/3 ~1/2 最终以各种方式表现为摩擦的损失，近一半由于摩擦而浪费掉，这是一个十分可观的数字。据 1977 年美国能源消耗最大的四个部门（交通运输、电力、加工以及商业和民用部门）的统计分析，这四个部门的能源消耗占全国能源消耗的 80%，但是，其中近乎一半是在使用过程中未经做功而损失掉的，如果从摩擦学方面采取合理必要的措施，就会大大地节省能源消耗。

2. 摩擦学的发展是工业和科学技术发展的迫切需要

摩擦学问题大量、普遍地存在于所有机械设备中。统计分析表明，导致机械失效的主要原因，并不是零部件的断裂，而是运动副的摩擦损坏。我国现在的机械产品，在国际市场上缺乏竞争力，其主要问题之一是许多基础件不过关，而其中很大一部分是由于摩擦学方面的设计不够完善造成的。如汽轮发电机组因轴承发生油膜振荡而不能运行，汽车因制动材料热性能差而不能提高行驶速度，许多机械因磨损过快而达不到寿命要求或精度要求，流体系统因密封不可靠而影响使用等。现在机械产品在国际市场上的竞争力，都体现在效率高、精度保持性好、使用可靠、寿命长，这些要求大部分与摩擦学设计有关。所以，现在国际上公认，机械产品如不进行摩擦学设计，必然要丧失市场竞争力。

3. 摩擦学的研究和应用具有巨大的经济意义

摩擦学的经济效益往往要经过一段时间之后才能体现出来。据国外文献报导，日本一年依靠摩擦学技术可节约27亿美元（1974年）；美国仅在运输、发电、工业生产等几个领域，依靠摩擦学技术一年即可节约160亿美元（1976年）。其他国家也有类似的报导，其每年可节约的数字大致相当于国民经济年总产值的1%左右。我国在改善摩擦润滑方面可能获得的经济效益的潜力比发达国家更大。

1.3 本课程的目的和要求

本课程的主要目的是通过对本课程的学习，使学生深入、系统地了解摩擦、磨损与润滑的基本原理，并在此基础上初步掌握“控制摩擦、减轻磨损、改善润滑”的主要方法，以及摩擦学研究的某些基本方法。从工程应用来看，摩擦学也可以认为是研究材料的摩擦学性能及其工程应用的一门技术科学。对材料的摩擦学性能的认识和分析，从系统分析的观点看，可以大体上归纳为以下两种基本方法。

1. 黑箱法

只知其输入值和输出值，不知其内部结构的系统称为“黑箱”。而通过对系统输入—输出数据的测量和处理，以建立系统数学模型的方法，即系统辨识方法。因此，用这种方法建立相应的“黑箱数学模型”去解决实际问题的研究方法，可称为“黑箱法”。它是研究结构和机理尚难弄清楚的复杂系统以及不能或不允许打开的系统的一种有效的方法。在摩擦学中常用这种方法分析材料的摩擦学性能，即在不了解材料内部的组织结构，或者不考虑其组织结构时，可把材料的内部组织结构看成是一个尚未认识或不能打开的黑箱，而可以从其输入与输出的信息及其之间的传递函数来认识与分析材料的摩擦学性能。

输入与输出信息反映了黑箱与周围环境的联系；而在外部环境恒定条件下将输入信息转换为输出信息的方法或机制（以传递函数表示）反映了黑箱的功能。

2. 相关法

这种方法是在大量试验数据的基础上，建立材料的摩擦学性能 P_t 与材料表面组织结构参数 S_i 相关性之间的函数关系，即

$$f(P_t, S_1, S_2, \cdots) = 0$$

应用上述函数关系，可通过各种表面技术改变材料表面的组织结构，以达到控制材料摩擦学性能的目的。

显然，上述两种基本方法的基础都是试验。因此，试验研究是解决摩擦学问题的基本手段。

第2章 固体的表面特性

摩擦学是研究接触表面在相对运动的过程中，表面上所发生的摩擦、磨损与润滑现象的。摩擦是一种表面效应，两个物体作相对运动时遇到的阻力主要取决于该表面的状态，即表面是光滑的还是粗糙的，清洁的还是污染的，以及材料的机械力学特性和表面的物理化学特性。因此，在深入研究这些现象之前，有必要对与摩擦学特性有关的固体表面本身的几何特性和物理化学特性进行了解。近代科学技术的发展，为揭示摩擦表面的物理化学性质提供了手段，使摩擦学机理的研究能够更深入地探索其微观本质。

2.1 固体表面的几何特性

任何固体的表面都不是绝对平整光滑的，即使经过精密加工的机械零件表面也存在许多肉眼很难看到的凸起和凹谷。在显微镜下观察到的零件表面如同大地上的峡谷、山峰和丘陵一样。这是因为任何加工表面不论其加工手段如何，在加工过程中机床—刀具—工件系统的振动、切屑分离时的塑性变形以及加工刀痕，都会形成大小不等的几何形状误差，这些误差可归纳为三类，即宏观几何形状误差、中等几何形状误差和微观几何形状误差。

2.1.1 宏观几何形状误差

宏观几何形状误差主要是由机床精度、夹紧力、切削力引起工件和设备的弹性变形等造成的，其波距在10mm以上。与摩擦磨损有关的宏观几何形状误差主要有平面度、圆度、圆柱度。

平面度是指实际平面不平的程度。平面度误差可用包容该平面的一对距离最小的理想平面之间的距离 H 来表示（图2-1）。

圆度是指一个柱面在同一横截面内的实际轮廓的不圆程度，实际轮廓往往可用无数组同心的理想圆来包容，而其中必有一组同心圆的半径差最小，此最小半径差 r 就是该横截面的圆度误差（图2-2）。

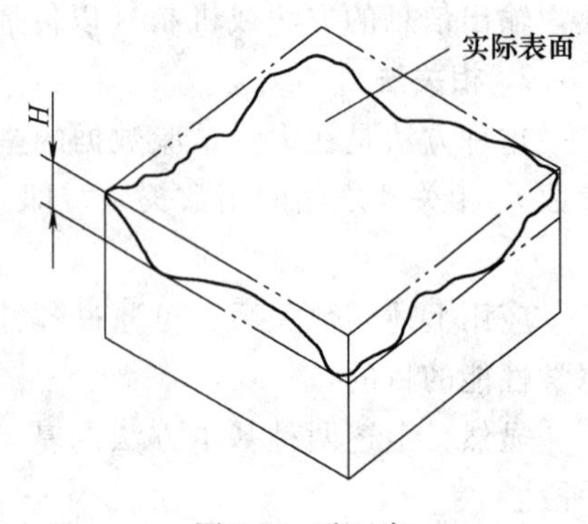

图2-1 平面度

圆柱度是控制圆柱面的横截面和纵截面形状误差的综合性指标。一个实际圆柱面可以用无数组同轴圆柱面包容，其中必有一组同轴圆柱面的半径差最小，此最小半径差 r 即为该圆柱面的圆柱度误差（图2-2）。

宏观几何形状误差的特点在于它是与名义几何形状不同的、连续的、不重复的表面形状偏差。它对零件的使用性能影响很大。在圆柱面的间隙配合中会使

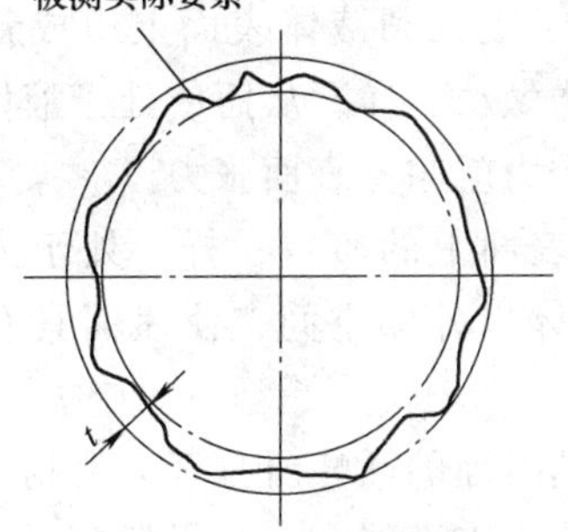

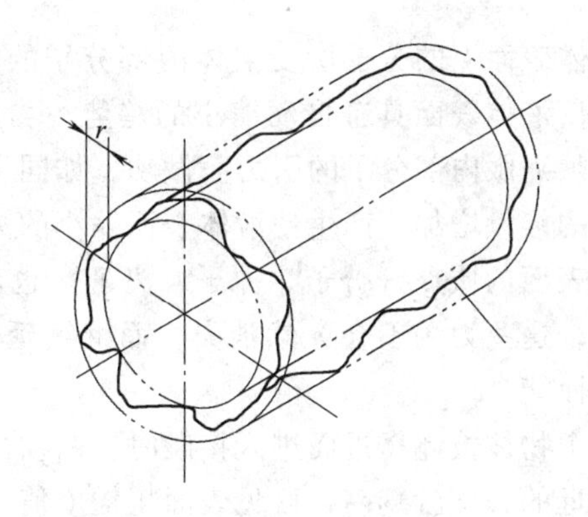

图 2-2　圆度和圆柱度

其间隙不均匀，从而造成局部过度磨损，使配合性质遭到破坏，致使零件使用寿命下降甚至完全失效。在平面接触的情况下，这种误差会使互相配合零件的实际支承表面面积减少，从而增大比压，使表面变形也相应增大，而在发生相对运动时，导致磨损加剧。

2.1.2　中等几何形状误差

中等几何形状误差又称为表面波纹度，是由机床、工件、刀具的振动引起的，其特点具有周期性，其波距为 1～10mm（图 2-3）。

接触表面上波度的存在会使零件实际支承面积减小，在间隙配合中使磨损加剧，对于高速旋转的零件，还会引起振动和噪声。通常，波高的影响要比波距的影响大得多。

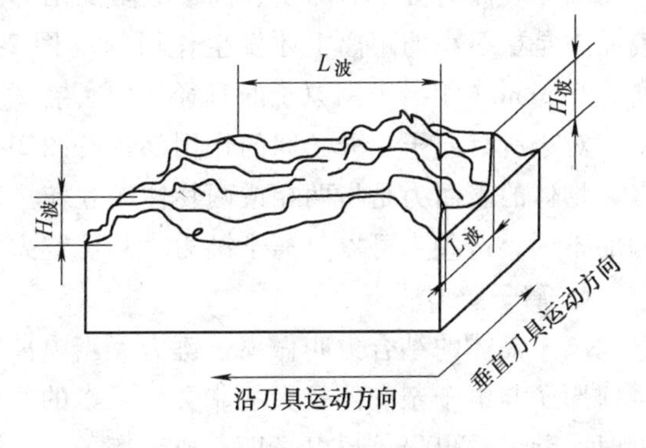

图 2-3　表面波纹度

2.1.3　微观几何形状误差

微观几何形状误差以表面粗糙度来表示，其特点是没有明显的周期性，波距较小，一般为 2～800μm。

表面越粗糙，接触面上的支承面积越小，单位压力就越大，越易于磨损。表面平滑可以减小摩擦因数，对工作机来说可以提高效率，对动力机来说可以增加输出功率，减少表面磨损延长寿命。但是表面过于光洁，不利于储藏润滑油，也会增大两表面之间的分子吸附力，从而增大摩擦因数。

2.2　固体表面的物理化学特性

2.2.1　固体的表面能和表面力

表面，确切地说是指物体相对真空或本身的蒸气所接触的界面。而物体与另一物体相接触的表面，应称之为界面，即两种相的交界面。人们所研究的表面现象，都是发生在界面上的现象，由于习惯，仍称之为表面。

液体表面上的分子不同于液体内部的分子，液体内部的分子受周围分子对它的吸引而平衡，而液体表面上的分子所受液体内部分子的吸引力大于受液体表面以外空气分子的吸引力，从而使液体表面具有自动缩小的趋势。当内部分子上升到液体表面上组成新液体表面时，就必须克服内部分子的引力而做功，如同举起重物做功一样，从而使处于液体表面上的液体分子的能量增加，产生使液体表面缩小的力，这个力就叫做表面张力。

固体表面的质点（分子、原子、离子）也和液体表面上的质点一样，处于力场的不平衡状态中，这些力场不会突然消失，而继续延伸到固体以外的空间，使表面具有一定的能量，即表面能。

当两个物体彼此靠近而进入接触时，两物体便被其表面的凸峰所分开，两物体的表面越光洁，接近的程度就越高，可见表面粗糙度值小的物体，表面能大。如果把两个表面粗糙度值很小的物体压在一起，靠界面上分子间的吸引力，就会形成非常牢固的粘结；同时，表面能高的表面会导致快速的表面吸附，吸附层使表面隔开，从而减少了摩擦。

表面上的大多数质点都表现出很高的化学活性，急于吸引其邻近质点即外来的分子、原子、离子，而得到某种补偿，结果就降低了固体的表面能（自由焓）。金属表面形成的氧化膜降低了金属的表面能。同样，对表面进行润滑的结果，就是明显减弱了物体的表面能。固体表面能的概念已经成为研究摩擦磨损问题中公认的主题，但是至今还没有更多的资料作为定量分析的基础。

固体表面的分子、原子、离子吸附周围邻近粒子这一现象，说明固体表面具有表面力，表面力是在很小的距离上才发生作用的（图 2-4）。对于两个铜原子来说，当两个原子的距离为 0.3nm（相当于铜原子的直径）时，在 P 点上，吸力和斥力相平衡；OP 为其平衡原子距。对于所有原子、分子间的作用都具有图 2-4 所示的形式，Q 点是使两个原子分离的临界点。物体的表面力是指两相或两物体相互作用时有助于物体内聚的各种力，按照固体晶体结构的不同，这些力可以是离子键力、共价键力、金属键力和范德华力等。

1. 离子键力

离子晶体的结合力叫做离子键力。当电离能较小的金属原子与电子亲和能较大的非金属元素的原子相互接近时，前者放出最外层电子而形成正离子，后者吸收前者放出的电子而变成满壳层的负离子，正负离子由于库仑引力作用而相互靠近，当它们靠近到一定程度时，两闭合壳层的电子云因重叠而产生排斥力，当斥力和吸力相等时就可以形成稳定的离子键。离子键没有方向性和饱和性。氯化钠晶体就是典型的离子晶体。

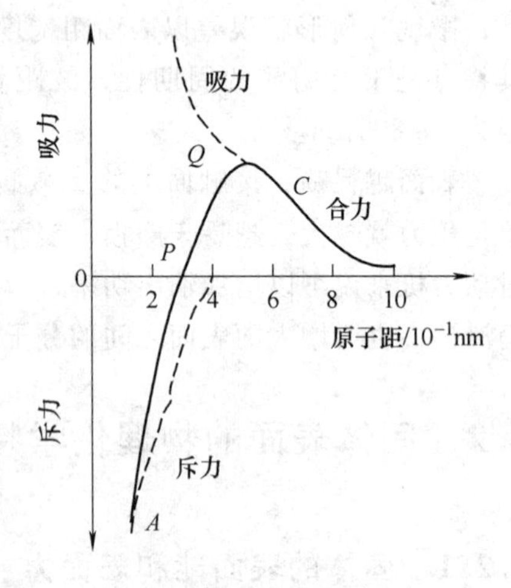

图 2-4　原子吸力、斥力与原子距的关系

2. 共价键力

原子晶体的结合力称为共价键力，原子晶体又称为共价晶体，典型的是氢分子（H_2）中的两个原子之间的结合。两个氢原子相互靠近形成分子时，两个价电子集中在两原子核之间运动，为两原子核所共有，且两电子的自旋相反，故共价键是由两原子之间一对自旋相反的共有电子形成的。共价键的结合力很强，具有方向性和饱和性。具有代表性的共价晶体是金刚石。

3. 金属键力

在金属晶体中，原子失去了它的部分或全部价电子而成为离子实，这些离开原子的价电子，不属于某一个离子实所专有，而为全体离子实所共有，金属键力就是靠共有价电子和离子实之间的相互作用而形成的。金属键没有饱和性和明显的方向性，因此金属的结合很牢固，有很高的硬度和熔点，导电和导热性能都很好。

4. 范德华力

分子之间的相互作用力称为范德华（Vander Waals）力。分子晶体的结构单元就是分子，分子晶体的结合力就是范德华力，故称为范德华键，这种键没有方向性和饱和性。由于相互极化而产生的引力很弱，晶体结合力很小，熔点和硬度都很低。范德华键就是靠偶极矩或瞬时偶极矩的相互作用、相互极化而产生吸引力的。表2-1给出上述四种力的主要特性。

表2-1　四种键合力的主要特性

表面力类别	离子键力	共价键力	金属键力	范德华力
化学键	离子键	共价键	金属键	范德华键
作用方式	静电场	电子分布交错	界面游离电子	电磁场振动
作用范围	$<$原子尺寸	$=$原子尺寸	$\approx$原子尺寸	$>$原子尺寸
结合能/eV	8.5	6.0	2.5	0.1

2.2.2　吸附和固体的表面膜

如果由于界面上的吸引力而形成一层与界面不相同的组织，那么就把这个新表面层叫做吸附层，吸引的过程就叫吸附，吸附层具有被吸附物本身的特性。在固体界面的情况下，被吸附的物质叫做吸附质，能吸附的相称为吸附剂。吸附有两种，即物理吸附和化学吸附。

吸附层在边界润滑中起着十分重要的作用。在特殊条件下工作的轴承，其摩擦的大小取决于轴承表面上形成的表面膜。因为发生边界摩擦时，首先发生摩擦的是表面膜，所以边界摩擦的大小主要与表面膜相对运动的阻力有关。润滑剂所产生的效果是使表面变得更加光滑，从而起到减摩作用。

原子能够获得电子或失掉电子而呈负电性或正电性。例如直链碳氢化合物的感应分子中电荷抵消，而在饱和脂肪酸的非感应分子中，分子的一端为正，另一端为负，两端形成偶极子。偶极矩等于其偶极电荷乘以极距。具有偶极矩的分子称为高极性分子，如脂肪酸的极性分子中的羟基—COOH为极性头。它不同于相应的烃类中的—CH_3。碳基C=O中的氧吸引碳原子，而使碳原子失去电子带正电，羟基中氧化了的碳原子反过来又吸引氢原子中的电子，而使氢原子带正电（图2-5）。偶极矩就等于移动的电荷和移动距离的乘积。该偶极矩有大小也有方向，永久性偶极子和诱发性偶极子不同，把永久性偶极子称为极性分子。

图2-5　脂肪酸中的极性头

即使在永久性偶极子不存在的情况下，非常接近的原子和分子之间的作用也会引起瞬时极化。这些极化作用同时发生，从而又进一步增强了极矩。这种复合过程是非常复杂的，它涉及原子和分子的振荡频率，根据被动理论，这些力具有的能量是可以计算出来的。这种影响可称为散射效应，所产生的力称为散射力。固体中分子间的吸引力或键价力是很复杂的，主要取决于固体本身的结构。通常，这些力主要是范德华力，由引起永久偶极子、感应偶极子的力和散射力组成。计算这些力不是目的，但是说明这些力的存在及作用，对于认识固体表面特性是必要的。

脂肪酸分子被认为是有极性的。分子的极化部分对其他极性分子和水具有亲和力。短链脂肪酸既可溶解在水中也可溶解在油里。分子中的烃基部分溶解于油，极性头（或—COOH团）则可溶解在水里。当把它放在油/水或空气/水界面上，它们就可以利用极性头固定在水中，利用烃基部分固定在油中或空气里，使分子定向排列出多分子层。这种表面吸附就是表面活性的一个例子，而脂肪酸就是活性材料，通常称为活性剂。

固体的表面能是不能直接测量出来的，但可通过与液体的接触状态推算出来。如图 2-6所示，在液/固界面上，根据液体与固体表面之间夹角 θ 的大小可推断出液体和固体之间吸附力的大小。当 $\theta<90°$时，固体与液体之间的吸引力大于液体内部的吸引力，将发生润湿；当 $\theta>90°$时，固体与液体间的吸引力小于液体内部的吸引力，将不发生润湿。显然，润湿程度的大小，对摩擦面上的吸附具有很大的影响，吸附的强弱将影响到润滑的性能。

1. 物理吸附膜

清洁的表面具有很大的活性，处于不稳定状态，具有很高的表面能和吸附能力。物理吸附是一种最容易形成的吸附现象。固体表面和被吸附分子之间只依靠分子之间的引力形成的吸附叫物理吸附，物理吸附没有电子交换，结合力很弱，形成的物理吸附膜（图 2-7）是单层分子，也可以是多层分子，过程是可逆的。既可以发生吸附，也可以发生脱吸。物理吸附膜的厚度很小，如硬脂酸在金属表面上的吸附膜厚度只有 1.9nm（19Å）。

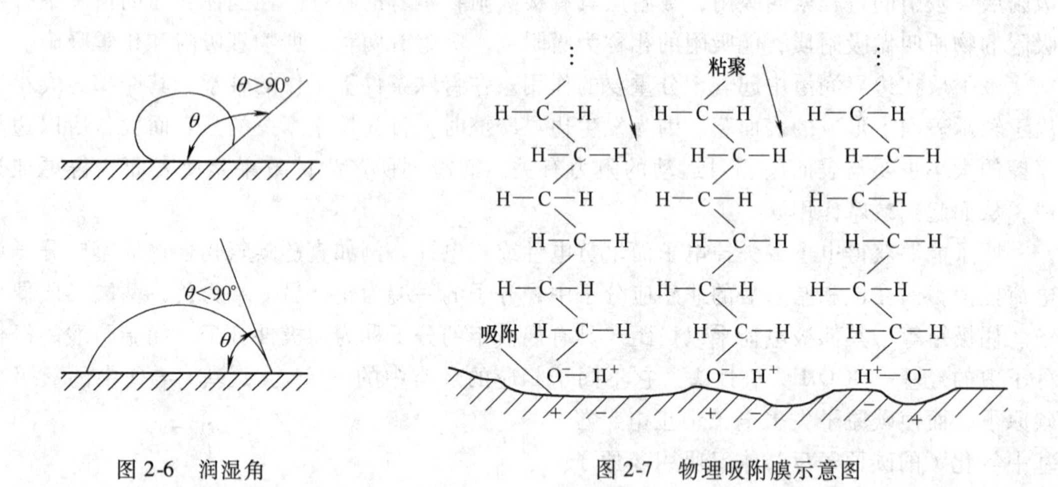

图 2-6　润湿角

图 2-7　物理吸附膜示意图

物理吸附对温度很敏感，高温可以引起脱吸或分子的重新排列等。因此，物理吸附只能在低载荷、低温度、低速工作状态下存在。

2. 化学吸附膜

由于极性分子（感应或永久的）有价电子与基体表面的电子发生交换而产生的化学结合力，使极性分子定向地排列在固体表面上形成的吸附现象，叫做化学吸附。化学吸附形成化学吸附膜（图 2-8）。处于固体表面的原子的价未被周围原子所饱和，还有剩余的键合能力，在吸附物和吸附剂之间有电子转移而生成化学键。因此，化学吸附具有一定的选择性。

吸附和脱吸是不完全可逆的过程，化学吸附和物理吸附相比，具有较高的吸附热（物理吸附热为 4.2 ~ 42kJ/mol，化学吸附热为 42 ~ 420kJ/mol）。如硬脂酸和氧化铁及水相互作用所生成的硬脂酸铁皂膜具有理想的剪切性能，其熔点高达 120℃（硬脂酸的熔点为 69℃）。这种吸附膜可在中速、中载的工作状态下存在。

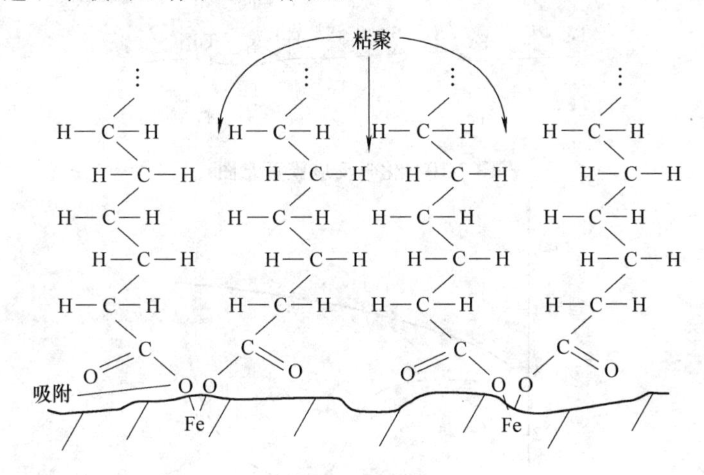

图 2-8　化学吸附膜示意图

3. 氧化膜

氧化膜是指金属在与任何含氧气氛相接触时生成的一种表面膜，表面氧化膜具有化学吸附膜的性质。其过程是，首先在表面上发生氧的物理吸附，然后氧原子和金属原子发生化学反应生成氧化膜，其厚度随原子的扩散过程而增加。在铁的表面可以生成几种铁的氧化物，其排列顺序通常是，依次由表至里氧化物的含氧量逐渐减少（图 2-9）。通常，表面上 Fe_2O_3 的存在会加剧磨损，而 Fe_3O_4 和 FeO 的存在会减少磨损。氧化膜的存在可以阻止摩擦表面的冷焊，但膜厚太大，由于其质脆而易于加剧磨损。钢材材质不同则生成的氧化膜也不同。生成的氧化膜比体积比基体金属的比体积小，且膜厚不连续，易开裂脱落，比体积过大则会增加膜层开裂的倾向。

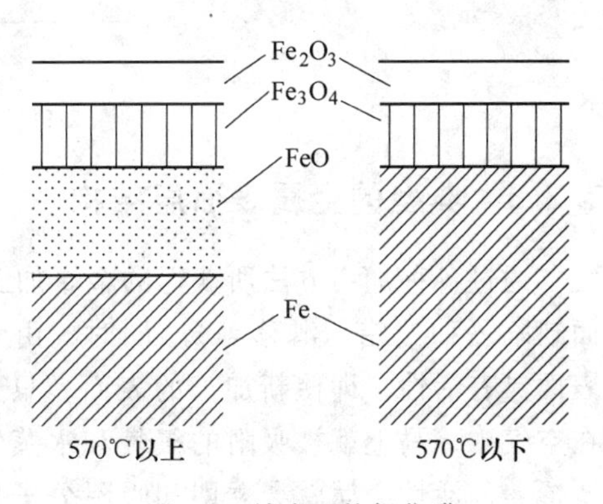

图 2-9　铁表面的氧化膜

4. 化学反应膜

化学反应膜是指金属表面与润滑油添加剂中的硫、磷、氯等元素发生化学反应，所形成的一种新的化合物膜层（图 2-10）。反应过程是在高温下进行的，是完全不可逆的，其特点是结合力大，强度高，稳定性好。这种膜存在于重载荷、高速度的工作状态。

上述几种表面膜的摩擦特性如图 2-11 所示。图中曲线 Ⅰ 代表非极性化的基础油所形成的物理吸附膜，它具有最高的摩擦因数并随温度的升高而升高。曲线 Ⅱ 代表含有脂肪酸的基础油在表面生成的化学吸附皂膜，在高温下皂膜破坏。曲线 Ⅲ 代表加有极压添加剂的润滑油在一临界温度后发生化学反应，生成化学反应膜，其摩擦因数急剧下降。曲线 Ⅳ 为稳定的化学反应膜，具有 Ⅰ 、Ⅲ 共同产生的效果。

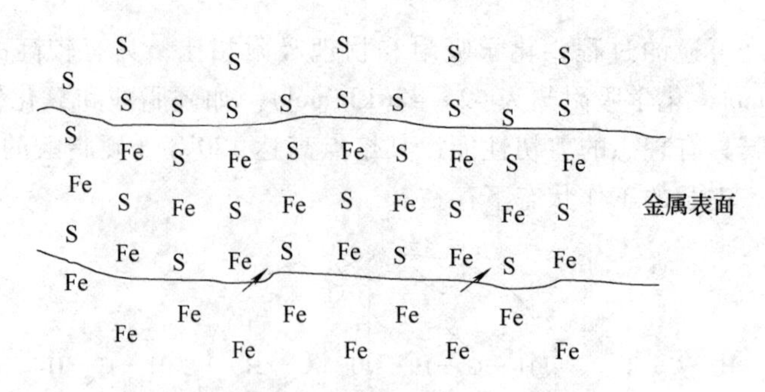

图 2-10　化学反应膜示意图

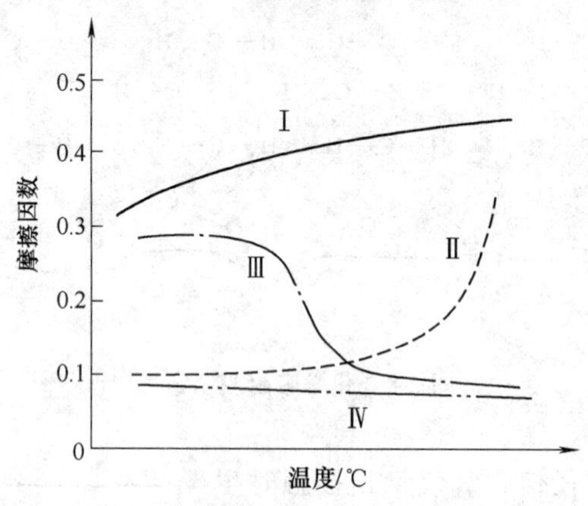

图 2-11　各种表面膜的摩擦特性

2.2.3　典型的金属表面层结构

通过各种加工方法所获得的金属加工表面具有各种表面结构和几何形状误差以及各种表面缺陷（如位错、滑移等）。同时，由于金属表面具有活性，即使新加工的表面，只要暴露在空气中，马上就被吸附的氧气和水蒸气分子所覆盖。活性金属就会立即和吸附分子发生化学反应，而大多数金属会被一层金属氧化物膜覆盖。图 2-12 所示是典型的金属表面层结构。其表面层是由污染膜、吸附膜及氧化膜等表面膜组成。加工方法不同，材质不同，所得的表面层结构也不相同。

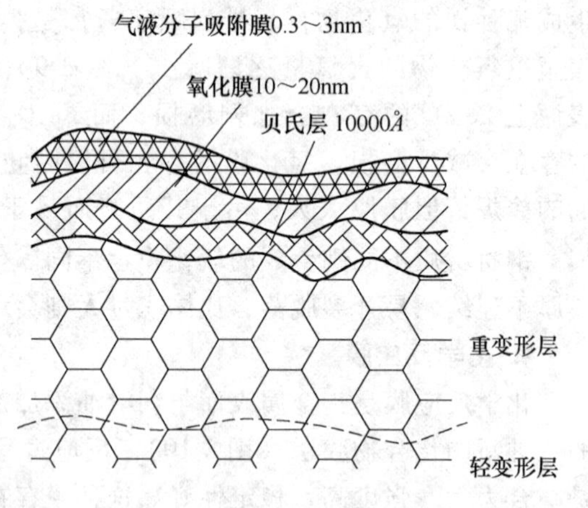

图 2-12　典型的金属表面层结构

在摩擦过程中，表面膜的结构、性质及膜的生成、扩展的规律对摩擦副性能的影响很大。如果摩擦只发生在表面膜层内，则可以阻止金属间的粘着，降低摩擦因数，减小磨损。

第 3 章 固体表面的接触特性

3.1 概述

了解固体表面接触的基本原理及特性，是研究摩擦、磨损与润滑的基础，是摩擦学研究中不可分割的一部分。

3.1.1 表面接触的概念

材料在机械加工过程中，材料表面上形成微观凸凹不平的形貌。当两个物体表面相接触时，接触点不是连成一片的（图 3-1），实际上只有个别地方承受载荷，这些离散的承载点构成了两个接触物体的真实接触面积。在相同条件下，真实接触面积越大，则摩擦力越大。在求解摩擦发热的问题时，真实接触面积决定了热源的尺寸。

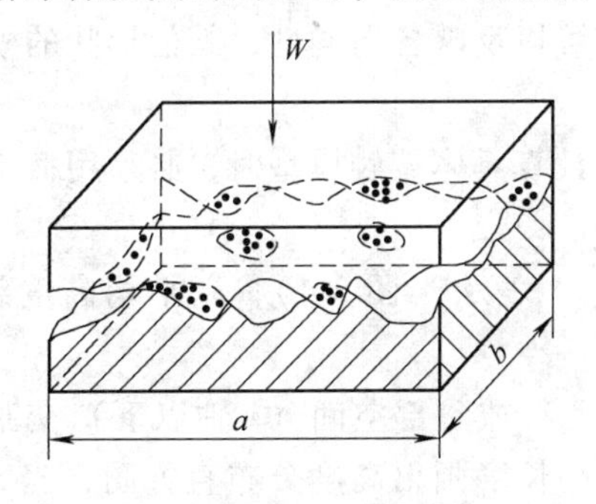

图 3-1 粗糙表面的接触

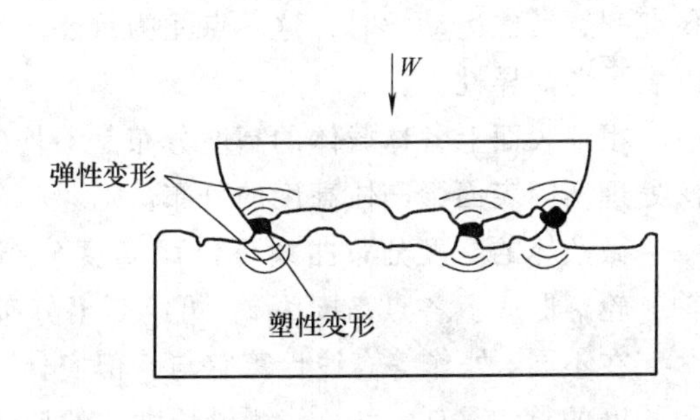

图 3-2 表面的弹塑性接触

当两个物体在载荷作用下相互靠近、接触时，最先接触的是两表面上对应的微凸体高度之和最大的部位（图 3-2）。随着载荷的增加，其他微凸体也相继对应地进入接触，开始是弹性变形，随着两表面靠得更近，微凸体将发生塑性变形。而靠近基体的材料仍处于弹性变形状态。这样在表面层内就形成弹塑性变形。

两接触的物体所承受的载荷就由这些相互接触的微凸体的尖顶处承担，尽管作用在两接触面上的载荷不大，但在很小的实际接触点上，也会产生很大的接触应力。也正是在这些小的实际接触点上承受固体之间的摩擦，发生表面磨损。随着负荷的增大，这些微凸体的尖顶被压平，又有新的尖峰相接触，随之载荷就分配在较大的面积上，直到真实接触面积上的总压力与外载相平衡为止。此时，接触区内平均压力 p 是一个常数。因此，即使是在弹性接触范围内，微凸体的平均尺寸也是恒定的。

3.1.2 表面接触模型

由于表面接触的离散性，以及微凸体的形状和大小分布的随机性，在研究表面接触时，必须把粗糙表面上的微凸体假定为某一理想的形状——微凸体模型。用一组微凸体模型表示两粗糙表面的接触称为接触模型。它必须能用表征其几何形状的一些参数来描述，便于计算实际接触面积，并能较客观地反映摩擦的各向同性。关于粗糙表面的接触模型，有多种可采用的形式，微凸体的形状主要有球体、圆柱体、圆锥体、杆状体、角锥体、椭圆体。其中以球体、圆柱体、椭圆体最能充分满足各种条件。图 3-3 表示球体、平底压头、楔与配对体接触时的应力分布情况。

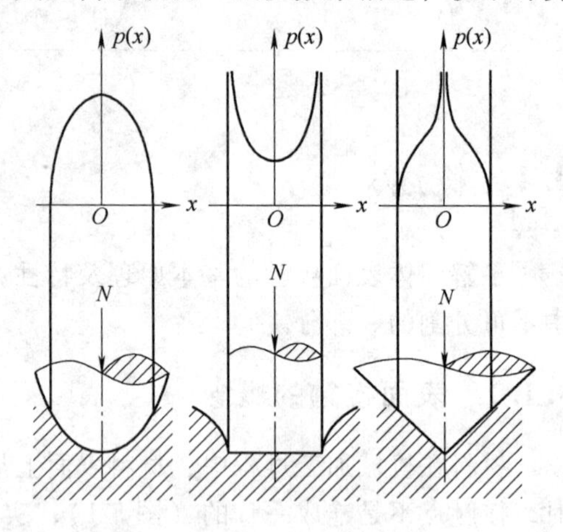

图 3-3 不同形状的微凸体接触模型及应力分布

由于平底压头接触区中心及边缘的压力是不确定的，故难以用来描述接触区的弹性变形。

一般说来，尖顶模型的可能性很小，椭圆体比较符合实际，但是其接触面上的曲率是变化的，也难以确定接触表面的初始接触点。鉴于接触模型是用来计算真实接触面积和摩擦磨损的，因此，最好采用轴对称形状的球体模型，当研究问题考虑运动学时，这一点尤为重要。球体模型可以反映各向同性，其他形状的模型能够表示各向异性。

粗糙表面上各球截体的高度分布是不均匀的，在计算具体接触模型时，必须用概率的方法处理实际表面微凸体高度的分布。

微凸体的高度分布曲线可以用高度分布函数 $\varphi(z)$ 表示（图 3-4），以平均高度线为 x 轴，轮廓曲线上各点高度为 z，可绘制出分布曲线。

在不同 z 处作等高线计算它与峰部实体（x 轴以上）或谷部空间（x 轴以下）交割线段的长度的总和 $\sum L_i$，以及与测量长度 L 的比值，用这些长度画出高度分布直方图，当 z 非常多时，则画出一条光滑曲线，即高度分布曲线，接近于高斯分布。

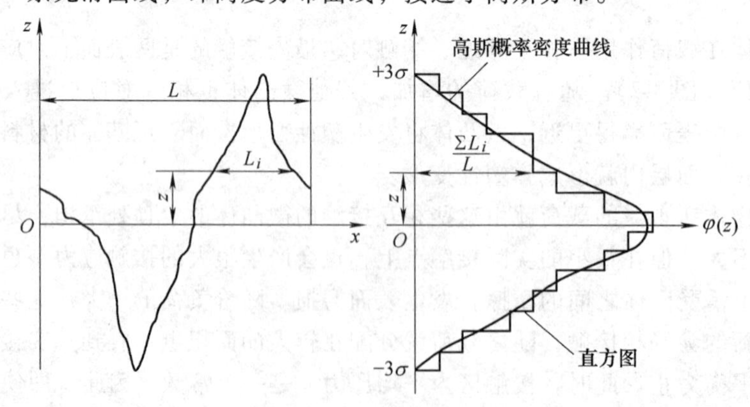

图 3-4 高度分布曲线

$$\varphi(z) = \varphi_0(z)\mathrm{e}^{-\frac{z^2}{2\sigma^2}} \tag{3-1}$$

式中　$\varphi(z)$——概率密度函数；

σ——粗糙度的均方根；

σ^2——方差。

经变换得到分布函数为

$$\varphi(z) = \frac{1}{\sigma\sqrt{2\pi}}\mathrm{e}^{-\frac{z^2}{2\sigma^2}} \tag{3-2}$$

曲线上任一横坐标值表示该事件在总事件中出现的概率，在用来描述表面粗糙度分布时，表示不同高度微凸体出现的概率。已有几种常见的机械加工方法可以获得近似高斯分布的表面粗糙度。

3.1.3　固体表面的接触面积

1. 分类

实际零件相接触时，由于表面存在波纹度和粗糙度，实际接触斑点主要出现在波峰的微凸体尖峰上，各接触区内实际物体的接触斑点具有不连续性和不均匀性。因此，固体表面接触时通常具有三种不同的接触面积（图3-5）。

（1）名义接触面积（A_n）　物体的宏观面积定义为名义接触面积，用A_n表示，即在平面接触下，具有理想光滑面的物体的接触面积（图3-5，$A_n=ab$）。当物体为曲面时，在外载荷作用下具有同样外形的两个理想光滑体的接触面积，它取决于接触区的几何形状、材料的性能和载荷。

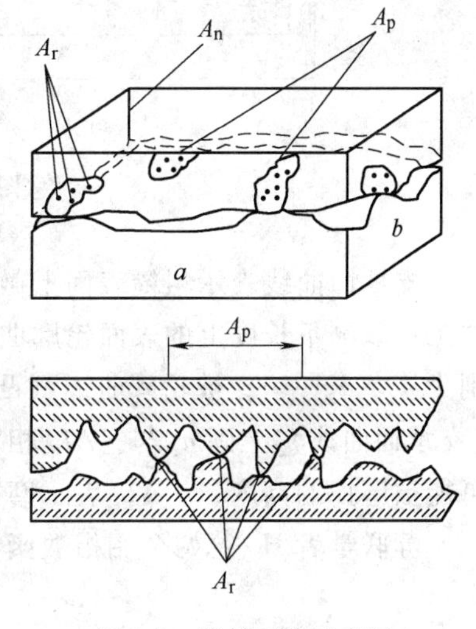

图3-5　接触面积示意图

（2）轮廓接触面积（A_p）　物体接触表面上波纹度的波峰因承载而被压扁的区域所形成的面积总和叫做轮廓接触面积，以A_p表示（图3-5）。轮廓接触面积主要发生在零件出现中等几何形状误差的波峰上。轮廓接触面积是一虚构的面积，可以作为名义接触面积向真实接触面积转化和换算的过渡环节。轮廓接触面积是由于变形过程集中在接触体表层内而产生的，主要取决于材料的力学性能和外载。

（3）实际接触面积（A_r）　在轮廓接触面积内，各实际承载部分的微小面积叫做实际接触面积，以A_r表示（图3-5中的黑点面积之和）。它是各微凸体发生变形形成的接触面积之和。它决定了两个粗糙体分子间相互作用力的作用范围，实际接触面积的计算是摩擦磨损计算的一个重要组成部分。实际接触面积与表面的形状、大小无关，只占名义接触面积的0.01%～0.1%。

2. 实际接触面积的计算

（1）假设　在研究粗糙表面的实际接触面积时，通常作如下的假设：

1）粗糙表面的接触具有离散性。

2）轮廓接触面积内不仅有发生弹性变形的接触斑点，也有发生塑变形的接触斑点。

3）实际接触面积 A_r 和作用载荷 N 之间的关系为

$$A_r = kN^n$$

式中 n——指数，在塑性接触状态下等于1，而在弹性接触状态下非常接近于1（等于0.8~0.9）；

k——接触系数。

4）实际接触面积随载荷的增大而增大，而每个接触斑点的尺寸几乎不变，主要是因为又产生了新的接触斑点所致。

（2）粗糙表面的支承面曲线　粗糙表面的支承面曲线如图3-6所示，可以作为评价表面磨损程度的一个方法，主要用来计算真实接触面积和磨损高度。

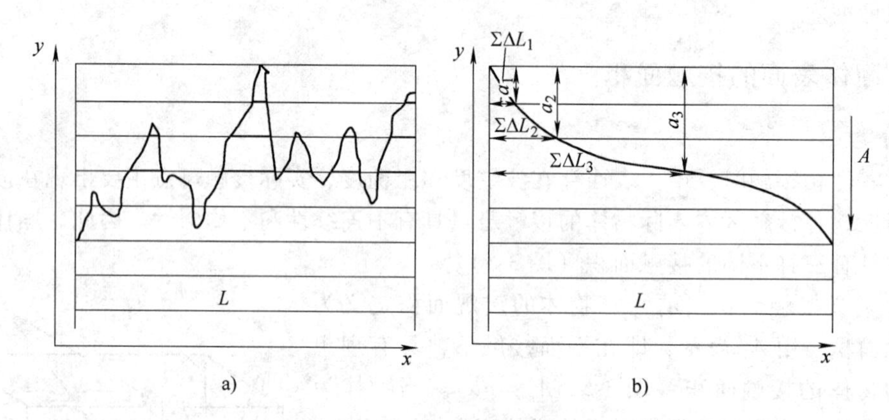

图3-6　粗糙表面的支承面曲线

a）表面轮廓曲线　b）支承面曲线

支承面曲线表示粗糙表面上微凸体高度分布规律，可以通过表面轮廓曲线求出。具体方法是：取测量长度上的表面轮廓曲线作图，作一系列与横坐标 x 轴平行的支线，其纵坐标分别为 a_1、a_2、…，被轮廓曲线（凸峰实体）所截长度之和为 $\sum\Delta L_1$、$\sum\Delta L_2$、…，在 A—L 图（支承面曲线）上画 a_i 与 $\sum\Delta L_i$ 相对应的各点连成曲线，得到一条支承面曲线。其中 a_i 表示可能被磨掉的高度，$\sum\Delta L_i$ 表示磨掉高度 a_i 后形成的总接触长度或表示真实接触面积。

苏联学者H. 德姆金用指数函数近似地表示出了这个函数关系，即

$$i = bx^v$$

式中 i——实际接触面积与名义接触面积的比值，即 $i = A_r/A_n$（或 $\sum\Delta L_i/L$）；

x——两表面的相对接近量；

b、v——实验测得的参数，根据加工方法不同，其大小见表3-1。

表3-1　几种常见机械加工方法所得到的粗糙度参数 b、v

加工方法	外圆磨				内圆磨				抛光			车削				端面铣削		
表面粗糙度	7	8	9	10	6	7	8	9	8	9	10	5	6	7	8	5	6	7
b	0.6	0.9	1.3	2.0	0.6	0.9	1.1	1.4	2.0	2.5	3.5	1.0	1.4	1.8	2.0	0.4	0.5	0.6
v	2.0	1.9	1.9	1.9	2.0	1.9	1.8	1.7	1.7	1.6	1.5	2.1	1.9	1.8	1.6	2.2	1.6	1.4

（3）弹性接触状态下的真实接触面积　在弹性状态下，当两个球体相接触时，根据赫兹（Hertz）接触理论，在任意半径 r 处的压力 p 和接触半径 a 可用下式表示（图3-7），即

$$p = \frac{3W}{2\pi a^2}\left[1 - \left(\frac{r}{a}\right)^2\right]^{1/2} \tag{3-3}$$

式中　W——外载。

$$a = \left(\frac{3WR}{4E'}\right)^{1/3} \tag{3-4}$$

式中　R——等效曲率半径，$R = R_1R_2/(R_1 + R_2)$，R_1、R_2 为物体1、2的曲率半径；

E'——复合弹性模量。

$$\frac{1}{E'} = \frac{1-\mu_1^2}{E_1} + \frac{1-\mu_2^2}{E_2}$$

式中　E_1、E_2——物体1、2的弹性模量；

μ_1、μ_2——物体1、2的泊松比。

假定其中物体2为刚性平面，有 $E_1 \ll E_2$，$R_2 \to \infty$，$R = R_1$，第 i 个微凸体的接触面积为

$$A_i = \pi a_i^2$$

令 $a_i = a$，将式（3-4）代入上式得

$$A_i = \pi\left(\frac{3}{4}\frac{WR}{E'}\right)^{2/3} = \pi\left(\frac{3}{4}\frac{R}{E'}\right)^{2/3} W^{2/3} = kW^{2/3}$$

$$k = \pi\left(\frac{3}{4}\frac{R}{E'}\right)^{2/3} \tag{3-5}$$

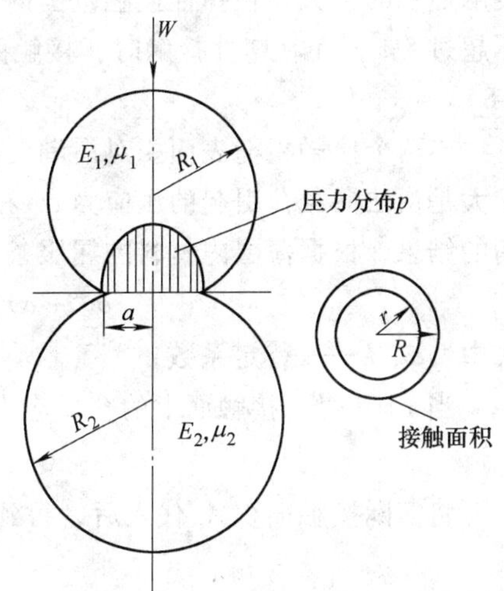

图3-7　两个球形微凸体弹塑性接触模型

显然，假定表面是由许多个等高的球形微凸体所构成，而每个微凸体在其接近球形的顶点处半径为 R，总的实际接触面积与施加载荷的2/3次方成正比。

当两个表面开始接触时，若 A_i 代表第 i 个位置上的一个特定接触点的面积，p_i 是这一点上的局部接触压力，那么

$$W = \sum_{i=1}^{M} A_i p_i \tag{3-6}$$

式中 $M \geqslant 3$。接触开始时，实际接触面积的总和太小，不足以平衡外载，较高的微凸体上的压力就迅速增加，达到软材料的塑性流动屈服压力 p^*。这样，载荷就由那些压力已达到 p^* 的微凸体和较少的仍处于弹性变形（产生的弹性压力分量为 p_p）的微凸体共同承担。则有

$$W = p^* \sum_{i=1}^{M_1} A_i + \sum_{j=M-M_1}^{M} p_p A_j \quad (i + j = M) \tag{3-7}$$

假定 p^* 为一常数，实际上由于变形而产生的加工硬化所形成的应力增量为 Δp^*，结果实际流动压力随应变 ε 而变化。若进一步以较小的 p^* 的平均值 $\bar{p}$ 代替可变的弹性压力分量 p_p，令 $p_p = p^* - \Delta\bar{p}$，则以 $p^* + \Delta p^*$ 代替 p^* 代入式（3-7），那么则有

$$W = (p^* + \Delta p^*)\sum_{i=1}^{M_1} A_i + (p^* - \Delta\bar{p})\sum_{j=M-M_1}^{M} A_j$$

上式中的 $\Delta p^* \sum_{i=1}^{M_1} A_i$ 与 $\Delta\bar{p} \sum_{j=M-M_1}^{M} A_i$ 为无穷小，忽略无穷小后得

$$W = p^* \sum_{i=1}^{M_1} A_i + p^* \sum_{j=M-M_1}^{M_1} A_j = p^* A_r \tag{3-8}$$

（4）多因素的实际接触面积求法　实际接触面积可按下式计算，即

$$A_r = \frac{W}{p_r} \tag{3-9}$$

式中　A_r——实际接触面积；

W——外载荷；

p_r——实际压力。

当 W 已知时，根据不同材料、不同接触状态求得 p_r，进而可求出 A_r。

（5）切向力对接触面积的影响　切向力的存在，推平微凸体将导致接触面积的扩大，在弹性接触范围内，切向力引起接触面积的扩大一般不超过5%，而在塑性接触时，接触面积可扩大2～3倍，甚至更大（图3-8）。

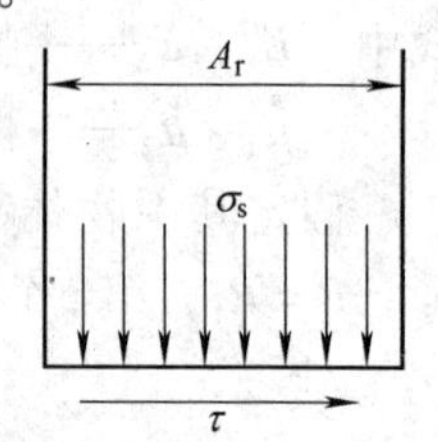

图3-8　切向应力对接触面积的影响

当两个接触粗糙表面相对滑动时，由于切向力的存在，接触面积的扩大是由法向载荷引起的压应力 σ_s 和切向载荷引起的切向应力 τ 联合作用的结果，根据薄层内材料的屈服条件

$$\sigma_s^2 + \alpha\tau^2 = k^2 \tag{3-10}$$

式中　α、k——待定系数；

当 $\tau=0$ 时，接触面上的合成应力等于 σ_{sy}，得 $k=\sigma_{sy}$，式（3-10）变为

$$\sigma_s^2 + \alpha\tau^2 = \sigma_{sy}^2$$

将实际接触面积 A_r 代入后，得到

$$\left(\frac{F_N}{A_r}\right)^2 + \alpha\left(\frac{F}{A_r}\right)^2 = \sigma_{sy}^2$$

于是有

$$A_r^2 = \left(\frac{F_N}{\sigma_{sy}}\right)^2 + \alpha\left(\frac{F}{\sigma_{sy}}\right)^2$$

式中　F——摩擦力；

F_N——正压力。

其中 $\alpha\left(\frac{F}{\sigma_{sy}}\right)^2$ 项就是切向力对实际接触面积产生的影响。

3.2　研究接触特性的方法

利用实验方法确定接触表面的真实情况，对研究表面接触是必不可少的，由于表面之间的真实接触情况都是一些微观现象，其测量原理、方法和设备都在不断完善和改进。测量真实表面情况较常用的方法有信息法、光测法和电测法。

1. 信息法

用染料、粉末、放射性物质以及金属箔和细丝作为实际接触面积的信息物，在接触过程中，由于载荷的作用，信息物的形状、尺寸和表面接触特性将发生变化，记录下被研究的接

触表面的信息，或在该表面上留下痕迹，据此判断接触区的形貌和尺寸。

例如在一接触表面上涂抹一层红丹，再使其与另一无涂料的面接触，通过观察在无涂料接触表面上留下的痕迹，从而确定真实接触面积的大小及其分布规律。涂料的痕迹可用求积仪或光学仪器来测量。

2. 光测法

光测法的原理是利用被研究的表面与透明材料接触时，光线从一个介质转到另一种折射率不同的介质时，接触点产生光的反射和散射现象。光测法不需分开两个物体的接触表面，因而可研究静态和动态接触。

3. 电测法

电测法是根据两接触面在载荷作用下，接触点数目和接触面积改变会使接触电阻值发生变化，由此来判断实际接触面积的方法。这种方法不需分开两个接触表面，因此和光测法一样可用于静态和动态接触的分析。

除以上三种常用的方法外，还有声测法及利用两接触表面间物理化学性质的变化来确定实际接触面积的方法。

第4章 摩擦原理

4.1 摩擦的概念与分类

4.1.1 摩擦的概念

两个相对滑动的固体表面摩擦只与接触表面的相互作用有关，而与固体内部状态无关，这种摩擦称为外摩擦。液体或者气体中各部分之间相对移动而发生的摩擦，称为内摩擦。而边界润滑状态下的摩擦是吸附膜或其他表面膜之间的摩擦，也属于外摩擦。

外摩擦和内摩擦的共同特征是：某一物体或一部分物质将自身的运动传递给与它相接触的另一物体或另一部分物质，并试图使两者的运动速度趋于一致，因而在摩擦过程中发生能量的转换。

外摩擦与内摩擦的不同特征在于内部运动状况。内摩擦时流体相邻质点的运动速度是连续变化的，具有一定的速度梯度，而外摩擦时在滑动面上发生速度突变。此外，内摩擦力与相对滑动速度成正比，当滑动速度为零时内摩擦力也就消失，而外摩擦力与滑动速度的关系随工况条件变化，当滑动速度消失后仍有静摩擦力存在。

4.1.2 摩擦的分类

摩擦的分类方法很多，因研究和观察的依据不同，其分类方法也就不同。常见的分类方法有下列几种。

1. 按摩擦副的运动形式分类

（1）滑动摩擦　滑动摩擦是两接触表面间存在相对滑动时的摩擦。

（2）滚动摩擦　滚动摩擦是两物体沿接触表面滚动时的摩擦。

2. 按摩擦副的运动状态分类

（1）静摩擦　静摩擦是两接触表面存在微观弹性位移（相对运动趋势），但尚未发生相对运动时的摩擦。

（2）动摩擦　动摩擦是两接触表面间存在相对运动时的摩擦。

3. 按摩擦是否发生在同一物体分类

（1）内摩擦　内摩擦是同一物体内各部分之间发生的摩擦。

（2）外摩擦　外摩擦是两个物体的接触表面间发生的摩擦。

4. 按摩擦副的润滑状态分类

（1）干摩擦　干摩擦是两接触表面间无任何润滑介质存在时的摩擦。

（2）流体摩擦　流体摩擦是两接触表面被一层连续不断的流体润滑膜完全隔开时的摩

擦。

(3) 边界摩擦　边界摩擦是两接触表面上有一层极薄的边界膜（吸附膜或反应膜）存在时的摩擦。

(4) 混合摩擦　混合摩擦是两接触表面同时存在着流体摩擦、边界摩擦和干摩擦的混合状态时的摩擦。混合摩擦一般是以半干摩擦和半流体摩擦的形式出现：

1）半干摩擦。半干摩擦是两接触表面同时存在着干摩擦和边界摩擦的混合摩擦。

2）半流体摩擦。半流体摩擦是两接触表面同时存在着边界摩擦和流体摩擦的混合摩擦。

4.2 古典摩擦定律

4.2.1 古典摩擦定律概述

古典摩擦定律，是1699年法国工程师阿蒙顿提出的，1781年法国物理学家库仑进行广泛实验，证明和充实了阿蒙顿的结论。故此定律又称为阿蒙顿-库仑定律。概述如下：

1）摩擦力与法向载荷成正比，其一般形式为 $F=fF_N$（F 为摩擦力，f 为摩擦因数，F_N 为正压力）。

2）摩擦因数与接触面积无关。

3）摩擦因数与滑动速度无关。

4）静摩擦因数大于动摩擦因数。

古典摩擦定律不完全正确，必须做如下修正：

1）当法向载荷较大时，摩擦力与法向压力呈非线性关系，法向载荷越大，摩擦力增加得越快。

2）对于有一定屈服点的材料（如金属），其摩擦阻力与接触面积无关。粘弹性材料的摩擦力与接触面积有关。

3）精确测量时，摩擦力与速度有关，金属与金属的摩擦力随速度的变化不大。

4）粘弹性材料的静摩擦因数不大于动摩擦因数。

4.2.2 古典摩擦定律中某些参数的讨论

实践证明，古典摩擦定律适合于一般的工程实际，但又存在一定的局限性和不确切性。现对古典摩擦定律中某些参数进行以下讨论：

1. 摩擦因数

在古典摩擦定律中，摩擦因数是一个常数。但更多的试验指出，仅在一定的周围环境下，对于一定材质的摩擦来说，摩擦因数才是一个常数，不同材质的金属其摩擦因数是不同的。表4-1是拉宾诺维奇（Rabinowioz）所提供的不同金属在干摩擦时的摩擦因数。不同的周围环境摩擦因数也不同。例如，在正常的大气环境内，硬质钢的摩擦表面，其摩擦因数等于0.6。但在真空下，其摩擦因数可达到20。因此，摩擦因数不是材料固有的特性，而是材料和环境条件的综合特性。

2. 接触面积

在古典摩擦理论中，摩擦力的大小与接触物体间的名义接触面积的大小无关，对于金属

表 4-1 不同金属在干摩擦时的摩擦因数

	W	Mo	Cr	Co	Ni	Fe	Nb	Pt	Zr	Ti	Cu	Au	Ag
In	1.06	0.73	0.70	0.68	0.59	0.64	0.67	0.79	0.70	0.60	0.67	0.67	0.8
Pb	0.41	0.65	0.53	0.55	0.60	0.54	0.51	0.58	0.76	0.88	0.64	0.61	0.7
Sn	0.43	0.61	0.52	0.51	0.55	0.55	0.55	0.72	0.55	0.56	0.53	0.54	0.6
Cd	0.44	0.58	0.58	0.52	0.47	0.52	0.56	0.59	0.50	0.55	0.49	0.49	0.5
Mg	0.58	0.51	0.52	0.54	0.52	0.51	0.49	0.51	0.57	0.55	0.55	0.53	0.5
Zn	0.51	0.53	0.55	0.47	0.56	0.55	0.58	0.64	0.44	0.56	0.56	0.47	0.5
Al	0.56	0.50	0.45	0.43	0.52	0.54	0.50	0.62	0.52	0.54	0.53	0.54	0.5
Ag	0.47	0.46	0.45	0.40	0.46	0.49	0.52	0.58	0.45	0.54	0.48	0.53	0.5
Au	0.46	0.42	0.50	0.42	0.54	0.47	0.50	0.50	0.46	0.52	0.54	0.59	
Cu	0.41	0.48	0.46	0.44	0.49	0.50	0.49	0.59	0.51	0.47	0.55		
Ti	0.56	0.44	0.54	0.41	0.51	0.49	0.51	0.66	0.57	0.55			
Zr	0.47	0.44	0.43	0.40	0.44	0.52	0.56	0.52	0.63				
Pt	0.57	0.59	0.53	0.54	0.64	0.51	0.57	0.55					
Nb	0.46	0.47	0.54	0.42	0.47	0.46	0.46						
Fe	0.47	0.46	0.48	0.41	0.47	0.51							
Ni	0.45	0.50	0.59	0.43	0.56								
Co	0.48	0.40	0.41	0.56									
Cr	0.49	0.44	0.46										
Mo	0.51	0.44											
W	0.51												

材料来说，由于表面粗糙度的存在，故只在很小的接触区域内才有真正的接触，可以说摩擦力的大小与名义接触面积无关。试验表明，实际接触面积与摩擦因数有关，随着实际接触面积的增加，摩擦因数增大，摩擦力亦增大。例如，对于光滑表面，摩擦力会由于表面粗糙度精度的提高，随实际接触面积的增大而增大，对于很洁净、很光滑的表面，由于在接触表面之间出现强烈的分子吸引力，摩擦力将与实际接触面积成正比，并且和表面的外形尺寸无关。

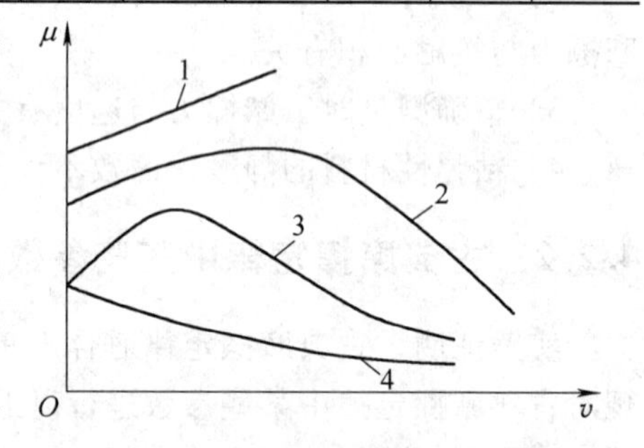

图 4-1 滑动速度与摩擦因数的关系
1—轻载 2—中载 3—较重 4—重载

3. 滑动速度

实践表明，对于许多材料来说，摩擦因数与滑动速度有关，见表 4-2。各种材料不但随着滑动速度的增加其摩擦因数降低，而且在不同的单位载荷下，滑动速度和摩擦因数的关系也有所不同，如图 4-1 所示。古典摩擦定律之所以得出“摩擦力与滑动速度无关”的观点，这是因为当时处在没有出现现代的高速机器，只有风力和水力可供利用的历史条件下。

4. 摩擦力与正压力

对于某些很硬（如金刚石）或很软（如聚四氟乙烯）的材料，摩擦力与正压力之间表

表 4-2 摩擦因数与滑动速度的关系

试样材料	铜			铁		Q235			30CrMo
滑动速度 /m · s^{-1}	135	250	350	140	330	150	250	350	140
摩擦因数/μ	0.056	0.040	0.035	0.063	0.027	0.052	0.024	0.023	0.055

注：对摩擦件为碳质量分数 0.7%、硬度 250HBW、宽 5cm 的钢环，正压力为 8MPa。

现出非线性关系，此时

$$F = CF_{\mathrm{N}}^{B}$$

式中 C——常数；

F——摩擦力；

F_{N}——正压力；

B——指数，$B = 0.7 \sim 1.0$。

4.3 摩擦理论概述

摩擦是两个接触表面相互作用引起的滑动阻力和能量损耗。摩擦现象涉及的因素很多，因而出现了各种不同的摩擦理论。

4.3.1 机械理论

早期的摩擦理论认为摩擦起源于表面粗糙度，滑动摩擦中能量损耗于粗糙峰的相互啮合、碰撞以及弹塑性变形，特别是硬粗糙峰嵌入软表面后在滑动中形成的犁沟效应。图 4-2 所示是 Amontons 于 1699 年提出的最简单的机械啮合模型。

摩擦力为

$$F = \sum \Delta F = \tan\varphi \sum \Delta W$$

$$F = f W$$

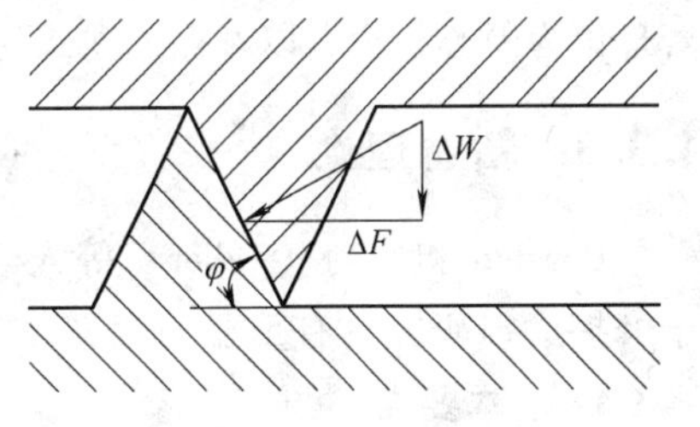

图 4-2 机械啮合模型

摩擦因数 $f = \tan\theta$，它是由表面状况确定的常数。

在一般条件下，提高表面粗糙度精度可以降低摩擦因数。但是超精加工表面的摩擦因数反而剧增。另外，当表面吸附一层极性分子后，其厚度不及抛光粗糙高度的 1/10，却能显著地减小摩擦力。这些都说明机械啮合作用不是产生摩擦力的唯一因素。

4.3.2 分子理论

在机械理论之后，人们用接触表面上的分子间作用力来解释滑动摩擦。由于分子的活动性和分子力作用，使固体粘附在一起而产生滑动阻力的现象称为粘着效应。

汤姆林森（Tomlinson）于 1929 年最先用表面分子作用解释摩擦现象。他提出分子间电荷力在滑动过程中所产生的能量损耗是摩擦的起因，进而推导出 Amontons 摩擦公式中的摩擦因数值。两表面接触时，一些分子产生斥力 p_i，另一些分子产生吸力 p_{p}。则平衡条件为

$$W + \sum p_{\mathrm{p}} = \sum p_i$$

$\sum p_{\mathrm{p}}$ 数值很小，可以略去。若接触分子数为 n，每个分子的平均斥力为 p，则得

$$W = \sum p_i = np$$

在滑动中接触的分子连续转换，即接触的分子分离，同时形成新的接触分子，从而始终满足平衡条件。接触分子转换所引起的能量损耗应当等于摩擦力做功，故

$$f\,Wx = kQ$$

式中 x——滑动位移；

Q——转换分子平均损耗功；

k——转换分子数，且

$$k = qn\frac{x}{l}$$

式中 l——分子间的距离；

q——考虑分子排列与滑动方向不平行的系数。

将以上各式联立可以推出摩擦因数为

$$f = \frac{qQ}{pl}$$

应当注意，Tomlinson 明确指出分子作用对于摩擦力的影响，但他提出的公式并不能解释摩擦现象。摩擦表面分子吸力的大小随分子间距离减小而剧增，通常分子吸力与距离的 7 次方成反比。因而接触表面分子作用力产生的滑动阻力随实际接触面积的增加而增大，而与法向载荷的大小无关。根据分子作用理论应得出这样的结论，即表面越粗糙实际接触面积越小，摩擦因数越小。显然，这种分析除重载荷条件外是不符合实际情况的。

如上所述，经典的摩擦理论，无论是机械理论还是分子理论，都很不完善，它们得出的摩擦因数与表面粗糙度的关系都是片面的。在 20 世纪 30 年代末期，人们从机械—分子联合作用的观点出发，较完整地发展了固体摩擦理论。在英国和前苏联相继建立了两个学派，前者以粘着理论为中心，后者以摩擦二项式为特征。这些理论奠定了现代固体摩擦的理论基础。

4.3.3 粘着理论

Bowden 和泰勃（Tabor）等人经过系统的实验研究，建立了较完整的粘着摩擦理论，对于摩擦磨损研究具有重要的意义。

1. 基本要点

Bowden 等人于 1945 年提出的简单粘着理论可以归纳为以下几个基本要点：

（1）摩擦表面处于塑性接触状态　由于实际接触面积只占名义接触面积的很小部分，在载荷作用下接触峰点处的应力达到受压的屈服强度 σ_s 而产生塑性变形。此后，接触点的应力不再改变，只能依靠扩大接触面积来承受继续增加的载荷。图 4-3 表示摩擦表面接触情况。

由于接触点的应力值为摩擦副中软材料的屈服强度 σ_s，而实际接触面积为 A，则

$$W = A\sigma_s \qquad A = \frac{W}{\sigma_s}$$

（2）滑动摩擦是粘着与滑动交替发生的跃动过程　由于接触点的金属处于塑性流动状态，在摩擦中接触点还可能产生瞬时高温，因而使两金属产生粘着，粘着结点具有很强的粘着力。随后在摩擦力作用下，粘着结点被剪切而产生滑动。这样滑动摩擦就是粘着结点的形

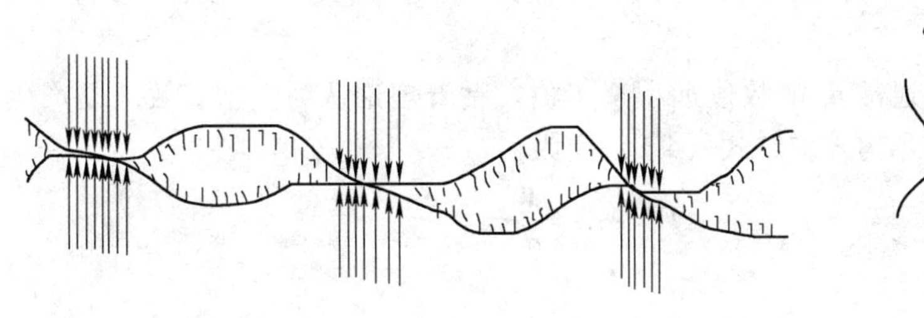

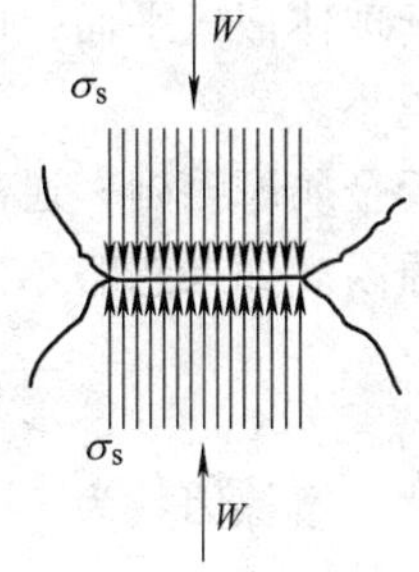

图 4-3 摩擦表面接触情况

成和剪切交替发生的过程。

图 4-4 所示为钢对钢滑动摩擦中摩擦因数的测量值。图中摩擦因数的变化说明滑动摩擦的跃动过程。实验还证明：当滑动速度增加时，粘着时间和摩擦因数的变化幅度都将减小，因而摩擦因数值和滑动过程趋于平稳。

（3）摩擦力是粘着效应和犁沟效应产生阻力的总和　图 4-5 所示是由粘着效应和犁沟效应组成的摩擦力模型。

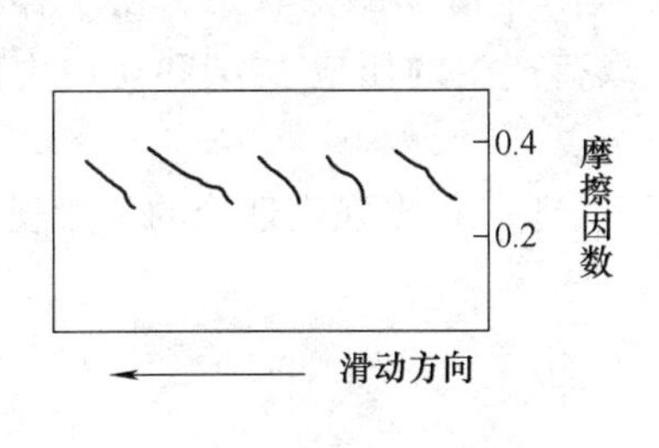

图 4-4 滑动摩擦的跃动过程

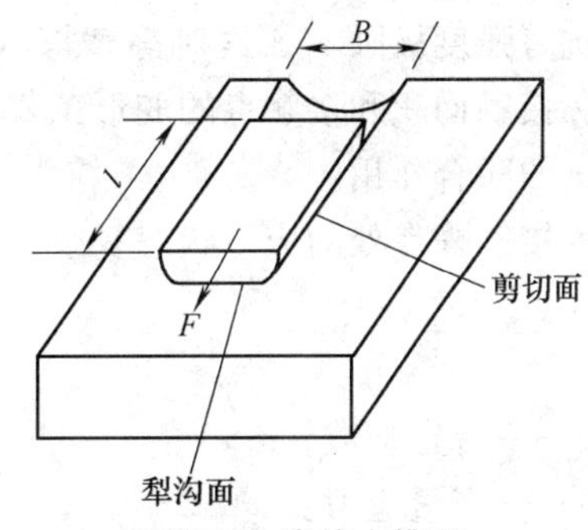

图 4-5 摩擦力模型

摩擦副中硬表面的粗糙峰在法向载荷作用下嵌入软表面中，并假设粗糙峰的形状为半圆柱体。这样，接触面积由两部分组成：一为圆柱面，它是发生粘着效应的面积，滑动时发生剪切；另一为端面，它是犁沟效应作用的面积，滑动时硬峰推挤软材料。所以摩擦力 F 的组成为

$$F = T + P_e = A\tau_b + Sp_e \tag{4-1}$$

式中　T——剪切力，$T = A\tau_b$；

P_e——犁沟力，$P_e = Sp_e$；

A——粘着面积，即实际接触面积；

τ_b——粘着结点的剪切强度；

S——犁沟面积；

p_e——单位面积的犁沟力。

实验证明：τ_b 的数值与滑动速度和润滑状态有关，并且十分接近摩擦副中软材料的剪切强度极限。这表明粘着结点的剪切通常发生在软材料内部，造成磨损中的材料迁移现象。

p_e 的数值取决于软材料的性质，而与润滑状态无关。通常 p_e 值与软材料的屈服强度成正比，而硬峰嵌入深度又随软材料的屈服强度的增加而减小。

对于球体嵌入平面，可推得犁沟力与软材料屈服强度的平方根成反比，即软材料越硬，犁沟力越小。

对于金属摩擦副，通常 p_e 的数值远小于 T 值。粘着理论认为，粘着效应是产生摩擦力的主要原因。如果忽略犁沟效应，式（4-1）变为

$$F = A\tau_b = \frac{W}{\sigma_s}\tau_b$$

因此，摩擦因数为

$$f = \frac{F}{W} = \frac{\tau_b}{\sigma_s} \tag{4-2}$$

以上是简单粘着理论。前面得出的摩擦因数与实测结果并不相符合，例如大多数金属材料的抗剪强度与屈服强度的关系为 $\tau_b = 0.2\sigma_s$，于是计算的摩擦因数 $f = 0.2\sigma_s$。事实上许多金属摩擦副在空气中的摩擦因数可达 0.5，在真空中则更高。为此，Bowden 等人又提出了修正理论。

2. 修正粘着理论

在简单粘着理论中，分析实际接触面积时只考虑受压屈服强度 σ_s，而计算摩擦力时又只考虑抗剪强度极限 τ_b，这对静摩擦状态是合理的。但对于滑动摩擦状态，由于存在切向力，实际接触面积和接触点的变形条件都取决于法向载荷产生的压应力 σ 和切向力产生的切应力 τ 的联合作用。

因为接触峰点处的应力状态复杂，不易求得三维解，于是根据强度理论的一般规律，假设

$$\sigma^2 + \alpha\tau^2 = k^2 \tag{4-3}$$

式中　α——待定常数，$\alpha > 1$；

　　　k——当量应力。

α 和 k 的数值可以根据极端情况来确定。一种极端情况是 $\tau = 0$，即静摩擦状态，此时接触点的应力为 σ_s，所以 $\sigma^2 = \sigma_s^2$，式（4-3）可写成

$$\sigma^2 + \alpha\tau^2 = \sigma_s^2$$

即

$$\left(\frac{W}{A}\right)^2 + \alpha\left(\frac{F}{A}\right)^2 = \sigma_s^2 \tag{4-4}$$

或

$$A^2 = \left(\frac{W}{\sigma_s}\right)^2 + \alpha\left(\frac{F}{\sigma_s}\right)^2 \tag{4-5}$$

另一种极端情况是使切向力 F 不断增大，实际接触面积 A 也相应增加。这样，相对于 $\frac{F}{A}$ 而言，$\frac{W}{A}$ 的数值甚小而可忽略。则由式（4-3）得

$$\alpha\tau_b^2 \approx \sigma_s^2 \qquad \alpha = \sigma_s^2/\tau_b^2 \tag{4-6}$$

大多数金属材料满足 $\tau_b = 0.2\sigma_s$，可求得 $\alpha = 25$。实验证明 $\alpha < 25$，Bowden 等人取 $\alpha = 9$。由式（4-5）知：$\frac{W}{\sigma_s}$ 表示法向载荷 P 在静摩擦状态下的接触面积，而 $\alpha\left(\frac{F}{\sigma_s}\right)^2$ 反映切向力即摩擦力 F 引起的接触面积增加。因此，修正粘着理论推导的接触面积显著增加，所以得到比简单粘着理论大很多的摩擦因数值，也更接近于实际。

如前所述，在空气中金属表面自然生成的氧化膜或其他污染膜使摩擦因数显著降低。有

时为了降低摩擦因数，常在硬金属表面上覆盖一层薄的软材料表面膜。这些现象可以应用修正粘着理论加以解释。

具有软材料表面膜的摩擦副滑动时，粘着点的剪切发生在膜内，其抗剪强度较低。又由于表面膜很薄，实际接触面积则由硬基体材料的受压屈服强度来决定，实际接触面积不大，所以薄而软的表面膜可以降低摩擦因数。

设表面膜的抗剪强度极限为 τ_f，且 $\tau_f = c\tau_b$，系数 c 小于1；τ_b 是基体材料的抗剪强度极限。摩擦副开始滑动的条件为

$$\sigma^2 + \alpha\tau_f^2 = \sigma_s^2 \tag{4-7}$$

再根据式（4-6）求得

$$\sigma_s^2 = \alpha\tau_b^2 = \frac{\alpha}{c^2}\tau_f^2$$

进而求得摩擦因数为

$$f = \frac{\tau_b}{\sigma} = \frac{c}{[\alpha(1-c^2)]^{\frac{1}{2}}} \tag{4-8}$$

图4-6所示为式（4-8）中 f 与 c 的关系。当 c 趋近于1时，f 趋近于∞，这说明纯净金属表面在真空中产生极高的摩擦因数。而当 c 不断减小时，f 值迅速下降，这表明软材料表面膜的减摩作用。当 c 值很小时，式（4-8）变为

$$f = \frac{\tau_b}{\sigma_s} \tag{4-9}$$

式中　τ_b——软表面膜的抗剪强度极限；

σ_s——硬基体材料受压屈服强度。

由此可知：经过修正的粘着理论更加切合于实际，可以解释简单粘着理论所不能解释的现象。

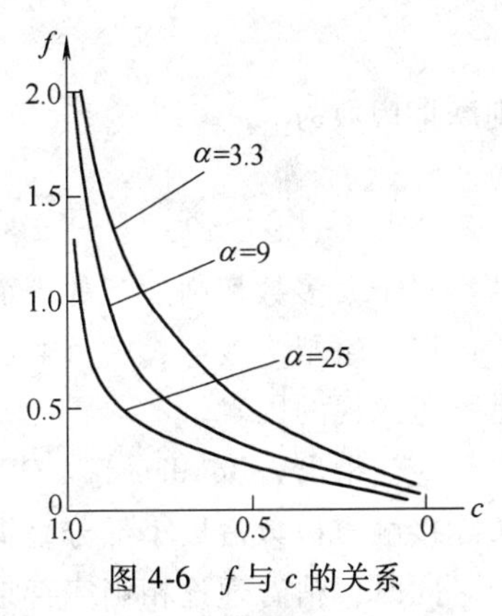

图4-6　f 与 c 的关系

3. 犁沟效应

犁沟效应是硬金属的粗糙峰嵌入软金属后，在滑动中推挤软金属，使之塑性流动并犁出一条沟槽。犁沟效应的阻力是摩擦力的组成部分，在磨粒磨损和擦伤磨损中，它是摩擦力的主要分量。

如图4-7所示，假设硬金属表面的粗糙峰由许多半角为 θ 的圆锥体组成，在法向载荷作用下，硬峰嵌入软金属的深度为 h，滑动摩擦时，只有圆锥体的前沿面与软金属接触。接触表面在水平面上的投影面积 $A = \frac{1}{8}\pi d^2$，在垂直面上的投影面积 $S = \frac{1}{2}dh$。如果软金属的塑性屈服性能各向同性，屈服强度为 σ_s，于是法向载荷 W 和犁沟力 P_e 分别为

$$W = A\sigma_s = \frac{1}{8}\pi d^2\sigma_s$$

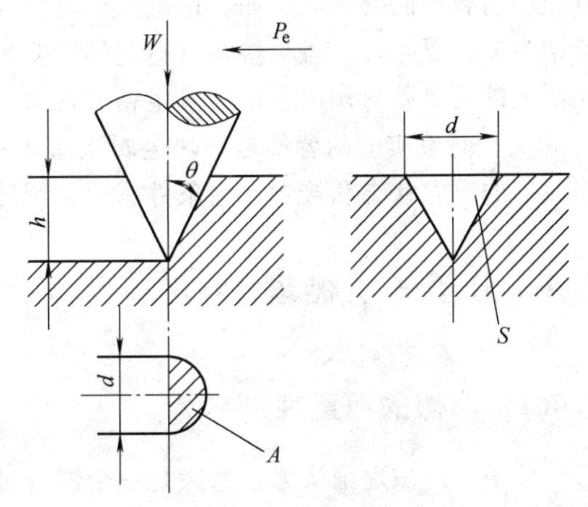

图4-7　犁沟效应

$$P_e = S\sigma_s = \frac{1}{2}dh\sigma_s$$

由犁沟效应产生的摩擦因数为

$$f = \frac{P_e}{W} = \frac{4h}{\pi d} = \frac{2}{\pi}\cot\theta \tag{4-10}$$

当 $\theta = 60°$时，$f = 0.32$；当 $\theta = 30°$时，$f = 1.1$。实验证明，屈服性能各向同性的条件不能完全满足，可引入表 4-3 中的修正系数 k_p 将式（4-10）的 f 值增大。

表 4-3　修正系数 k_p

材料	k_p	材料	k_p
钨	1.55	铜	1.55
钢	1.37 ~ 1.70	锡	2.40
铁	1.90	铅	2.90

如果同时考虑粘着效应和犁沟效应，单个粗糙峰滑动时的摩擦力包括剪切力和犁沟力，即

$$F = A\tau_b + S\sigma_s$$

则摩擦因数为

$$f = \frac{F}{W} = \frac{A\tau_b + S\sigma_s}{A\sigma_s} = \frac{\tau_b}{\sigma_s} + \frac{2}{\pi}\cot\theta \tag{4-11}$$

对于大多数切削加工的表面，粗糙峰的 θ 角较大，式（4-11）右端第二项甚小，所以通常可以忽略犁沟效应，式（4-11）变成式（4-9）。然而当粗糙峰的 θ 角较小时，犁沟效应将是不可忽视的因素。

应当指出，Bowden 等人建立的粘着理论是固体摩擦理论的重大发展。他们首先测出了实际接触面积只占极小部分，揭示了接触峰点的塑性流动和瞬时高温对于形成粘着结点的作用。同时，粘着理论相当完善地解释了许多滑动摩擦现象，例如表面膜的减摩作用，滑动摩擦中的跃动现象，以及磨损机理等。根据粘着理论得出的磨损中材料迁转现象，也已由示踪放射技术所验证。然而，与其他摩擦理论一样，粘着理论过分地简化了摩擦中的复杂现象，因而还有一些不完善之处。例如，实际的摩擦表面相接触处于弹塑性变形状态，因而摩擦因数随法向载荷而变化。又如，接触点的瞬时高温并不是滑动摩擦的必然现象，也不是形成粘着结点的必要条件。虽然接触点达到塑性变形时形成粘着，然而对于极软或极光滑的表面，在不大的法向载荷作用下也会发生粘着现象。此外，在上述分析中认为犁沟力 P_e 与剪切力 τ_b 无关，而事实上两者都是反映金属流动能力的指标。而式（4-11）中材料的 τ_b 和 σ_s 都与表面层的应力状态和接触几何条件有关，因此都不是固定的数值。

4.4　分子—机械理论

4.4.1　摩擦的两重性

分子—机械理论认为，摩擦是一个混合过程，它既要克服分子间相互作用力，又要克服机械变形的阻力。发生在接触处的总的阻力就是测得的摩擦力。图 4-8 表示摩擦过程中接触

表面分子的相互作用。

在干摩擦时，由于实际物体的表面有微观不平的微凸体和凹穴，即使是经过精密抛光的表面，其粗糙度的高度亦不小于10nm。因此，两个表面接触时，接触仅仅发生在微凸体处，其实际接触面积只占总的名义接触面积的很小一部分，并且随着表面压力的增大而增大。在载荷作用下，表面膜容易破坏，金属基体会直接接触，由于接触的不连续性，在很大的单位压力作用下，会同时出现表面微凸体相互压入和啮合，以及相接触的表面存在分子吸引力。当两表面相对滑动时，则受到接触点上因机械啮合和分子吸引力所产生的切向阻力总和（摩擦力 F）的作用，即

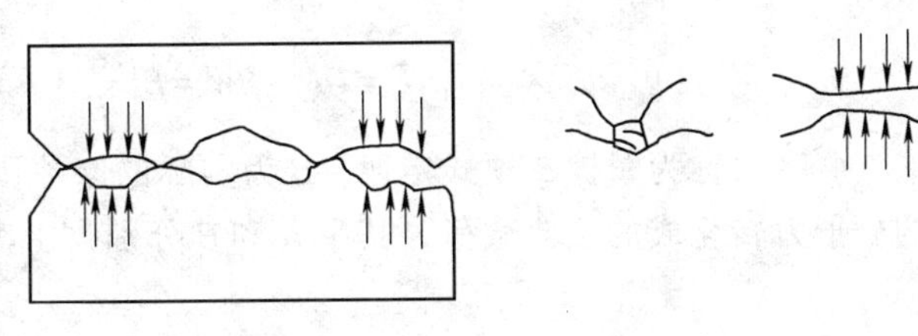

图4-8 接触表面分子相互作用

$$F = F_f + F_j \tag{4-12}$$

式中 F_f——分子吸引力产生的切向阻力；

F_j——机械啮合产生的切向阻力。

4.4.2 摩擦力的二项式公式

滑动摩擦是克服表面粗糙峰的机械啮合和分子吸引力的过程，因而摩擦力就是机械作用和分子作用阻力的总和，即

$$F = \tau_0 S_0 + \tau_m S_m \tag{4-13}$$

式中 S_0、S_m——分子作用和机械作用的面积；

τ_0、τ_m——单位面积上分子作用和机械作用产生的摩擦力。

$$\tau_m = A_m + B_m p^a$$

式中 p——单位面积上的法向载荷；

A_m——机械作用的切向阻力；

B_m——法向载荷的影响系数；

a——指数，其值不大于1但趋于1。

$$\tau_0 = A_0 + B_0 p^b$$

式中 A_0——分子作用的切向阻力，与表面清洁程度有关；

B_0——粗糙度影响系数；

b——趋近于1的指数。

于是

$$F = S_0(A_0 + B_0 p^b) + S_m(A_m + B_m p^b)$$

若令 $S_m = \gamma S_0$，γ 为比例常数。已知实际接触面积 $A = S_0 + S_m$，法向载荷 $W = pA$，则

$$F = \frac{W}{\gamma + 1}(\gamma B_m + B_0) + \frac{A}{\gamma + 1}(\gamma A_m + A_0)$$

令

$$\frac{W}{\gamma + 1}(\gamma B_m + B_0) = \beta$$

$$\frac{A}{\gamma + 1}(\gamma A_m + A_0) = \alpha$$

所以

$$F=\alpha A+\beta W=\beta\left(\frac{\alpha}{\beta}A+W\right) \tag{4-14}$$

式（4-14）称为摩擦二项式定律。β 为实际的摩擦因数，它是一个常量。α/β 代表单位面积的分子力转化成的法向载荷，其中 α 和 β 分别为由摩擦表面的物理和机械性质决定的系数。

将式（4-14）与通常采用的单项式 $F=fW$ 对照，求得相当于单项式的摩擦因数为

$$f=\frac{\alpha A}{W}+\beta \tag{4-15}$$

可以看出，f 并不是一个常量，它随 A/W 比值而变化，这与实验结果是相符合的。

实验指出，对于塑性材料组成的摩擦副，表面处于塑性接触状态，实际接触面积 A 与法向载荷 W 成线性关系，因而式（4-15）中的摩擦因数 f 与载荷大小无关，而符合 Amontons 定律。但对于表面接触处于弹性变形状态的摩擦副，实际接触面积与法向载荷的 2/3 幂成正比，因而式（4-15）中的摩擦因数随载荷的增加而减小。

经实验证实，摩擦二项式定律相当满意地适用于边界润滑，也适用于某些实际接触面积较大的干摩擦问题，例如研究堤坝与岩面基础的滑动以及计算粘接接头的承载能力等。

4.5 摩擦的能量理论

4.5.1 摩擦的表面能量理论

简单的摩擦理论表明，不管采用的是什么金属，其 f 大致是相同的。前面已经概述了它的局限性，这就消除了未考虑到的一些影响因素。然而，即使把表面污染的影响考虑在内，仍然有许多例外情况没有估计到。对一些摩擦副，即使其力学性能基本相同而摩擦因数还会有变化。要想进一步获得更完善的摩擦理论，方法之一是利用能量观点来解释摩擦现象。摩擦能量是指在界面粘着和随后粘结点被分离时所消耗的功。用下角标 1 和 2 来表示两个表面，则粘着功 E_{12} 为

$$E_{12}=G_1+G_2-G_{12} \tag{4-16}$$

式中 G_1——表面 1 的自由能；

G_2——表面 2 的自由能；

G_{12}——表面 1、2 接触时的自由能。

相同金属副具有较大的粘着功，就表面 1 而言

$$E_1=2G_1 \tag{4-17}$$

式（4-17）假定表面是经过化学清洗的，但实际情况并非如此，严格地说有

$$E_1=G_1+G_2-G_0-G_{12}$$

其中，G_0 代表粘污物的影响，粘污物对表面的压力降低了固体表面自由能。为了方便讨论，G_0 可以暂时忽略。

为了得到用表面能参数所表达 f 的公式，需要阐明这个界面的能量平衡式。现假定一个硬的圆锥形微凸体（图 4-9）在载荷 ΔW 作用下压入软的固体表面深度为 h。设微凸体的底

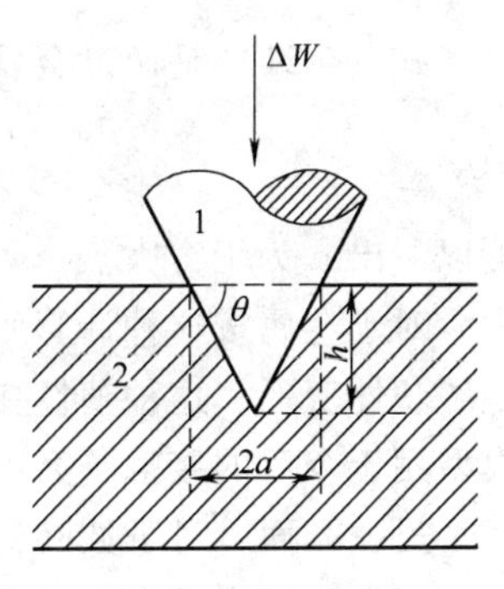

图 4-9 底角为 θ 的硬圆锥形微凸体压入固体表面

角为 θ，并设压痕直径为 $2a$。若相互作用全为塑性，有关的各项能量如下：

1）使硬度为 H 的软金属发生塑性变形所需的能量，这种能量的大小为 $\int_0^h \pi a^2 H\mathrm{d}h$ 。

2）载荷 ΔW 移动距离 h 所做的功，以 ΔWh 表示。

3）锥体在固体上压成一个接触面积。此时，整体系统的表面能减少量由单位面积的粘着功所决定，见式（4-16）。压痕面积为 πa^2，故表面能减少量为 $E_{12}\pi a^2$。设系统总能量为 G，那么系统的有效能量为 $G-E_{12}\pi a^2$。这个值必然等于移动 h 深时所做的功的能量，减去引起塑流时所消耗的能量。故

$$G - E_{12}\pi a^2 = \Delta Wh - \int_0^h \pi a^2 H\mathrm{d}h \tag{4-18}$$

在图 4-9 中，$a=h\cot\theta$，则

$$G = E_{12}\pi h^2\cot^2\theta + \Delta Wh - \pi H\cot^2\theta\int_0^h h^2\mathrm{d}h$$

或

$$G = E_{12}\pi h^2\cot^2\theta + \Delta Wh - \frac{\pi}{3}H\cot^2\theta h^3 \tag{4-19}$$

如果考虑使上表面置于另一构件上的情况。按图 4-9 所示的尺寸把这一单个锥形微凸体的上面那一部分去掉，这时压痕的深度为 h，并不再向下移动，因此时系统的总能量处于平衡状态，故 $\frac{\mathrm{d}G}{\mathrm{d}h}=0$。为了求得 $\frac{\mathrm{d}G}{\mathrm{d}h}$，应对式（4-19）进行微分，则得

$$\frac{\mathrm{d}G}{\mathrm{d}h} = 2\pi E_{12}h\cot^2\theta + \Delta W - \pi Hh^2\cot^2\theta$$

处于平衡状态时，$\frac{\mathrm{d}G}{\mathrm{d}h}=0$，故

$$\Delta W = \pi Hh^2\cot^2\theta - 2\pi E_{12}h\cot^2\theta$$

两边同除以 $\pi h^2\cot^2\theta$

$$\frac{\Delta W}{\pi h^2\cot^2\theta} = H - \frac{2}{h}E_{12}$$

将 $h\cot\theta=a$ 代入上式则得

$$\frac{\Delta W}{\pi a^2} = H - \frac{2E_{12}\cot\theta}{a} \tag{4-20}$$

为了得到含有 μ 的关系式，可以采用界面上摩擦阻力为 $\tau\pi a^2$ 的简单公式，式中 μ 是软金属的抗剪强度。因为实际上 h 很小，故犁沟项可以忽略，故有

$$\mu = \frac{\tau\pi a^2}{\Delta W} = \frac{\tau}{\left(\frac{\Delta W}{\pi a^2}\right)}$$

将式（4-20）代入上式，则得

$$\mu = \tau\Big/\left(H - \frac{2E_{12}\cot\theta}{a}\right) \tag{4-21}$$

式（4-21）是通过金属的硬度和两个固体间的粘结程度来表示的摩擦因数。

当

$$H=\frac{2\cot\theta}{a}E_{12} \tag{4-22}$$

可以看出 μ 为无穷大。

对于金属按这种计算所得的值较难予以判断。金属在结点被剪断而生成新表面之前已发生了塑性变形。这种塑性变形要消耗大量的能量，表面能的任何增加都应该是很小的。能量模型用于今后的接触研究中可能是困难的。

另一方面，对于如陶瓷一类的脆性材料，撕裂强度可能与表面能有关。对云母的测量表明，它在空气中具有 3×10^{-5}J/cm^2 的表面能。当实验的环境压力减至 1.33×10^{-4}Pa 时，该值可能增加到约16倍。若真空度进一步增加，该值可能增加到更高的值。在真空中摩擦因数增高，表面能也相应地增加。

必须指出，根据最新的研究结果，表面能只是摩擦能量的一部分，而大部分摩擦能量消耗于金属的弹性、塑性变形。这种塑性变形交替发生在粘着过程中。它积蓄在材料内作为位错，最后表现为热能。此外，在摩擦过程中还出现一系列与能量消耗有关的现象，如摩擦发光、摩擦辐射、机械振动、噪声、摩擦化学反应等，因此要用摩擦的能量平衡理论才能解释。

4.5.2 摩擦的能量平衡理论

摩擦是发生在摩擦表面上的一种十分复杂的能量转化和能量消散的现象，因此，用能量平衡的分析方法可以更好地揭示和阐明摩擦过程的本质。

能量平衡理论的要点如下：

1）摩擦过程是一个能量转化与分配的过程（图4-10）。一个摩擦学系统在摩擦过程中，其输入能量等于输出能量与能量损失之和，能量损失即摩擦能量。对于金属摩擦，其摩擦能量主要消耗于固体表面的弹性与塑性变形。而在交替发生粘着的过程中，此变形能可能积蓄在材料内部而形成位错或转化为热能。断裂能量（表面能）在磨损（磨粒形成）过程中起主要作用，它使摩擦表面形成新的表面和磨粒。一般第二次过程能量的作用较小，但在某些情况下（如合成材料的分解或剥离，摩擦化学过程大量吸热和制动器的制动过程等），这部

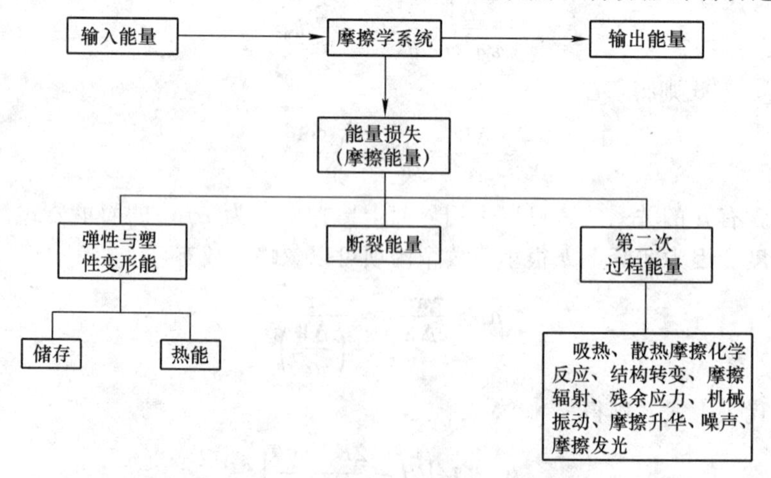

图4-10 摩擦过程中能量的转化与分配示意图

分能量损失较大，估计可达30%。

2）在一定条件下，摩擦过程会发生摩擦能量的转化（转化为热能、机械能、化学能、电能和电磁能等）以及摩擦副的材料和形状的变化。

3）可借助摩擦力所做的功（摩擦功）来表示摩擦过程的能量平衡。在一般情况下，摩擦功 W_f 的大部分转化为热能 Q，以热的形式消散，小部分（9%～16%）则以内能 ΔE 的形式储存于表面层，即

$$W_f = Q + \Delta E$$

如果表面没有明显的塑性变形，则摩擦功全部转化为热能，即

$$W_f = Q$$

试验表明，能量平衡各组成部分之间的比例关系（$\Delta E/Q$）主要取决于摩擦副的材料、载荷、工作介质的物理—化学特性和摩擦路程。此外，它与摩擦副中金属的变形特性也有重要关系。在其他条件相同时，金属的塑性越好，则 W_f 越小，所形成的 Q 也越小，而消耗的 ΔE 越大。硬的淬火钢摩擦时，Q 实际上可达到100%，则 $\Delta E \approx 0$。

尽管上述能量平衡理论至今尚未建立可供定量分析的数学模型，但它可以较全面地描述摩擦学系统的摩擦过程，并可更合理地分析影响该摩擦过程的各种因素。

4.6 摩擦时金属表面特性的变化

摩擦过程是一个物体施载于另一个物体的相对运动过程。在摩擦过程中，受力的物体必然发生变形。而摩擦产生的热量又使摩擦表面温度急剧升高（据资料介绍，90%以上的摩擦功转变为热）。力和热的共同作用，使摩擦表面发生一系列变化。这些变化主要是：

1）表面几何形状的变化。

2）表面结构的变化。

3）表面成分的变化。

4）表面膜的变化。

4.6.1 由摩擦引起的表面几何形状的变化

摩擦副滑动时，表面粗糙度不断改变而趋于一个稳定值。原来粗糙的表面变得光滑，而原来光滑的表面变得粗糙。同一种材料在相同外部条件下发生摩擦时，经几小时磨合后，两者的表面将达到同样的粗糙度。人们把在摩擦磨损过程中，除了摩擦初期外，在任何后继过程中都会重复出现的固定不变的粗糙度称为“平衡粗糙度”。

在摩擦初期，只有很少的相互接触的微凸体发生摩擦，因此接触面积上的正应力很大，从而使机械加工后形成的微凸体发生剧烈破坏、压碎和塑性变形。由于磨合的结果，最突出的微凸体被压平，原来的微凸体局部可能完全消失，与此同时，新的微凸体相继产生。迄今对于摩擦时微凸体形成机理的研究尚不充分，有资料显示，摩擦面的微观几何形状是由于发生塑性挤压过程和疲劳破坏而形成的，在某些情况下是由于微切削形成的。对于硬度不同的摩擦副，其较软者的粗糙度在磨合过程中逐渐接近较硬者的粗糙度，直到处于给定摩擦条件下的某个平衡状态。因此，平衡粗糙度可理解为在磨合过程结束后，摩擦状态不变时在摩擦接触面上新形成的粗糙度。而且平衡粗糙度与原始粗糙度无关。

4.6.2 由摩擦引起的表面结构的变化

摩擦过程中，金属晶体的结构缺陷如空位、位错及面缺陷（孪晶界、晶界、晶粒位向变化等）和体缺陷（空位积聚、形成孔隙）都会扩展。图4-11～图4-13是透射电镜观察到的刮板运输机中部槽中板链道磨损区位错的分布情况。图4-11是距磨损表面较远的中板基体中位错的分布，仅有稀少的位错。图4-12和图4-13分别为磨损次表面和磨损表面的位错分布照片。可以看出，越靠近磨损表面，位错密度增加，并且位错缠结形成胞状结构。这说明，在磨损过程中，位错的增生和缠结将造成材料加工硬化，使材料进一步变形更加困难。

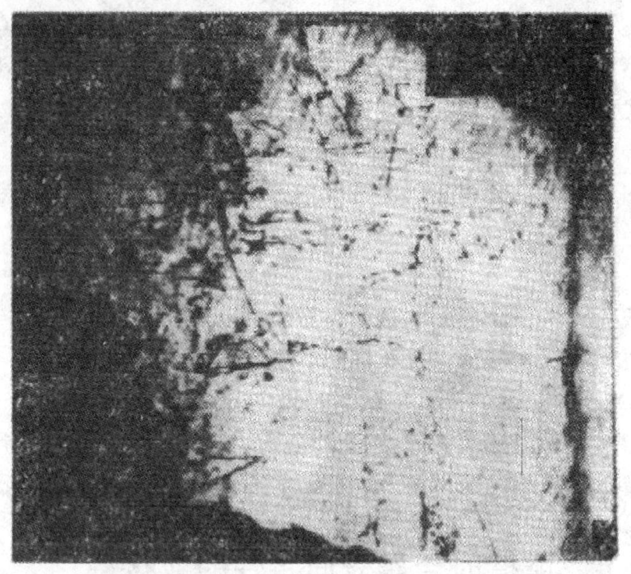

图4-11 中板基体的位错照片（×33000）

摩擦过程中除亚结构发生变化外，金属的结构也会发生变化，如晶格转变、碳化物的生成和溶解、元素由一个物体扩散到另一个物体以及一个物体内元素的再分配、相变和再结晶等。

4.6.3 由摩擦引起的表面成分的变化

摩擦是一个复杂过程，由三个阶段依次组成：

1）摩擦表面间的相互作用。

2）接触表面在摩擦过程中发生一系列变化。

3）表面破坏。

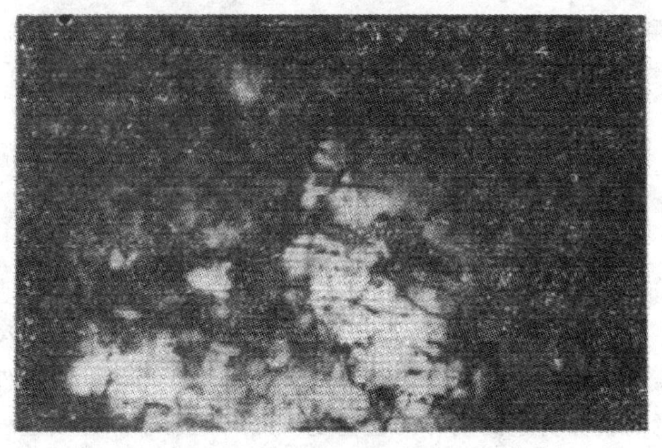

图4-12 中板链道磨损次表面位错分布（×33000）

就摩擦的结果而言，重要的不是材料的原始组织和性能，而是在摩擦过程中形成的组织和性能。

1. 摩擦过程中金属组织变化的动力学特点

摩擦过程中金属组织变化的动力学特点主要是：

1）热源。机械能转化为热能（摩擦生热），而且是脉冲加热方式（因为是微凸体接触）。

2）加热与冷却速度异常快，与一般热处理过程的加热和冷却大不相同。

3）在材料的微观体积中发生加热和冷却过程。因此，二次组织（二次淬火、二次奥氏体等）是在微区形成的。

摩擦时局部接触区的加热和冷却速度可能达到很高的数值。按照格罗津的数据，在脉冲

加热时，100μm 薄层的加热速度为 $4\times10^{3}\sim4\times10^{4}$℃/s，冷却速度为 $10^{3}\sim10^{4}$℃/s。这比一般热处理的加热和冷却速度高一、二个数量级。这种加热和冷却过程与钢的含碳量、原始组织、摩擦表面的微观形貌以及热传导有关。

图 4-13　中板链道磨损表面位错缠结（×33000）

考虑到热传导方程与边界条件，由概率的观点可以求出加热 s^2（s 小于可见接触尺寸）大小的区域所需的时间为

$$\tau = C_p\lambda\frac{s^2}{q_0^2}(T-T_0)^2 \quad (4\text{-}23)$$

或

$$\tau\approx BC_p\lambda(T-T_0)^2$$

式中　C_p——单位体积热容量；

λ——热传导系数；

q_0——热源；

T_0——介质温度；

T——温度场；

$B\approx\frac{s^2}{q_0^2}$——由摩擦条件确定的常数。

一般摩擦情况下，新相形成的条件是

$$\tau_1\leqslant\tau_2\leqslant\tau_3 \quad (4\text{-}24)$$

式中　τ_1——新相的形成时间；

τ_2——接触点存在的时间；

τ_3——局部温度场的保持时间。

由式（4-24）可知，摩擦时新相形成最重要的是加热和变形过程。在具体的摩擦条件下，如果这些条件不能实现，就不能发生完全的相变，而是处于某种过渡状态。因此，τ_1、τ_2、τ_3 之间的关系表明摩擦时相变完成的程度。

总之，摩擦时相和组织的转变程度取决于一系列因素，如材料的性能、表面的宏观与微观形貌、机械脉冲大小、接触点存在的时间以及原始组织等。

2. 摩擦过程中相和组织变化

摩擦时微区加热可能导致合金元素的重新分布、某相的溶解以及同素异构转变等。当快速冷却时会产生不平衡组织，并能出现过剩相析出的各个阶段。

（1）同素异构转变　钴在室温呈密集六方结构，具有低的摩擦因数，其值约为 0.35。然而，当摩擦温度升高至约 417℃时，摩擦因数增大许多倍。分析表明，该摩擦因数的增加与钴在 417℃发生结构变化有关，在 417℃以上，钴转变为面心立方结构。

（2）二次淬火　在摩擦磨损过程中发生相变与否，特别是能否发生二次淬火是由下列条件决定的：

1）摩擦热在微峰处可能达到的温度要高于相变临界点，并以很快的速度冷却到室温。

2）在变形作用下临界点可能降低。

3）材料本身临界温度的高低。

4）摩擦时相变以微扩散的方式进行。

在摩擦热的作用下，金属的状态将随着温升而变化。对于钢铁材料，可以结合铁碳相图来分析。如果摩擦过程中钢铁材料的表层温度超过 Ac_1，奥氏体就将重新形成，与此同时，材料的塑性变形抗力急剧下降，因此有明显的塑性流动发生。在摩擦中形成的奥氏体也有形核、长大以及成分均匀化的过程。冷却时，奥氏体将转变为热力学性质更加稳定的相，如马氏体，由二次奥氏体转变而得来的马氏体称为摩擦马氏体。这种过程称二次淬火。可是表层的奥氏体由于结构、成分以及冷却程度等一系列的原因，有时发生严重的陈化稳定，致使在摩擦表面形成大量的残留奥氏体。如果在冷却时，奥氏体不发生马氏体相变而保持至室温，这种奥氏体称为摩擦奥氏体。摩擦奥氏体的特点是硬度高于原始（残留）奥氏体的硬度。

摩擦前的金属组织中若存在残留奥氏体，在摩擦热作用下，它可能成为摩擦奥氏体的晶核，加速奥氏体的形成。由于奥氏体的均匀化、碳化物的溶解等都是以微区扩散的方式进行的，因此，弥散的组织更容易发生相变，因为弥散组织相互间的接触表面相对大些。下列的组织状态有助于提高摩擦奥氏体的稳定性：

1）在微观扩散转变时，从原来的马氏体转变而成的奥氏体被碳化物和碳所饱和。

2）大量的弥散碳化物溶入奥氏体（致使 Ms 点下降）。

3）在大量塑性变形下，马氏体相变受阻，即机械稳定化。

4）在稳定的摩擦温度下，摩擦后的缓冷（在 Ms 点附近）使马氏体相变减慢，即热稳定化。

如果摩擦过程中形成的奥氏体不稳定，则在冷却的过程中转变为马氏体。快速冷却是马氏体形成的必要条件。总之，凡是有利于摩擦奥氏体稳定化的因素都不利于摩擦马氏体的形成。

摩擦马氏体的组织特点是具有致密分散的组织，马氏体亚结构发展充分，总的应力较大，其硬度值为 850 ~ 925HV。另外，在二次淬火组织中存在着大量的残留奥氏体。

（3）二次回火　淬火钢在摩擦热的作用下会发生二次回火，其回火程度取决于摩擦温度和时间等。快速回火组织具有下述的特征：

1）马氏体分解后形成的 α 相具有高弥散性与高应力状态的亚组织，并且具有高的显微硬度。

2）残留奥氏体分解和碳化物质点的聚集受阻。

3）原始组织的位向不变。

上述 1）、2）是由于摩擦过程的特点所决定，即微区接触导致的微区扩散。

（4）其他组织变化　摩擦过程中除了发生二次淬火外，还可能发生碳化物的溶解与析出、再结晶、马氏体逆转变及熔化现象等。

1）碳化物的溶解与析出。在摩擦过程中，由于加热和冷却，铁的晶体点阵和过剩相（其中包括碳化物）之间的相互作用可写成

$$\alpha + K \rightarrow \gamma \rightarrow \alpha + K$$

式中　α——铁素体或马氏体；

γ——奥氏体；

K——弥散碳化物。

在摩擦过程中，碳化物可能发生溶解、析出、聚集与球化等过程。摩擦时温度越高，碳化物溶解越多；试样开始冷却的温度越高，析出的碳化物越多。

另外，由于摩擦热及表面层在摩擦过程中强大的塑性流变，还会发生碳化物的碎化和分解以及碳原子结晶成石墨点阵。

综上所述，可知：固溶体中碳浓度的变化可能使材料局部微区的耐磨性发生变化；在摩擦时析出的石墨可起润滑作用。

2）再结晶。摩擦过程中金属材料也可能发生再结晶。但摩擦时的再结晶温度比通常的再结晶温度要低，如对于铁，摩擦时的再结晶温度为350～500℃。这个温度对于提高原子的扩散能力和改善材料的耐磨性是足够的。再结晶会使材料的塑性发生变化，而且也改变材料的粘着性能。

3）逆变马氏体。在奥氏体钢中摩擦应变诱发马氏体的形成会影响其摩擦磨损的性能。高、中锰钢摩擦诱变产生马氏体可提高钢的耐磨性。

4.6.4 摩擦中表面膜的变化

由于摩擦表面发生变形，存在畸变，因此表面能量很高；此外，表面新鲜，活性大，加之摩擦热的影响，使得摩擦表面处于不稳定状态。一般的摩擦工件在大气中工作，因而摩擦表面很容易与大气中的氧发生反应而形成一层氧化膜。图4-14所示为钢滑动摩擦时发生氧化而使动摩擦因数明显下降。

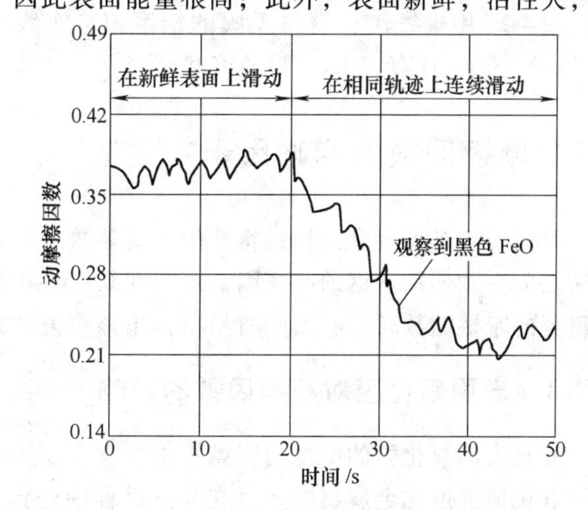

图4-14 钢摩擦时的动摩擦因数（环-块试验机）

（载荷为2.64N，滑速为20.32m/s，球滑块的半径为3.18mm）

一般说来，氧化膜的硬度较高，表4-4是铁的各种氧化物的形成温度和硬度。氧化膜的性质如硬度、薄厚、成分、与基体的结合强度等对摩擦磨损有很大的影响。若形成薄而致密的表面膜（小于几十个Å，$1Å=10^{-10}m$），且膜与基体的结合牢固时，则摩擦因数大大降低。若氧化膜太厚，则膜能封锁位错，使之不能在表面露头，结果在表面膜下面形成高的应力和变形，氧化膜也随之产生裂纹或破裂剥落，剥落的氧化膜可成为磨料造成磨料磨损。

表4-4 铁的各种氧化物的形成温度和硬度

氧 化 物	形成温度/℃	显微硬度HV
αFe_2O_3	200	
$\gamma Fe_2O_3+Fe_3O_4$	200	1000
αFe_2O_3	400～570	500
$FeO+Fe_2O_3$	570	300

在钢铁中，一般认为形成 膜是非常有利的，可大大降低摩擦因数和磨损，如图 4-15 所示。在镍合金中，形成氧化镍膜可降低摩擦磨损。

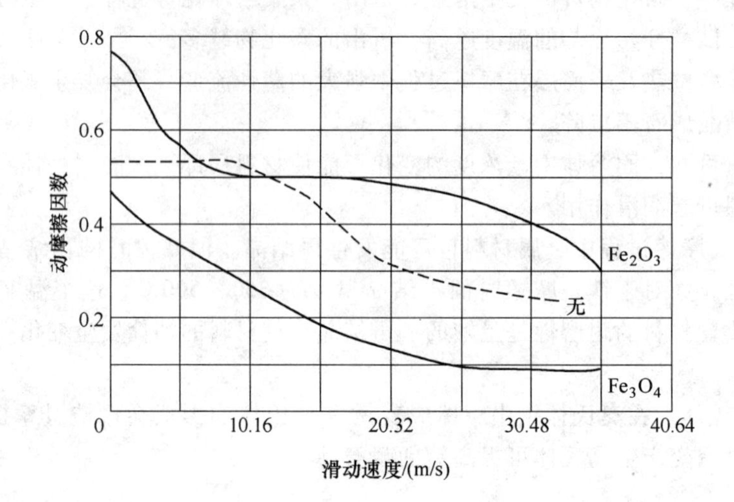

图 4-15　钢—钢干滑动摩擦

图 4-15 中虚线代表钢与无膜的钢摩擦；实线代表钢与分别预先形成厚 1200Å（1Å = 10^{-10}m）的 Fe_3O_4 和 Fe_2O_3 膜的钢摩擦。

4.7　摩擦因数的影响因素

摩擦因数是表示摩擦材料特性的主要参数之一，它与材料表面性质、介质或环境等因素有密切关系，如钢对钢的摩擦因数可以在 0.05～0.8 这样大的范围内变化。所以，在给出一种材料的摩擦因数时，必须同时给出得出该数值的条件和所用的测试设备。

4.7.1　表面氧化膜对摩擦因数的影响

具有表面氧化膜的摩擦副，摩擦主要发生在膜层内。在一般情况下，由于表面氧化膜的塑性和机械强度比金属材料差，在摩擦过程中，膜先被破坏，金属摩擦表面不易发生粘着，使摩擦因数降低，磨损减少。表面氧化膜对摩擦因数的影响见表 4-5。

表 4-5　表面氧化膜对摩擦因数的影响

摩擦副材料	摩擦因数		
	真空中加热	大气中清洁表面	氧化膜
钢—钢	粘着	0.78	0.27
铜—铜	粘着	1.21	0.76

在摩擦表面涂覆软金属能有效地降低摩擦因数。其中以镉对摩擦因数的影响最为明显，但镉与基体金属的结合力较弱，容易在摩擦时被擦掉。

纯净金属材料的摩擦副，由于不存在表面氧化膜，摩擦因数比较高，见表 4-6。

表 4-6 实验室条件下纯净金属材料的摩擦因数

平板材料		钢	铜
载荷/N	凸脚材料	摩擦因数 f	
2.20	Pb	1.0	0.50
21.40		0.78	0.36
2.40	Sn	0.66	0.41
21.40		0.56	0.35
2.40	Bi	0.62	0.50
21.40		0.44	0.34
2.40	Al	0.71	0.40
21.40		0.45	0.25
2.40	Cu	0.37	1.20
21.40		0.31	1.46
2.40	Zn	0.41	0.35
21.40		0.30	0.34
2.40	钢	0.53	0.23
21		0.82	0.17

平板材料		镍
载荷/N	凸脚材料	摩擦因数 f
1.40	Pb	0.68
11.40		0.39
1.40	Sn	0.68
11.40		0.44
1.40	Bi	0.39
11.40		0.26
1.40	Al	0.51
11.40		0.26
1.40	Cu	0.49
11.40		0.27
1.40	Zn	—
11.40		—
1.40	钢	0.50
11.40		0.39

平板材料		锡	铅
载荷/N	凸脚材料	摩擦因数 f	
0.40	Pb	1.00	1.35
10.40		1.14	1.34
0.40	Sn	0.90	0.48
10.40		0.83	0.51
1.40	Bi	0.60	0.60
10.40		0.54	1.00
1.40	Al	0.91	1.00
10.40		0.68	1.00
1.40	Cu	1.00	1.00
10.40		0.84	1.14
1.40	Zn	0.91	0.83
10.40		0.69	1.10
1.40	钢	0.83	1.38
11.40		0.60	0.57

4.7.2 材料性质对摩擦因数的影响

金属摩擦副的摩擦因数，随配对材料性质的不同而不同。分子或原子结构相同或相近的两种材料互溶性大，反之，分子或原子结构差别大的两种材料则互溶性小。互溶性较大的材料组成摩擦副，易发生粘着，摩擦因数增高；互溶性较小的材料组成摩擦副，不易发生粘着，摩擦因数一般都比较低。

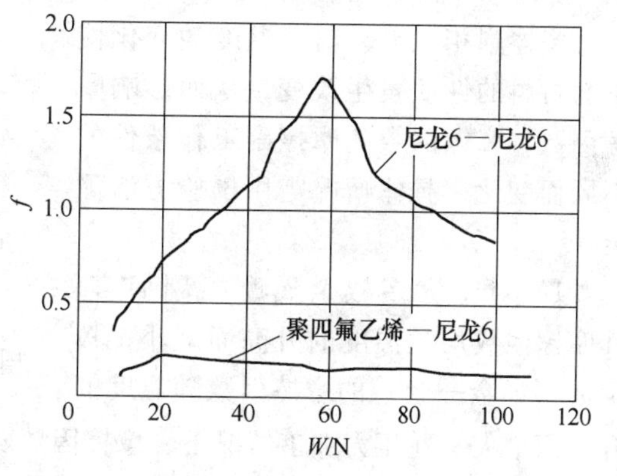

图 4-16 尼龙 6 的摩擦因数与载荷的关系

4.7.3 载荷对摩擦因数的影响

弹性接触情况下，实际接触面积与载荷有关，摩擦因数将随载荷的增加而越过一极大值。当载荷足够大时，实际接触面积变化很小，因而使摩擦因数趋于稳定。载荷对摩擦因数的影响如图 4-16 所示。试验是在粘滑试验机上进行的，试验条件为：室温，速度5cm/s。在弹塑性接触情况下，材料的摩擦因数亦随载荷的增大而增大，越过一极大值后随载荷的增大而减小，见表 4-7。

表 4-7 酚醛塑料的摩擦因数与载荷的关系

试验条件		不同时间（min）下的摩擦因数 f					
转速/（rpm）	载荷/N	5	10	15	20	25	30
800	37.34	0.06	0.06	0.06	0.06	0.04	0.04

（续）

试验条件		不同时间（min）下的摩擦因数 f					
转速/（rpm）	载荷/N	5	10	15	20	25	30
800	133.48	0.11	0.11	0.07	0.07	0.05	0.05
800	222.46	0.03	0.03	0.02	0.02	0.02	0.02
800	311.44	0.04	0.04	0.03	0.03	0.02	0.02

4.7.4 滑动速度对摩擦因数的影响

在一般情况下，摩擦因数随滑动速度增加而升高，越过一极大值后，又随滑动速度的增加而减少。克拉盖尔斯基对各种材料在速度变化范围为0.004～25m/s、压力变化范围为0.8～166.6×10^3Pa时的摩擦因数进行试验研究后得出：当速度增大时摩擦因数通过一个最大值，当压力增大时，该最大值对应较小的速度值，并得出摩擦力与速度的关系式为

$$F=(a+bv)\mathrm{e}^{-cv}+d \tag{4-25}$$

式中　a、b、c、d为系数。根据系数a、b、c、d的值得出图4-17所示的曲线。图中曲线是在铸铁轧制铅材时，按功率消耗值间接得出来的，轧制时的压缩率为50%。滑动速度对摩擦因数的影响，主要是它引起温度的变化所致。滑动速度引起的发热和温度的变化，改变了摩擦表面层的性质和接触状况，因而摩擦因数必将随之变化。对温度不敏感的材料（如石墨），摩擦因数实际上几乎与滑动速度无关。

4.7.5 温度对摩擦因数的影响

摩擦副相互滑动时，温度的变化使表面材料的性质发生改变，从而影响摩擦因数，摩擦因数随摩擦副工作条件的不同而变化，具体情况需用试验方法测定。

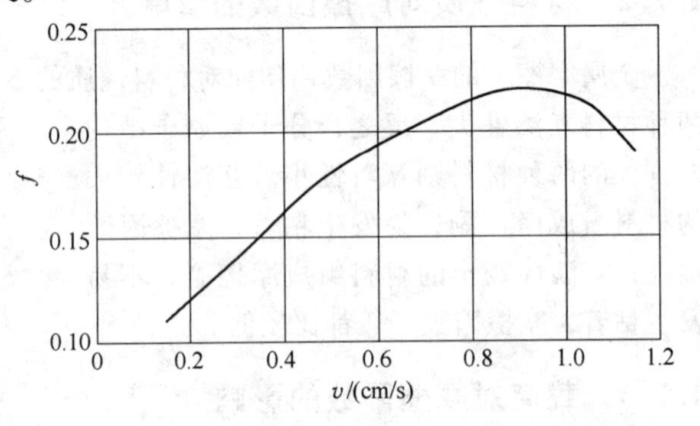

图4-17　铸铁轧制铅材时摩擦因数与滑动速度的关系

1）对于大多数金属摩擦副而言，其摩擦因数均随温度的升高而减小，极少数（如金—金）的摩擦因数随温度的升高而增大。在压力加工情况下，摩擦因数随温度的升高越过一极大值，如轧制铜材时，摩擦因数的极大值出现在温度为600～700℃；当温度再升高时，摩擦因数下降，如图4-18所示。图中曲线是以钳夹紧法测得的。

2）在使用散热性比较差的材料（如工程塑料）时，当表面温度达到一定值，材料表面（特别是含有有机聚合物的热塑性塑料）将被熔化。所以，一般工程塑料都只能在一定的温度范围内使用，超过这个温度范围，摩擦副材料将丧失工作能力，如图4-19所示。图中曲线的摩擦副材料是尼龙6与钢，载荷为200N，滑动速度为1cm/s，即用电热方法加温，在高温三号试验机上测得。

3）对于金属与复合材料组成的摩擦副，其摩擦因数在某一温度范围内受温度的影响较小，但是，当温度超过某一极限值时，摩擦因数将随温度的升高而显著下降。通常把这种现

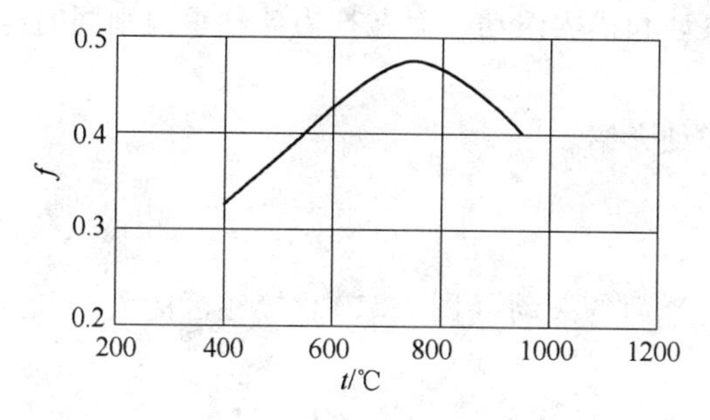

图 4-18 轧制铜材时摩擦因数随温度变化的规律

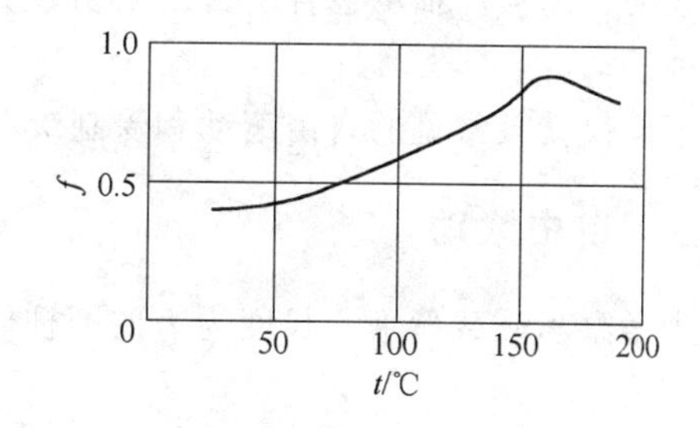

图 4-19 尼龙 6 的摩擦因数随温度的变化情况

象称为材料的热衰退性。对于制动摩擦副，尤其应控制在热衰退的临界温度以下工作，以保证其具有足够的制动能力。

4.7.6 表面粗糙度对摩擦因数的影响

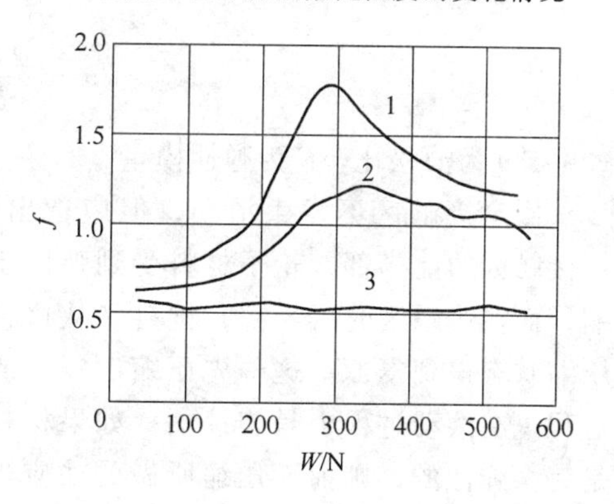

图 4-20 钢与尼龙摩擦时表面粗糙度对摩擦因数的影响

1—尼龙 600/钢 60 2—尼龙 500/钢 40

3—尼龙 400/钢 60

在塑性接触情况下，由于表面粗糙度对实际接触面积的影响不大，因此可以认为摩擦因数不受表面粗糙度影响，保持为一定值。对于弹性或弹塑性接触的干摩擦，当表面粗糙度达到使表面分子吸引力有效地发生作用时（如超精加工表面），机械啮合的摩擦理论就不适用了。表面粗糙度越高，实际接触面积越大，因而摩擦因数也就越大（图 4-20）。图中钢和尼龙的粗糙度均用打磨表面所用砂纸的规格来表示。图中的曲线是在高温三号试验机上测得的，滑动速度为 $v=10\text{cm/s}$。

4.8 滚动摩擦

各式各样的轮子和滚动元件皆问世已久，例如带传动装置（带轮在传送带上作有效的滚动）以及各种滚动轴承等。所以，有必要考察这些装置中的摩擦原理。现将各种形式的滚动接触作如下的分类。

（1）自由滚动 这是滚动元件沿着平面滚动的情况，所受阻力是由元件与平面之间的基本滚动摩擦引起的。

（2）受制滚动 滚动元件受制动或驱动转矩的作用，这些转矩在接触处产生摩擦作用。

（3）槽内滚动 当滚珠围绕球轴承的内圈滚动时，滚珠与圈槽间的几何接触引起摩擦阻力。

（4）绕曲滚动 滚动元件沿曲线轨道运行时，接触处不可避免地产生摩擦作用。

每当发生滚动时，必然存在着自由滚动摩擦，而受制滚动、槽内滚动和绕曲滚动摩擦是否单独存在或以组合形式存在，则取决于特定的条件。例如，汽车的轮子包含了自由滚动和受制滚动，深沟球轴承包含了自由滚动、受制滚动和槽内滚动，而在推力球轴承内则同时存在四种滚动。

下面仅就较常见的自由滚动和受制滚动作详细介绍。

4.8.1 自由滚动

现考察承受载荷 W、长度为 L 的圆柱体沿着平面的滚动（图 4-21）。接触区的大小和压力分布为

$$b = \left[\frac{8WR(1-\upsilon^2)}{\pi LE}\right]^{1/2}$$

$$p = \frac{2W}{\pi bL} - \left(1 - \frac{x^2}{b^2}\right)^{1/2}$$

式中，υ 为泊松比，E 为弹性模量，其余见图 4-21。

假定接触区不发生滑动，但应指出，在接触区的前半部，轮子材料受到弹性压缩，而在接触区的后半部，材料又从这种压缩状态得到复原。这种先压缩后复原的过程，在滚动过程中是连续的。如果材料是完全弹性的，则前面压缩所做的功应当完全等于后面膨胀释放的功，因此没有能量损耗。然而，在弹性应力周期内，总是存在着滞后引起的能量损失。由于这个原因，滚动将会有能量损耗，并且这个能量损耗构成了自由滚动的阻力。以下的论证，可以确定这种阻力。

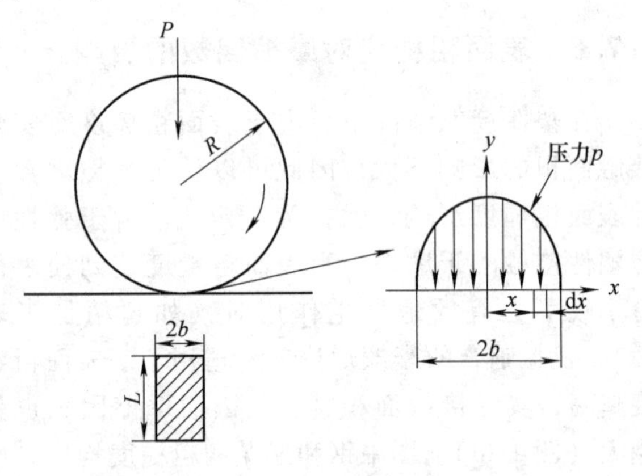

图 4-21　圆柱体与平面的接触和产生的压力分布

现在只考察接触区的前半部。作用于宽 dx 长 L 的整个面积上的接触压力，产生力 $pL\mathrm{d}x$。此力对接触区中心线产生的阻力矩为 $pL\mathrm{d}x \cdot x$。这种由于前部压缩产生的总阻力矩 M 为

$$M = \int_0^b pLx\mathrm{d}x$$

将前面 p 和 b 的计算式代入上式，得

$$M = \frac{2Wb}{3\pi} \tag{4-26}$$

现假定圆柱体转过 θ 角时滚动的距离为 S。前部压缩所做的总功为 $M\theta$。在接触区的后半部，弹性的恢复意味着总功的大部分得以还原，但由于弹性滞后净损失率为百分之 ε，这样对滞后所做的功为 $\frac{\varepsilon}{100}M\theta$。

假定滚过距离 S 的圆柱体所受的摩擦力为 F，注意到 $S=\theta R$，则 F 所做的功就是滞后所做的功，即

$$FS = \frac{\varepsilon}{100}M\theta = \frac{\varepsilon}{100}M\frac{S}{R}$$

因此

$$F = \frac{\varepsilon M}{100R} \tag{4-27}$$

将式（4-26）代入式（4-27），得

$$F = \frac{2\varepsilon Wb}{300\pi R} \tag{4-28}$$

对式（4-28）结果，值得注意的是，若 W 小而 R 大，则轮子自由滚动的阻力将很小。

4.8.2 受制滚动

现在研究机车或汽车的主动轮（图4-22）。在轮子与地面的接触处，为驱动车辆朝着运动方向对车轮作用一个力 T。这个力应当小于 μW，否则车轮就会滑动，向前的滚动就会停止。不难发现，当 $T=0$ 时，车轮与地面之间没有滑动，而当 $T=\mu W$ 时，在整个接触区都将产生滑动。当 $0<T<\mu W$ 时，发生的情况如图4-22所示。一部分接触区在滑动，而以阴影标记的前部接触区却无相对运动。滑动区域的大小随 T 的增大而增加。从理论上说，应由下列公式表示滑动程度与 T 的关系，即

$$\frac{T}{\mu W} = \left[1 - \left(\frac{\beta}{b}\right)^2\right]^{1/2} \tag{4-29}$$

当 $\beta=b$ 时，$T/\mu W=0$；当 $\beta=0$ 时，$T/\mu W=1$。

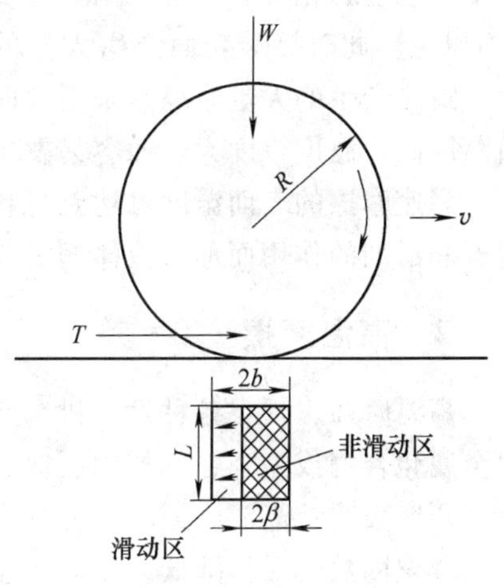

图4-22 圆柱体沿平面滚动时接触区的微小滑动

为说明这个关系，应先明确三个事实：滑动程度在微观上很小，接触处的材料能够发生弹性变形，滚动意味着在其过程中轮缘上的质点通过接触区随即又在另一边离开。这样就能设想，质点进入到接触区时，弹性变形使质点相对于地面并无滑动，但是随后变形复原，结果产生质点与地面间的微观滑动。随后质点离开接触区，同时其全部变形最终消除。

这些微观滑动机理有一个不可忽视的效应，即轮缘滚过的距离并不精确地等于纯粹几何考虑的距离，也就是说 $S \neq R\theta$，这与前面所用的等式不同。车轮在运行中滚过的弧长 $R\theta$ 比 S 略大，制动时则略小。这些所谓“蠕滑效应”是可以测量的，图4-23所示与这种理论论述相一致，其关系式为

$$\frac{\delta R}{b\mu} = \left[1 - \left(1 - \frac{T}{\mu W}\right)^{1/2}\right] \tag{4-30}$$

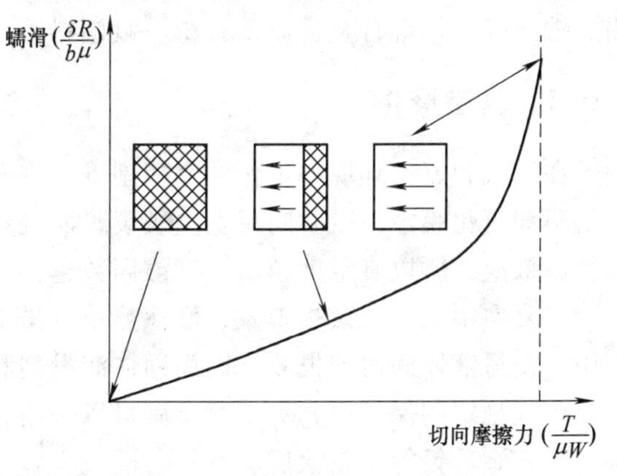

图4-23 滚动圆柱体的蠕滑随切向摩擦力的变化关系

式中 δ——相对蠕滑；

T——轮子的牵引力；

R——轮子的半径；

W——载荷；

b——接触宽度。

4.9 特殊工况条件下的摩擦

现代机械设备中许多摩擦副处于高温、低温、真空等特殊工况下工作，其摩擦特性不同于一般工况下的摩擦。

4.9.1 高速摩擦

在航空、化工和汽轮机械中，摩擦表面的相对滑动速度常超过50m/s，甚至达到600 m/s以上。此时接触表面产生大量的摩擦热，而又因滑动速度高，接触点的持续接触时间短，瞬时产生的大量摩擦热来不及向内部扩散。因此，摩擦热集中在表面很薄的区间，使表面温度高，温度梯度大，而容易发生胶合。

高速摩擦的表面温度可达到材料的熔点，有时在接触区产生很薄的熔化层。熔化金属液起着润滑剂的作用而形成液体润滑膜，使摩擦因数随着速度的增加而降低。

4.9.2 高温摩擦

高温摩擦出现在各种发动机、原子反应堆和宇航设备中。用于高温工作的摩擦材料为难熔金属化合物或陶瓷，例如钢、钛、钨金属化合物和碳化硅陶瓷等。

研究表明：高温摩擦时，各种材料的摩擦因数随温度的变化趋势相同，即随着温度的增加，摩擦因数先缓慢降低，然后迅速升高。在这个过程中，摩擦因数出现一个最小值。对于通常的高温摩擦材料，最小的摩擦因数出现在600～700℃。

4.9.3 低温摩擦

在低温下或者各种冷却介质中工作的摩擦副，其环境温度常在0℃以下。此时摩擦热的影响甚小，而摩擦材料的冷脆性和组织结构对摩擦影响较大。低温摩擦材料主要有铝、镍、铅、铜、锌、钛等合金，以及石墨、氟塑料等。

4.9.4 真空摩擦

在宇航和真空环境中工作的摩擦副具有许多特点。如：由于周围介质稀薄，摩擦表面的吸附膜和氧化膜经一段时间后发生破裂，而且难以再生，这就造成金属直接接触，产生强烈的粘着效应，所以真空度越高，摩擦因数越大。

在真空中无对流散热现象，摩擦热难以排出，使表面温度高。此外，由于真空中的蒸发作用，使得液体润滑剂失效，因而固体润滑剂和自润滑材料得到有效的应用。为了在摩擦表面上生成稳定的保护膜，真空摩擦副可以采用含二硫化物和二硒化物的自润滑材料以及锡、银、镉、金、铅等金属涂层。

第5章 磨　损

5.1　概述

磨损是相互接触的物体在相对运动中表层材料不断损伤的过程，它是伴随摩擦而产生的必然结果。之所以磨损问题引起人们极大的重视，是因为磨损所造成的损失十分惊人。根据统计，机械零件的失效主要有磨损、断裂和腐蚀三种方式，而磨损失效占约80%。因而研究磨损机理和提高耐磨性的措施，将有效地节约材料和能量，提高机械装备的使用性能和寿命，减少维修费用。

由于科学技术的迅速发展，20世纪30年代以后，机械装备的磨损问题日益突出，特别是高速、重载、精密以及特殊工况下工作的机械对于磨损研究提出了更迫切的要求，同时近代其他科学技术，例如材料科学、物理化学、表面测试技术等的发展，都有助于对磨损机理进行更深入的研究。

研究磨损的目的在于通过各种磨损现象的观察和分析，找出它们的变化规律和影响因素，从而寻求控制磨损和提高耐磨性的措施。

5.2　磨损的几种主要类型

5.2.1　粘着磨损

当摩擦副表面相对滑动时，由于粘着效应所形成的粘着结点发生剪切断裂，被剪切的材料或脱落成磨屑，或由一个表面迁移到另一个表面，此类磨损统称为粘着磨损。

1. 粘着磨损机理

粘着磨损是常见的一种磨损形式。

通常摩擦表面的实际接触面积只有名义接触面积的0.1%～0.01%。对于重载高速摩擦副，接触峰点的表面压力有时可达500MPa，并产生1000℃以上的瞬时温度。而由于摩擦副体积远小于接触峰点，一旦脱离接触，峰点温度便迅速下降，一般局部高温持续时间只有几毫秒。摩擦表面处于这种状态下，润滑油膜、吸附膜或其他表面膜便会发生破裂，使接触峰点产生粘着，随后在滑动中粘着结点破坏，金属从表面撕裂下来，形成磨粒，如图5-1所示。一些金属粘着在另一金属表面上，形成了粘着磨损。

从上述分析可知，粘着磨损的机理为：粘着—破坏—再粘着—再破坏的循环过程。

2. 粘着磨损分类

按照摩擦表面损坏程度，粘着磨损又可分为五类。

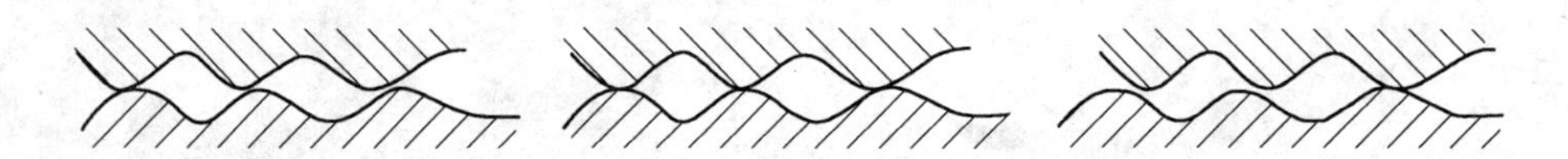

图 5-1　粘着磨损过程

（1）轻微磨损

1）破坏现象：剪切破坏发生在粘着结合面上，表面转移的材料较少。

2）损坏原因：粘着结合强度比摩擦副的两基体金属都弱。

（2）涂抹

1）破坏现象：剪切破坏发生在软金属浅层里面，软金属涂抹在硬金属表面上。

2）损坏原因：粘着结合强度大于较软金属的抗剪强度。

（3）擦伤

1）破坏现象：剪切发生在软金属的亚表层内，有时硬金属表面也有划伤。

2）损坏原因：粘着结合强度比两基体金属都高，转移到硬面上的粘着物质又拉削软金属表面。

（4）撕脱

1）破坏现象：剪切破坏发生在摩擦副一方或两方金属较深处。

2）损坏原因：粘着结合强度大于基体金属的抗剪强度，切应力高于粘着结合强度。

（5）咬死

1）破坏现象：由于粘着点的焊合，不能相对运动。

2）损坏原因：粘着强度比任一基本金属抗剪强度都高，而且粘着区域大，切应力低于粘着结合强度。

3. 粘着磨损计算

简单的粘着磨损可以根据 Archard 于 1953 年提出的模型进行计算。

如图 5-2 所示，选取摩擦副之间的粘着结点面积为以 a 为半径的圆，每一个粘着结点的接触面积为 πa^2。如果表面处于塑性接触状态，则每个粘着结点支承的载荷为

$$P = \pi a^2 \sigma_s \tag{5-1}$$

式中　σ_s——软材料的受压屈服强度。

假设粘着结点沿球面破坏，即迁移的磨屑为半球形。于是，当滑动位移为 $2a$ 时的磨损体积为 $\frac{2}{3}\pi a^2$。若定义单位位移产生的磨损体积为体积磨损度 $\frac{\mathrm{d}V}{\mathrm{d}s}$，则体积磨损度可写为

$$\frac{\mathrm{d}V}{\mathrm{d}s} = \frac{\frac{2}{3}\pi a^2}{2a} = \frac{W}{3\sigma_s} \tag{5-2}$$

式中　V——磨损体积；

s——滑动位移。

考虑到并非所有的粘着结点都形成半球形的磨屑，引入粘着磨损常数 k_s，$k_s \leqslant 1$，则

$$\frac{\mathrm{d}V}{\mathrm{d}s} = k_s \frac{W}{3\sigma_s} \tag{5-3}$$

Archard 计算模型虽然是近似的，但可以用来估算粘着磨损寿命。Fein 于 1971 年用四球

机测得几种润滑剂的抗粘着磨损性能，表 5-1、表 5-2 列出 Tabor 于 1972 年用销盘磨损机测定的几种材料在干摩擦条件下 k_s 的典型值。

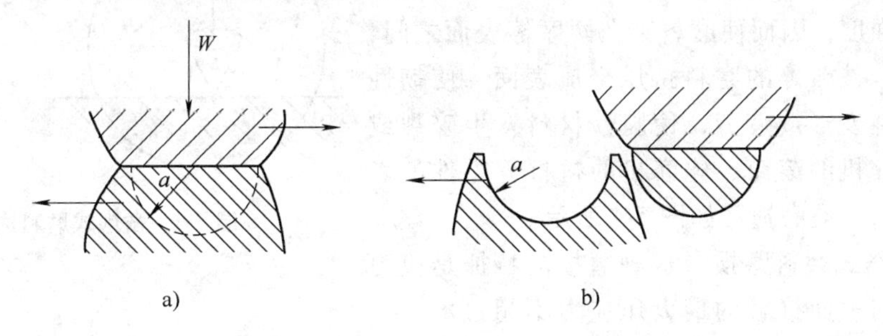

图 5-2　粘着磨损模型
a）粘着结点形成　b）粘着结点破坏

表 5-1　几种润滑剂的 k_s 值（四球机实验，载荷 400N，滑动速度 0.5m/s）

润滑剂	摩擦因数 f	摩擦常数 k_s	当量齿轮寿命	
			总转数	工作时间
干燥氩气	0.5	10^{-2}	10^2	以秒计
干燥空气	0.4	10^{-3}	10^5	以分钟计
汽油	0.3	10^{-3}	10^5	以小时计
润滑油	0.12	10^{-7}	10^7	以周记
润滑油加硬脂酸（采用冷却）	0.08	10^{-9}	10^9	以年计
标准发动机油	0.07	10^{-10}	10^{10}	以年计

表 5-2　几种材料的粘着磨损常数 k_s 值
（销盘磨损机实验，空气中干摩擦，载荷 4000N，滑动速度 1.8m/s）

摩擦副材料	摩擦因数 f	摩擦常数 k_s
软钢—软钢	0.6	10^{-2}
硬质合金—淬硬钢	0.6	5×10^{-1}
聚乙烯—淬硬钢	0.65	10^{-3}

表中粘着磨损常数值 k_s 远小于 1，这说明在所有的粘着结点中只有极少数发生磨损，而大部分粘着结点不产生磨屑，对于这种现象还没有十分满意的解释。

5.2.2　磨料磨损

在摩擦过程中，由于硬的颗粒或表面硬的凸起物引起材料从其表面分离出来的现象称为磨料磨损。

1. 磨料磨损的分类

磨料磨损的分类方法很多，根据摩擦表面所受压力和冲击力大小不同可分为三种形式。

（1）凿削式磨料磨损　凿削式磨料磨损的特征是磨粒对材料发生碰撞，使磨料切入摩擦表面并从表面凿削下大颗粒金属，使摩擦表面出现较深的沟槽等现象，如挖掘机铲斗、破碎机锤头等零件的表面损坏多属这一类磨损，如图 5-3 所示。

（2）碾碎式磨料磨损　碾碎式磨料磨损的特征是应力较高。磨料与表面接触时，最大压应力超过磨料的压碎强度，因而使磨料夹在两摩擦表面之间，不断被碾碎。被碾碎的磨料挤压金属表面，使韧性材料产生塑性变形或疲劳，使脆性材料发生碎裂或剥落，如粉碎机的滚筒、球磨机的衬板等零件的表面损坏多属这一类磨损，如图 5-4 所示。

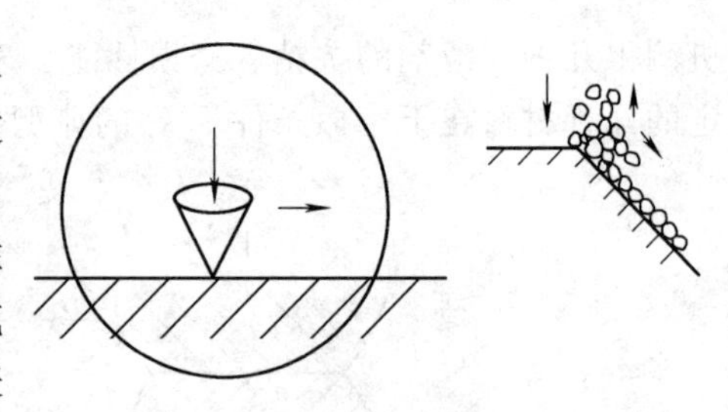

图 5-3　凿削式磨料磨损

（3）擦伤式磨料磨损　这种磨损的特征是应力较低。磨料与表面接触的最大压应力不超过磨料的压碎强度，因而磨料仅擦伤表面，可见有微细的切削痕迹，如犁铧、运输机槽板片零件的表面损坏多属这一类磨损，如图 5-5 所示。

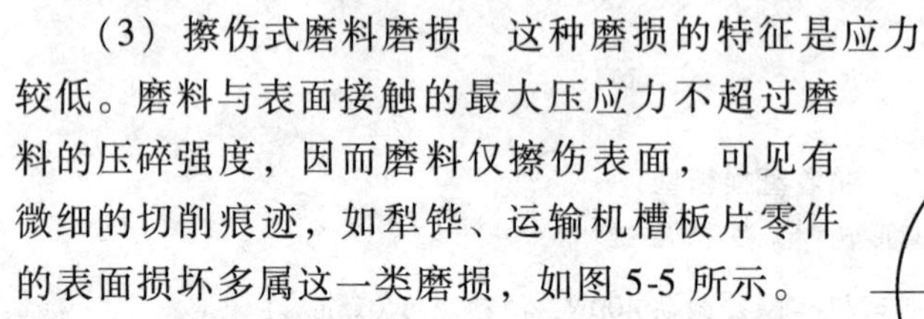

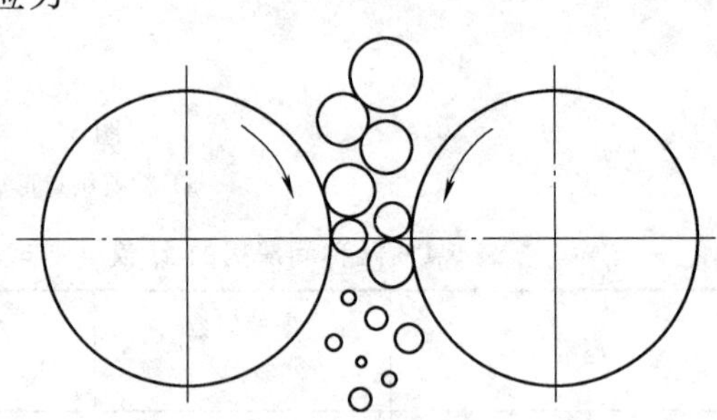

图 5-4　碾碎式磨料磨损

根据磨粒和表面的相互位置不同，磨料磨损又可分为以下两种基本形式：

（1）二体磨料磨损　二体磨料磨损是指硬磨料或硬表面微凸体与一个摩擦表面对磨时的磨损。用锉刀打磨较软金属就属于这类磨损形式。

（2）三体磨料磨损　三体磨料磨损是指两摩擦表面间有松散的磨粒时的磨损。松散的磨粒有两种来源：一种是外来的杂质或加入的磨料；另一种是摩擦表面本身产生的磨料。三体磨料磨损多属于碾碎式磨料磨损。

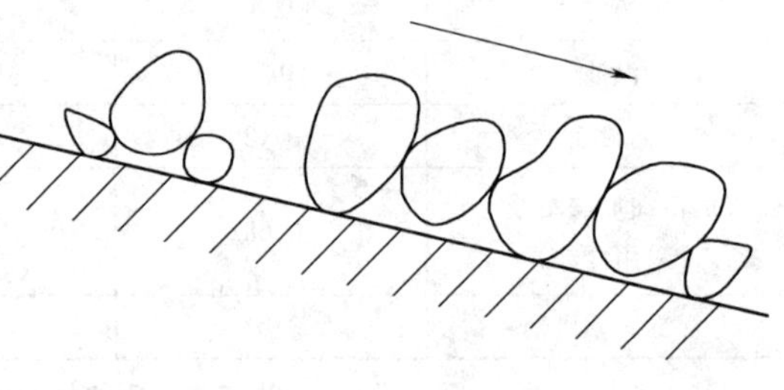

图 5-5　擦伤式磨料磨损

2. 磨料磨损机理

关于磨料磨损的机理，有多种假说，下面介绍主要的三种。

（1）微量切削假说　微量切削假说认为，磨料磨损主要是由于磨料在金属表面发生微观切削作用引起的，当法向载荷将磨粒压入表面，在相对滑动时摩擦力通过磨粒的犁沟作用，对表面产生犁刨作用，因而产生槽状磨痕。

（2）疲劳破坏假说　疲劳破坏假说认为，摩擦表面在磨粒产生的循环接触应力作用下，使表面材料因疲劳而剥落。

（3）压痕假说　对于塑性大的材料来说，磨粒在力的作用下压入材料表面而产生压痕，从表面层上挤压出剥落物。

现假定一个简化的模型，如图 5-6 所示。

摩擦副的一个表面是平滑的软表面，另一个是粗糙的硬表面，其微凸体的顶部呈圆锥形，圆锥的半角为 θ。在载荷 N_i 作用下，硬微凸体的峰顶穿入软表面材料的深度为 h。当相对滑动时，此载荷只由前方半接触面积支承，因此有

$$N_i = \pi r^2 \sigma_s \tag{5-4}$$

当锥体移动 dl 时，去掉材料的体积是 $dv = rhdl$，则

$$h = r\cot\theta \quad dv = r^2 dl\cot\theta \tag{5-5}$$

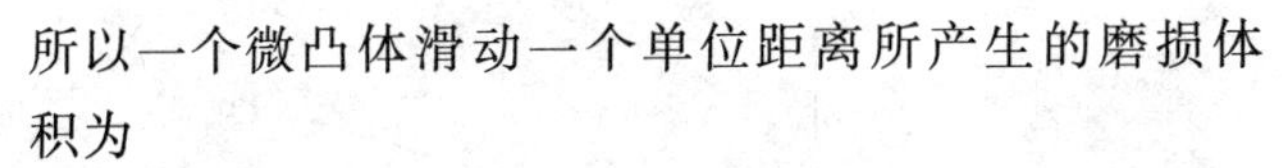

所以一个微凸体滑动一个单位距离所产生的磨损体积为

$$\frac{\mathrm{d}v}{\mathrm{d}l}=r^2\cot\theta \tag{5-6}$$

由式（5-6）得 $r^2=2N_i/\pi\sigma_s$

故

$$\frac{\mathrm{d}v}{\mathrm{d}l}=\frac{2N_i}{\pi\sigma_s}\cot\theta \tag{5-7}$$

假定 N_i 是稳定的，可得滑动距离为 L 的总磨损体积为

$$V=\sum\left(\frac{\mathrm{d}v}{\mathrm{d}l}\right)L=\frac{2NL}{\pi\sigma_s}\cot\theta \tag{5-8}$$

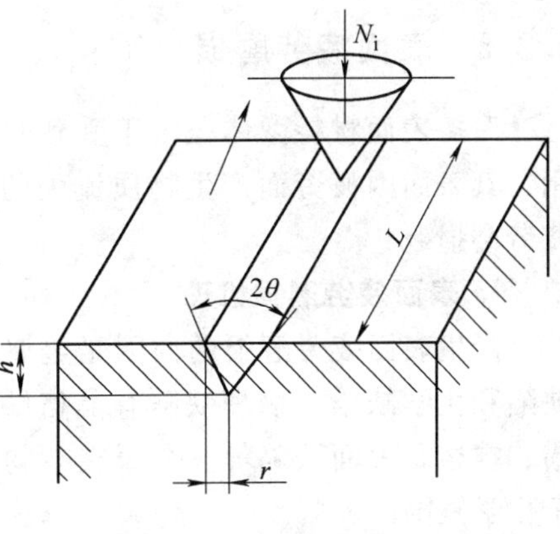

图 5-6 压痕模型

令 $K=\dfrac{2\cot\theta}{\pi}$，代入式（5-8）得

$$V=\frac{KNL}{\sigma_s} \tag{5-9}$$

把软材料的抗压屈服强度 σ_s 用硬度 H 表示，则有

$$V=\frac{KNL}{H} \tag{5-10}$$

式中 K——磨料磨损系数。

式（5-10）说明：磨料磨损量与滑动距离和载荷成正比，与材料的硬度成反比。上述公式是根据二体磨料磨损导出的，但也可用于三体磨损的情况。

3. 磨料磨损的影响因素

从磨损机理可以看出，摩擦表面抗磨料磨损的强度主要取决于材料和磨粒的机械性质和摩擦副的工作条件。

（1）材料硬度的影响　磨损量与材料硬度有密切关系，因此硬度应当作为主要参数考虑。一般情况下，材料的硬度越高，耐磨性越好。有人曾把抗磨料磨损的能力用金属表面的硬度 H_m 和磨粒硬度 H_a 的比值来表示，发现：当 $H_m/H_a>0.8$ 时，抗磨能力急剧增大；当 $H_m/H_a\leqslant 0.8$ 时，抗磨能力明显较低。

试验证明：为减小磨损，表面硬度为磨粒硬度的 1.3 倍时，效果最佳。

（2）材料弹性模量的影响　试验表明：材料弹性模量减小时，磨损也减小。这是由于弹性模量减小时，摩擦副间的贴合情况改善，使局部单位载荷降低；同时当表面间有磨粒时，表面的弹性变形有可能允许磨粒在其间通过，因而可减小表面受损。例如，用于船舶螺旋桨中的水润滑的橡胶轴承，在含泥沙的水中工作时，比弹性模量大的青铜等制成的轴承具有更大的抗磨能力。

（3）磨粒尺寸的影响　一般金属的磨损率随磨粒平均尺寸的增大而增大，但磨粒到一定临界尺寸后，磨损率不再增大。磨粒的临界尺寸随金属性能的不同而异。例如，柴油机液压泵柱塞摩擦副的磨损，当磨粒尺寸在 3～6μm 时，磨损量最大；当磨粒尺寸为 20μm 左右时，活塞对缸套的磨损量最大。

（4）载荷的影响　试验表明：相对磨损率与压力成正比，但当压力达到并超过临界压力时，磨损率增加变得平缓，如图 5-7 所示。

5.2.3 表面疲劳磨损

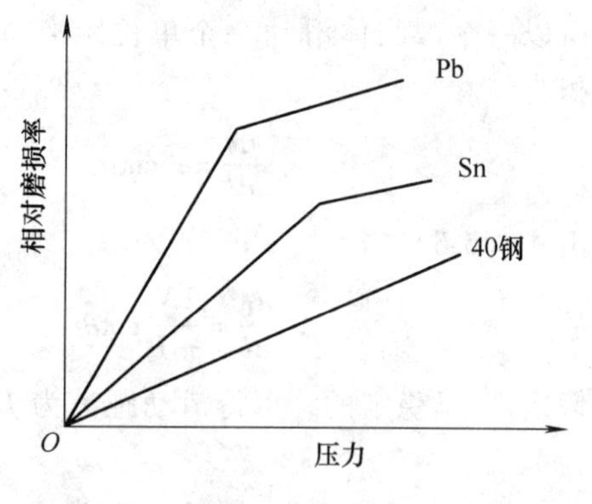

图 5-7 载荷对磨料磨损的影响

摩擦表面材料微体积由于受到交变接触应力的作用，其表面因疲劳而产生物质流失的现象，叫做表面疲劳磨损。

1. 表面疲劳磨损机理

产生表面疲劳磨损的内因是金属表层内存在物理缺陷和化学缺陷。物理缺陷有晶格缺陷、点缺陷、位错、空格和表面缺陷等。金属夹杂物、杂质原子都属于化学缺陷。

产生表面疲劳磨损的零件表面特征是，有深浅不同、大小不一的痘斑状凹痕，或有较大面积的表层剥落。齿轮、滚动轴承、叶轮工作表面常发生这种磨损。一般把深度为 0.1～0.4mm 的痘斑凹痕称为浅层剥落，或称点蚀，把深度为 0.4～2.0mm 的痘斑凹痕称为剥落。

产生表面疲劳磨损的机理：在外力的作用下，表面有缺陷的地方就会产生应力集中，将引发裂纹，并逐渐扩展，最后使裂纹上的材料断裂剥落下来。

据分析，材料所受的最大正应力发生在表面，最大切应力处的材料强度不足，就可能在该处首先发生塑性变形，经一定应力循环后，即产生疲劳裂纹，然后沿最大切应力的方向扩展到表面，最后使表面材料脱落。

2. 表面疲劳磨损的影响因素

由表面疲劳磨损的机理可知，表面疲劳磨损与裂纹的形成及其扩展有关，因此，凡是能够阻止裂纹形成及其扩展的方法都能减少表面疲劳磨损。表面疲劳磨损的影响因素如下：

（1）材质的影响　钢的冶炼质量对零件抗表面疲劳磨损的能力有极为显著的影响。钢中的非金属夹杂物，特别是脆性的带有棱角的氧化物、硅酸盐及其他各种复杂成分的点状、球状夹杂物，破坏了基体的连续性，对表面疲劳磨损有严重的影响。

（2）表面硬度的影响　轴承钢的硬度为 62HRC 时，抗表面疲劳磨损的能力最大。表面硬度过高或过低，使用寿命均会明显下降，如图 5-8 所示。

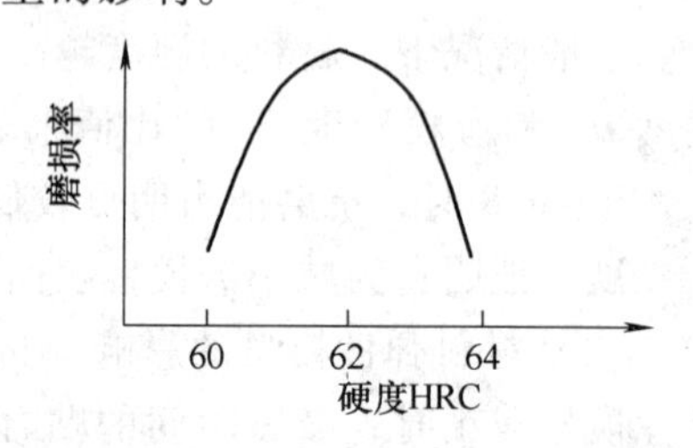

图 5-8 硬度对表面疲劳磨损的影响

对齿轮来说，齿面硬度在 58～62HRC 的范围内为最佳。一般要求小齿轮硬度大于大齿轮，磨合之后，使接触应力分布均匀。齿轮的硬度匹配很重要，直接影响接触疲劳寿命。例如，EQ-400 型减速器小齿轮和大齿轮（模数 12mm）的硬度比为 1.4～1.7 时寿命可以提高 1 倍以上。原来设计为小齿轮调质处理，大齿轮正火处理，后改成小齿轮齿面感应加热淬火，大齿轮调质处理。

（3）润滑油的影响　润滑油的存在不但能减小表面间的摩擦，而且增大了实际接触面积，使接触部分的压力接近平均分布，从而提高抗表面疲劳磨损的能力。油的粘度低，容易使油渗入表面裂纹中，加速裂纹的扩展，使疲劳寿命降低。润滑油中含水量过多，也促使点蚀的发生，所以必须严格控制润滑油中的含水量。

在润滑油中，适当地加入某些添加剂，如二硫化钼、三乙醇胺等可减缓疲劳磨损。

5.2.4 腐蚀磨损

材料在摩擦过程中与周围介质发生化学反应或电化学反应而引起的物质表面上损失的现象，称为腐蚀磨损。

由于介质的性质、介质作用在摩擦表面上的状态以及摩擦副材料性能不同，腐蚀出现的状态也不同。这种磨损同时有两种作用产生，即化学作用和机械作用。

纯净金属暴露在空气中时，表面会很快与空气中的氧起反应而形成一层几十个分子厚度的氧化膜，形成十分迅速，只需不到1min。由于氧化膜对基体金属的附着力较弱，当摩擦时，很容易因机械作用使其碎裂而脱落，但又很快形成新的氧化膜。这样连续不断地氧化—脱落—再氧化—再脱落，从而造成氧化磨损。

氧化膜越厚，其内应力越大，当内应力超过本身的强度时，就会发生破裂而脱落。如果形成的氧化膜是脆性的，它与基体金属结合强度弱，则氧化膜极易被磨掉。

氧化物硬度与基体金属硬度的比值对氧化磨损有显著影响。如氧化物硬度大于基体金属硬度，则由于载荷作用时两者变形不同，氧化膜易碎裂而脱落。如果两者硬度相近，载荷作用时两者能同步变形，氧化膜就不易脱落。

当摩擦副在酸、碱、盐水等特殊介质中工作时，表面生成的各种化合物在摩擦过程中也会不断被磨掉。介质腐蚀的损坏特征是摩擦表面遍布点状或丝状的腐蚀痕迹。有些金属，如镍、铬等，在特殊介质中易形成结构致密、与基体结合牢固的钝化膜，因而其抗腐蚀磨损能力较强。另一些金属，如铝、镉等，很易被润滑油中的酸性物质所腐蚀，因而使含有这种金属成分的轴承材料在摩擦过程中成块剥落。

关于腐蚀磨损的磨损率，可以用相似于分析粘着磨损的方法作简化分析。

假设表面摩擦由许多微凸体相互接触所组成，微凸体接触面积为以 a 为半径的圆，保护膜达到临界厚度 t_c 时被磨掉。按前面的分析方法，每个微凸体的接触面积为

$$\Delta A = \pi a^2 = \frac{\Delta N}{\sigma_s} \tag{5-11}$$

厚度为 t_c 的磨屑体积为

$$\Delta A = \pi a^2 t_c$$

假定滑过的距离为

$$\Delta l = 2a$$

则单位长度上每个微凸体的磨损率为

$$\frac{\Delta V}{\Delta l} = \frac{\pi a^2 t_c}{2a} = \frac{\pi a t_c}{2} \tag{5-12}$$

若有 n 个微凸体接触，总的接触面积为

$$A = \pi a^2 n = \frac{N}{\sigma_s} \tag{5-13}$$

考虑 n 个微凸体发生磨屑的概率为 K_2，则总磨损率为

$$\theta = \frac{V}{L} = k_2 \sum \frac{\Delta V}{\Delta l} = k_2 t_c \sum \pi a^2 = \frac{k_2 t_c}{2a} A = \frac{k_2 t_c}{2a} \frac{N}{\sigma_s} = \frac{K_c N}{H}$$

θ 是腐蚀磨损系数 K_c、表面膜临界厚度 t_c、微凸体接触面积的平均半径 a 和发生磨屑的

概率 k_2 的函数，H 是硬度用来表示材料的抗压屈服点强度。

5.2.5 微动磨损

1. 微动磨损的概念

微动磨损为两个配合表面之间由一微小振幅滑动所引起的一种磨损形式。

微动磨损是一种典型的复合式磨损。由于多数机器在工作时都会受到振动，因此这种磨损很常见，如过盈配合、螺栓联接、键联接等结合表面都可能产生这种磨损。

2. 微动磨损的机理

当两结合表面受法向载荷时，微凸体产生塑性变形并发生粘着。在外界微小振幅的振动作用下，粘着点被剪切而形成磨粒。由于表面紧密配合，磨粒不容易排出，在结合表面起磨料作用，因而引起磨料磨损。裸露的金属接着又发生粘着、氧化、磨料磨损等，如此循环往复。

许多研究表明：微动磨损的磨损率随材料副的抗粘着磨损能力的增大而减小，随着振幅的增大而急剧增大。此外，磨损率还与压力、相对湿度有密切关系。

因此，要减轻微动磨损，应控制过盈配合的预应力的大小，减小振幅，采用适当的表面处理和润滑。

实践表明：工具钢对工具钢、冷轧钢对冷轧钢、采用二硫化钼润滑的铸铁对铸铁或不锈钢等摩擦副均有较好的抗微动磨损能力。铝对铸铁、工具钢对不锈钢、镀铬层对镀铬层等摩擦副，其抗微动磨损的能力都很差。

5.2.6 冲蚀磨损

冲蚀磨损一般是指流体或固体颗粒以一定的速度和角度冲击物体表面，造成被冲击表面材料损耗的一种磨损形式。

1. 冲蚀磨损机理

冲蚀磨损的机理是：掺混在流体中的固体颗粒对零件的表面进行冲击作用，使材料表面依次产生弹性和塑性变形。塑性变形不能恢复，经过固体颗粒的反复冲击，使材料发生疲劳破坏，造成材料的损失。

冲蚀磨损是流体机械在固-液两相流中存在的主要磨损形式之一。

根据零件表面冲蚀磨损形貌，多数冲蚀磨损也表现为切削磨料磨损、变形犁沟型磨料磨损、脆性断裂型磨料磨损等。对具有一定韧性的材料，其磨损一般以微观切削磨损或犁沟塑性变形为主，而对于脆性材料，其磨损一般以脆性断裂为主。因磨损本身的复杂性，对冲蚀磨损的机理目前还在探讨中，但研究几乎都认为，在金属的冲蚀磨损过程中，材料迁移前会发生严重的剪切塑性变形。

2. 冲蚀磨损研究现状

国内外学者对冲蚀磨损的机理和规律方面的研究从未间断过。例如，芬尼（Finne）早期研究塑性变形引起的冲蚀，提出了微切削模型；后来 A. V. Levy 等人对塑性材料进行在高冲击角冲蚀的研究，通过使用分步冲蚀实验法和单颗粒寻求法，提出了挤压锻造成片的模型；再有以疲劳裂纹为主引起的冲蚀磨损模型，如 N. P. Suh 就金属滑动磨损中的微裂纹形核扩展，提出了著名的磨损脱层理论，对亚表面的破坏有较完整的描述。直到近几年，不少

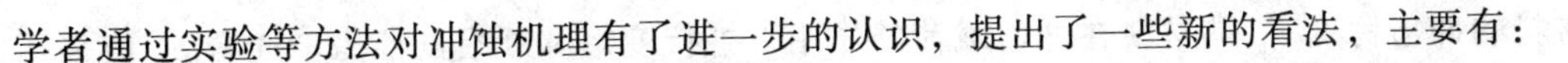

学者通过实验等方法对冲蚀机理有了进一步的认识，提出了一些新的看法，主要有：

1）加强了颗粒特性对冲蚀性能影响的研究，对于同一材料，当颗粒特性改变时，会发生塑性冲蚀和脆性冲蚀的互相转化。

2）确定了材料失重的三阶段，即孕育阶段、过渡阶段和稳定冲蚀阶段。在孕育阶段，材料无失重；在过渡阶段，材料失重增加；在稳定冲蚀阶段，冲蚀速度不再改变。

3）开展了多相合金冲蚀规律的研究。证明高铬白口铸铁遇到硬度相近的共晶碳化物颗粒时，其冲蚀速度更大。

4）研究了金属材料表面镀层或渗层对冲蚀性能的影响。

5）发现了被冲蚀材料因热处理引起塑性—脆性冲蚀的互相转化。

6）探索了在固-液两相流下冲蚀磨损的规律。

7）分析了冲蚀磨损与磨粒磨损的关系，指出这两种磨损的相似之处和不同之处。

3. 材料本身的性质对磨损的影响

材料本身的性质主要指材料的金相构造、力学性能、表面粗糙度和制造缺陷等。在相同工况下，相同材料的失重会有所不同，因此材料本身的性质对磨损的影响很大。

（1）材料的弹性模量　材料的弹性模量 E 是材料抵抗弹性变形的指标，E 越大，材料具有阻止被磨表面产生变形的内在阻力越大，因此弹性模量对磨损有很大的影响。金属材料的冲蚀可由下式表示，即

$$V_0 \approx cM^2 f(\alpha)/p \tag{5-14}$$

式中　V_0——冲蚀量（kg/mm^3）；

c——系数；

M——流动沙粒质量（kg）；

α——冲蚀角；

f——沙粒速度（mm/s）；

p——金属材料的流变应力。

式中只有 p 与材料的性能有关，说明只有流变应力影响材料的冲蚀性能。所谓流变应力，就是材料开始发生塑性变形时所承受的应力，从微观上说，就是材料的临界切应力。而临界切应力与材料的弹性模量成正比，可以推出，材料的弹性模量越高，材料的抗冲蚀性能越好。

从芬尼的微切削理论可得出材料的弹性模量是影响材料冲蚀性能的主要因素之一。

（2）材料的硬度和韧性　硬度是衡量材料软硬程度的指标，反映材料表面抗塑性变形的能力。韧性材料在低冲蚀角的冲蚀下，材料的磨损主要是由于微切削和犁沟变形造成的，材料的表面发生严重的塑性变形损伤。因此，韧性材料在较小冲蚀角下其硬度越高，材料抵抗变形的能力越强，耐磨性也越好。有关研究结果表明，材料的相对耐磨性与材料的硬度成正比，数学式表达为

$$\varepsilon = bH \tag{5-15}$$

式中　ε——材料的相对耐磨性；

H——材料的硬度；

b——常数。

从式（5-15）可以看出，材料的硬度高，其相对耐磨性也好。

材料的冲击韧度 α_k 是材料在冲击载荷的作用下抵抗变形和断裂的能力。通常 α_k 值采用一次冲击弯曲试验获得，脆性材料的冲击韧度值是决定材料磨损失重的内在因素。

（3）材料的强度　强度是指材料在外力作用下抵抗变形和破坏的能力，主要指标有抗拉强度 σ_b 和屈服强度 σ_s，它们分别指材料在拉伸时最大抗均匀塑性变形的能力和发生明显塑性流动的应力。一般来说，材料的强度越高，耐磨性越好。

总之，材料的力学性能中弹性模量、硬度、强度等对材料抗冲蚀磨损有很大的影响。

（4）材料的金相构造　材料的金相构造对材料耐磨性而言是复杂而重要的影响因素。因为金相构造决定了材料的力学性能。HT200 的金相组织主要是片状石墨加珠光体，因为碳以层状石墨存在，割裂了基体而破坏了基体的连续性，层间的结合力弱，故其强度和塑性几乎为零，一旦在外力的作用下，石墨便会呈片状脱落，因而 HT200 的耐磨性低。45 钢属于亚共析钢，其组织为铁素体加珠光体，因亚共析钢中珠光体随含碳量的增加而增加，珠光体间的间距减少，而决定材料耐磨性的 Fe_3C 也增加，故耐磨性也好。只要 Fe_3C 不以网状存在，增加含碳量，就有利于提高金属材料的耐磨性。40Cr 是合金结构钢，Cr 元素为合金的主要元素，使得基体中的一部分 Fe_3C 形成合金渗碳体，另一部分形成特殊的碳化物，如 Cr_7C_3、$Cr_{23}C_6$ 等，由于合金渗碳体和特殊的碳化物的硬度和稳定性高于 Fe_3C，从而显著提高了钢的耐磨性，因此 40Cr 具有良好的耐磨性。从金相结构分析，40Cr、45 钢、HT200 的耐磨性依次递减。

（5）表面粗糙度　零件表面粗糙度对流体的流动性有很大的影响。表面较光滑，流体流动平稳，设备的水力性能好，磨损均匀；而粗糙的表面，容易使流体流动紊乱，造成局部磨损。表面粗糙度对金属的腐蚀速度有很大的影响，降低表面粗糙度，可以提高材料的抗腐蚀能力，因此对于化工设备更应该考虑零件表面粗糙度对其性能的影响。

（6）制造缺陷　当材料表面有砂眼、缩孔、气孔等缺陷时容易产生局部磨损，而且破坏极大，有可能使材料在很短时间内严重磨损。因此，在零件的制造中，应尽量避免出现砂眼、缩孔等缺陷。

另外，工况条件等对冲蚀磨损也有重要的影响，如冲蚀速度、冲蚀角度、含沙量、磨粒的大小和形状等。

4. 冲蚀磨损的实验研究

选用离心泵叶轮常用材料 HT200 和对比材料 45 钢作为研究对象，在模拟现场工况条件下，研究冲蚀磨损过程中材料的破坏机理，分析其冲蚀磨损特性，从叶轮材料方面探索抗冲蚀磨损的途径。

（1）实验方法　在转盘式磨损实验装置上使环水系统与地下水池连通，其系统示意图如图 5-9 所示。该实验在模拟叶轮的实际工况下，冲蚀圆盘由电动机拖动旋转，含沙水流从喷射箱盖上均布的四只内径为 3mm 的喷嘴直接射向试件。作用在试件上的水流相对速度与圆周速度的夹角即为水流相对速度冲角。根据实验的要求，可通过选择喷嘴射流速度与圆周速度不同组合来改变水流的相对速度大小和冲角。旋转冲蚀圆盘分正、背面，正面镶嵌试件 18 块，试件表面粗糙度 Ra 值均为 1.6μm，均布在直径 D_1 为 300mm 的圆周上。在设定的条件下水流正好作用在冲蚀试件上，并使之破坏。试件每隔 5h 称重一次，采用 L-200sM 直读式电光分析天平，最小分度值为 0.01mg。通过对材料破坏后的微观形貌分析与冲蚀破坏量（失重量）的测量比较，研究材料的冲蚀磨损特性。

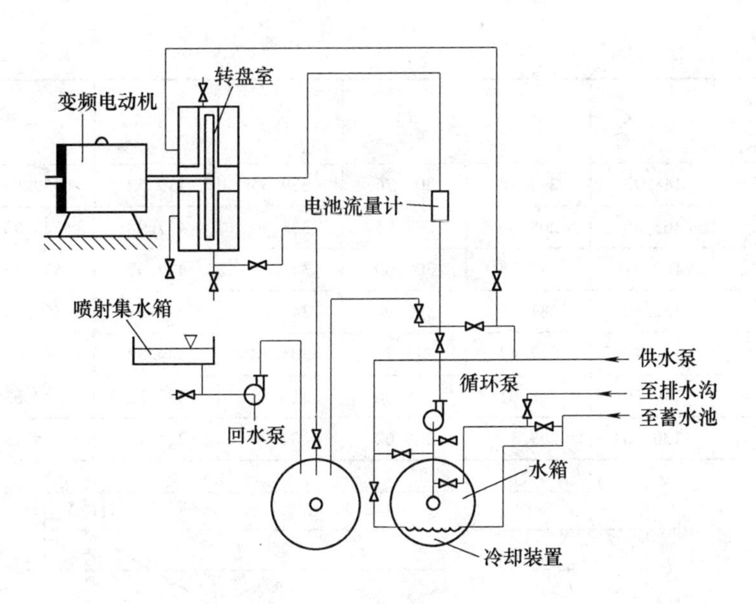

图 5-9 转盘式磨损实验系统示意图

（2）实验参数 根据水泵实际工况确定的实验参数为：冲蚀圆盘旋转速度为 2695r/min；转盘室压力为 0.1MPa；转盘室流量为 2.8～3.2m^3/h；转盘室水温为 15℃；含沙量 E_s =0.96kg/m^3，粒径 $d \leqslant 0.25$mm 占 70%，$0.25\text{mm} \leqslant d \leqslant 0.6$mm 占 30%；冲蚀角 $\alpha=33°$；喷射角为 90°；喷射速度 $w=27.52$m/s；水流绝对速度为 49.6m/s。

（3）冲蚀实验结果分析与讨论

1）材料的抗冲蚀磨损性能分析。每种材料试件装四块或三块，HT200 试件编号为 1-1、1-2、1-3、1-4，45 钢试件编号为 2-1、2-2、2-3、2-4，40Cr 试件编号为 3-1、3-2、3-3。实验时间为 40h，试件的累计失重量见表 5-3，冲蚀时间与累计失重量的关系曲线如图 5-10 所示。

从表 5-3 和图 5-10 得出：三种材料的累积失重量都是随着冲蚀时间的增加而增大，但在相同的冲蚀时间内三种材料的累积失重量不同。从试件的表面形貌上观察，HT200 材料冲蚀实验 40h 后，试件表面有 1～3mm 深的沟槽和 2～3mm 宽的凹坑，呈现严重的冲蚀坑，平均失重量达 802.07mg，试件表层材料大多已剥落。45 钢冲蚀实验 40h 后，试件表面形成弧形的沟槽，表面凹凸不平，鱼鳞坑前浅后深，与水流方向相同，平均失重量为 674.44mg，磨损严重。40Cr 试件在同样的冲蚀时间内，表面形成弧形的磨痕和有向性的小坑，平均失重量为 607.87mg，磨损比较轻微。随着冲蚀时间的延长，HT200 的冲蚀失重量明显加大，曲线陡斜，而 45 号钢与 40Cr 的冲蚀失重量变化相对较小。这表明，45 钢与 40Cr 的抗冲蚀性能显著高于 HT200。

表 5-3 试件累计失重量 （单位：mg）

编号 \ 时间/h	8	13	18	24	29	34	40
1-1	224.39	319.04	398.87	445.77	532.57	660.74	788.24
1-2	208.94	309.48	375.71	430.96	536.64	663.58	802.81
1-3	193.71	316.33	396.06	454.31	553.18	691.95	832.38
1-4	185.62	307.39	375.31	418.84	515.36	644.11	784.71

（续）

编号 \ 时间/h	8	13	18	24	29	34	40
2-1	148.92	243.82	303.76	339.55	439.52	559.55	678.27
2-2	163.88	208.66	297.95	331.96	417.98	528.93	669.18
2-3	169.57	249.38	307.60	342.76	425.97	536.13	662.73
2-4	152.50	281.35	302.90	348.52	414.51	551.34	687.48
3-1	140.47	217.47	273.71	305.88	384.83	486.02	605.67
3-2	140.60	228.61	285.36	315.59	387.53	497.53	620.81
3-3	130.76	209.13	264.62	302.90	371.17	474.18	597.13

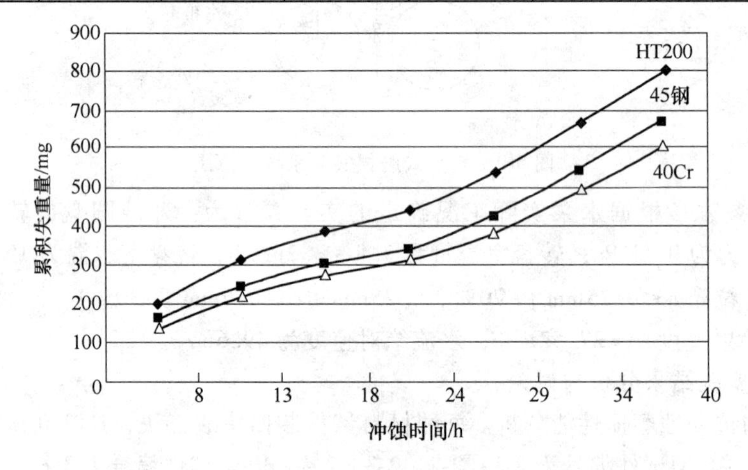

图 5-10　冲蚀时间与累积失重量的关系曲线

从图 5-10 可看出：冲蚀过程中 HT200、45 钢与 40Cr 的累积失重量变化规律相同，分为磨合期、稳定期和上升期三个过程。冲蚀的前 13h 为冲蚀的磨合期，其间因新试件的摩擦表面具有一定的粗糙度，实际接触面积小，在一定的冲击载荷下，表面逐渐磨平，实际接触面积逐渐增大，磨损速度由快逐渐减缓，处于磨合阶段，材料冲蚀失重速度较大，为 24mg/h；在冲蚀的稳定期（13～24h），材料的冲蚀失重速度比较小，为 12mg/h；冲蚀 24h 之后，进入磨损的上升期，材料的冲蚀失重速度逐渐增大。

2）试件表面形貌分析。图 5-11、图 5-12 与图 5-13 分别为 HT200、45 钢和 40Cr 试件冲蚀 40h 后的表面形貌 SEM 照片。从图 5-11 上可以看到，HT200 的表层明显凹凸不平，磨损主要是犁沟切削和塑性变形的作用，表面存在较深的冲击坑，在凹坑的边缘凸起形成有“船头”的鱼鳞坑（形唇）。从图 5-12 上可以清楚地看出，45 钢试件经 40h 冲蚀，磨损得较严重，表面变得粗糙并有一些微裂纹和小凹坑，表面形貌磨损形式是以切削、犁削为主，划痕沟槽较深。因为在磨粒的反复冲击挤压下，材料表面产生塑性变形，并经多次的辗压而形成片状变形层，在层的边缘开裂、翻边，形成凹坑及凸起的唇片，继而裂纹扩展连接形成磨屑。如图 5-13 所示，40Cr 试件在磨粒的冲击和微切削作用下，表层产生了短程犁沟，并与水流方向相一致，呈现出波浪似的折皱。

（4）结论　通过对冲蚀微观形貌分析及有关研究，在 33°低冲蚀角时，冲蚀磨损由两个

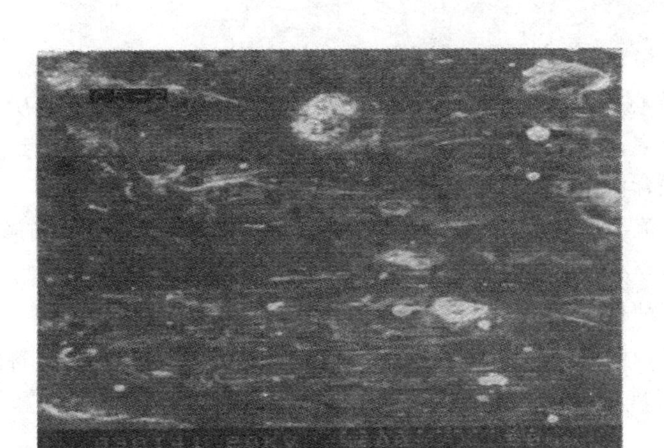

图 5-11 HT200 试件冲蚀 40h 后的表面形貌 SEM 照片

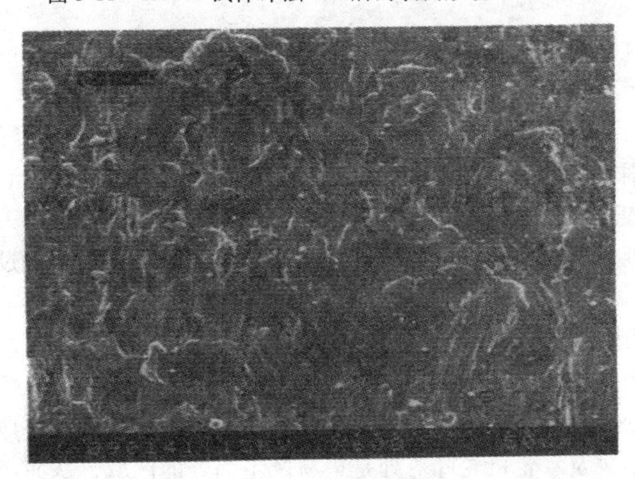

图 5-12 45 钢试件冲蚀 40h 后的表面形貌 SEM 照片

阶段组成：第一阶段是含沙水流的径向分力冲击材料表面，反复的挤压作用使表层材料疲劳，并呈片屑剥落产生变形冲蚀，对HT200这样低韧性的材料很可能经一次打击后就产生大量塑性变形，产生凹坑和坑边缘的塑性堆积，而铸铁组织中由于石墨缺口作用及基体缺口敏感性的影响，使其抗冲蚀破坏能力进一步下降。另一方面，铸铁的硬度和韧性比45钢和40Cr低。实验表明，随着金属表面屈服强度的提高，凹坑深度急剧减少，对于HT200这种屈服强度低的材料，大部分冲击脉冲能量都消耗于材料的塑性变形，而对于40Cr这种屈服强度高的材料，冲击脉冲能量主要消耗于弹性变形。第二阶段是在含沙水流的切向分力作用下，沙粒沿材料表面滚

图 5-13 40Cr 试件冲蚀 40h 后的表面形貌 SEM 照片

动滑移，发生了显微切削和显微犁耕，形成了二次冲蚀。从图5-12、图5-13看出大量呈方向性的切削痕，45钢和40Cr材料硬度比HT200高，抗冲击能力较高。所以，45钢的材料流失是以切削磨损为主；40Cr的材料流失是以犁沟剥落为主，冲蚀磨损是变形冲蚀、切削犁沟与二次冲蚀的联合作用。

在冲蚀角、水流绝对速度一定的条件下，切削磨损量与磨粒质量和形状等有关；二次冲蚀磨损量与磨粒破碎程度有关；磨痕状与水流流态有关。

基于以上对三种材料冲蚀时失重量、磨痕萌生和扩展规律的分析，材料的硬度、韧性、断裂应变能力越高，材料抵抗冲蚀性能也越好。所以，40Cr和45钢材料的抗冲蚀性能强于HT200，且40Cr材料的抗冲蚀性能好于45钢材料。

5.2.7 气蚀

1. 气蚀机理

气蚀出现在零件与液体接触并有相对运动的条件下。液体与零件接触处的局部压力比蒸气压低的情况下将形成气泡，同时，溶解在液体中的气体亦可能析出。当气泡流到高压区，压力超过气泡压力时使其崩溃，瞬间将产生很大冲击力和很高的温度。气泡生成和崩溃反复进行，就使零件表面材料产生疲劳穴蚀，生成“麻点”，逐渐扩展而呈泡沫海绵状。气蚀严重时，向深度的扩展速度极快以致穿透容器壁而出现渗漏现象。气蚀是一种比较复杂的破坏现象，它往往不单纯是机械力所造成的，常伴随有化学或电化学的腐蚀过程，液体中含有磨粒将加剧气蚀过程。

2. 气蚀的影响因素

（1）结构影响　机械外形流线设计不良，液体流过时就会在局部产生涡流，如水管流道由细突然变粗时，涡流区是低压区，提供了产生气泡的条件，故这些地方就容易气蚀。再如，船舶螺旋桨、水泵及水轮机轮叶等处是最易产生涡流的区域，从而产生气蚀，故一定要将外形结构设计成流线型。

柴油机气缸套与冷却水套间的流道狭窄多变，与水接触的缸体外壁最易形成气泡，产生气蚀现象。因此，改进结构设计，是提高抗气蚀能力的有效措施。

（2）材质影响　一般来说，材质具有好的抗腐蚀性，又有较高的强度及韧性（如不锈钢），则抗气蚀能力较好；反之，如低碳钢、铸铁等，不仅极易气蚀破坏而且破坏范围很大。材料组织不均匀，则在强度的薄弱处及耐蚀性差的部位将产生最深的气蚀，通常深度可达20mm。非金属材料如橡胶、尼龙等具有较好的抗气蚀能力。

（3）其他影响因素　水流的扰动（振荡）能促进气蚀，液体中含气量高也是不利因素。提高表面质量、在液体中加入消泡剂等对消除气蚀有一定作用。

5.3 近代磨损理论

近代经过对磨损状态和磨屑的分析及对磨损过程的深入研究，出现多种解释磨损机理的理论。现简要介绍其中的三种。

5.3.1 磨损的疲劳理论

疲劳磨损是指当两个接触体相对滚动或滑动时，由于接触区内形成的循环应力超过材料的疲劳强度极限，使表面层内产生裂纹，并逐步扩展，最终使裂纹上的材料剥落下来的磨损过程。这一磨损形式常常被认为是滚动接触（如滚动轴承、齿轮等）所特有的磨损失效形式。但是，随着磨损机理研究的深入发展，人们发现除滚动接触以外，在其他多种磨损形式中也都不同程度地存在着疲劳过程。作为一种磨损机制，疲劳磨损是相当普遍的。因此，随着磨损机理研究的深入，逐渐形成了磨损的疲劳理论。

克拉盖里斯基首先提出了磨损的疲劳理论。霍林（Halling）根据表面疲劳磨损理论模型提出了类似于阿查德（Archard）粘着磨损方程式的表面疲劳方程。而高德巴特（Goldbat）建立的表面疲劳磨损模型还考虑了边界润滑条件下可能发生的物理化学变化过程，并给发动机凸轮—挺杆和活塞环—气缸的磨损特性提供了实验模型。

克拉盖里斯基的磨损疲劳理论认为，由于表面粗糙度和波纹度的存在，两个物体的真实接触表面是不连续的；总接触面积承受外载。两表面在法向载荷作用下相互压入或压平，在接触斑点上产生了相应的应力和变形；摩擦时，表层下材料承受多次重复应力作用；在反复接触的过程中，材料因为积累损伤而被削弱，结果形成磨屑，使材料破坏。

根据实验时摩擦表层所发生的现象，可以认为磨损过程是由三个发展阶段所组成的：①表面的相互作用；②在摩擦力的影响下，接触材料表层性质的变化；③表面的破坏和磨屑的脱落。如图5-14所示，表面的相互作用是这三个发展阶段中最重要的阶段，同时必须考虑到相互作用的双重特性和接触的不连续性。

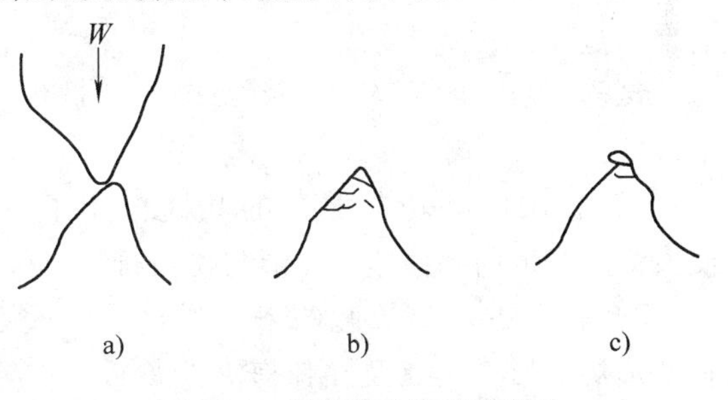

图5-14 磨屑形成的疲劳模型

摩擦表面上微凸体的疲劳破坏，可能发生在弹性和塑性接触条件下。在弹性接触时的疲劳过程，达到破坏的循环次数可以多到数千次以上；而在塑性接触时，达到破坏的循环次数则只有十几次，即低循环次数的疲劳破坏。必须区别上述两种接触条件时表面的变形和应力的特点。

达到破坏的循环应力次数与实际作用应力振幅的关系可以用Benepa曲线表示。

对于弹性接触，其关系式为

$$n_e = \frac{\sigma_0}{\sigma_b} t_e \tag{5-16}$$

对于在低循环的疲劳及刚性加载条件下的塑性接触，达到破坏的循环次数与实际变形的关系为

$$n_p = \frac{L_0}{L_p} t_p \tag{5-17}$$

式中 L_0——加载时变形的临界值，与断裂的相对伸长 δ 相近；

σ_0——加载时应力的临界值，与断裂的材料强度 q 相近；

σ_b、L_p——相应的应力和变形实际振幅值；

t_e、t_p——在弹性和塑性接触时摩擦疲劳曲线的指数；

n_e、n_p——在弹性和塑性接触时达到破坏的循环次数。

疲劳磨损的综合计算，必须考虑载荷条件、物理机械性质、疲劳特性、摩擦特性、表面几何参数等因素对摩擦、磨损特性的影响。

在解决工程实际问题时，目前已有不少计算公式。这些公式在实验室条件下、实际使用条件下和实际机器零件的现场实验等方面都进行了广泛的验证。对计算和实际实验所测得的磨损量比较，表明这些公式可作为近似计算，其计算误差不大于10%。这种理论及其有关的磨损公式可以应用于多种材料，如金属、聚合物、橡胶、石墨及自润滑材料。

磨损的疲劳理论并不排除同时伴有磨粒磨损、粘着磨损的发生。

5.3.2 磨损的剥层理论

1973年，苏（N. P. Suh）提出了金属磨损的剥层理论。这种理论是以金属的位错理论以及靠近表面金属的断裂和塑性变形为基础的。通过扫描电子显微镜照片，经分析表明，磨损碎片的形状为薄而长的层状结构，这与表面下的裂纹生长有关。图5-15所示为剥层磨损的过程。

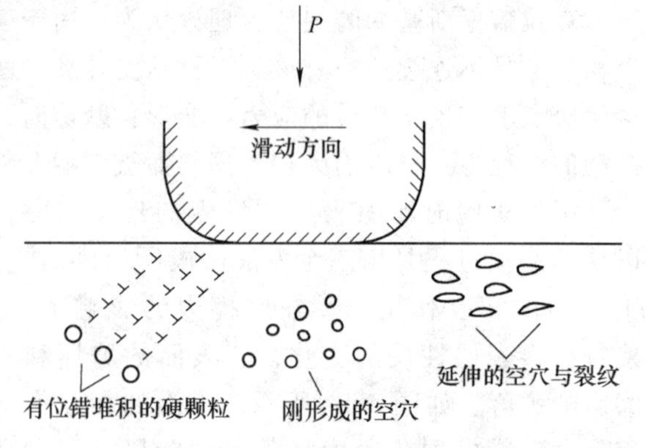

图5-15 剥层磨损的过程

试验证明，磨损碎片是由四个连续过程形成的。

1）在法向和切向载荷的共同作用下，使表面层产生周期性塑性变形与位错行为。

2）在位错堆积的影响下，裂纹或空穴在变形层中形成，以及在任何夹杂物或第二相微粒中进行聚集。

3）在金属产生塑性剪切变形时，裂纹和空穴相互结合在一起，并在与表面接近平行的方向上扩展。

4）当裂纹扩展到表面时，形成了薄而长的磨损层并最后分离成磨损碎片。在低速滑动摩擦时，上述理论与实验结果基本相符合，同时根据这一理论提出了磨损方程式及磨损碎片厚度的计算公式。

硬表面对软表面滑动时，总磨损量 W 可用下式进行计算：

$$W = kPL \tag{5-18}$$

式中 k——磨损系数；

P——载荷；

L——滑动距离。

磨损碎片的厚度 h 可用下式计算：

$$h = \frac{Gb}{4\pi(1-\mu)\sigma_f} \tag{5-19}$$

式中 G——切变模量；

b——柏氏向量；

σ_f——摩擦应力；

μ——泊松比。

式（5-18）表明，总磨损量与载荷、滑动距离成正比，而不直接取决于材料硬度，这是不同于粘着磨损的计算公式。

总的说来，磨损的剥层理论能较完善地说明许多实验所观察到的现象，也较深入地阐明了磨损的微观机理。

这个理论也可以解释粘着磨损疲劳、磨损及微动磨损，但是还需要进行大量的研究才能真正定量地解决实际问题。

5.3.3 磨损的能量理论

磨损的能量理论是弗莱舍尔（G. Fleischer）提出来的，其基本概念是摩擦功的大部分转化为热，储存在摩擦材料之中。在一定体积的材料内积累的能量必须达到一定数值后，才能使表面破坏而产生磨屑。也就是说，在摩擦的过程中，磨损是能量转化和耗散的主要过程和必然结果。

为便于分析，引入能量密度的概念，即材料单位体积所吸收或耗散的能量，用 E 表示为

$$E = \frac{W_k}{W_v} = \frac{FL}{A_r W_h} = \frac{\tau}{I_h} \tag{5-20}$$

式中 W_k——摩擦功；

F——摩擦力；

L——摩擦路程；

W_v——形成磨屑的体积；

W_h——磨损高度；

I_h——单位摩擦路程上的摩擦量（线磨损率）。

A_r——名义摩擦面积；

τ——摩擦剪切应力。

假设，摩擦表面每摩擦接触一次所吸收的平均能量密度为 E_e，其中转化为形成磨屑储存的能量密度 E_k，则

$$E_k = \xi E_e \tag{5-21}$$

式中 ξ——能量密度系数，表示转化为形成磨屑的能量密度与总吸收能量密度的比值。

根据能量理论，能量积累在所谓储存体积内。当储存能量达到临界值时，在该体积内材料发生塑性流动或者形成裂纹。

如果经过 n 次摩擦才形成磨屑，那么，在形成磨屑前的 $n-1$ 次摩擦中的总能量密度为（$n-1$）E_k，最后一次摩擦中所吸收的能量密度为 E_e，全部用来使磨屑从表面上分离，所以形成磨屑的总能量密度 E_Σ 为

$$E_\Sigma = (n-1)E_k + E_e = E_e[\xi(n-1)+1]$$

得

$$E_e = \frac{E_\Sigma}{\xi(n-1)+1} \tag{5-22}$$

由于 E 是磨损单位体积所需的能量密度，E_e 是摩擦一次材料单位体积所吸收的能量，n

次摩擦后形成磨屑，故有 $E=nE_e$，考虑到形成磨屑的体积 V_w 比吸收能量的体积 V 要小，令 $\gamma=V_w/V$，有

$$E=nE_e/\gamma \tag{5-23}$$

将式（5-22）代入式（5-23）得

$$E=\frac{nE_\Sigma}{[\xi(n-1)+1]\gamma}$$

由于 $n\gg 1$，上式可以写成

$$E=\frac{nE_\Sigma}{(\xi n+1)\gamma} \tag{5-24}$$

事实上，实际的破坏能量密度比平均能量密度大许多，故引进倍数 k。

由式（5-20）得 $I_h=\tau/E$，将式（5-24）代入，得线磨损率为

$$I_h=\frac{k(\xi n+1)\gamma\tau}{nE_\Sigma} \tag{5-25}$$

式（5-25）中的 k、ξ、γ、n 都是和材料的物理机械性质、组织结构及微观机械特性有关的量，这些量的关系尚不清楚，因此要把磨损能量理论应用于实际磨损计算，还有待进一步试验研究。所以，磨损的能量理论还不能应用于解析表达式。

第6章 润滑理论

摩擦学的主要内容是摩擦、磨损和润滑。自古以来，人们一直力图控制摩擦和减轻磨损。如前所述，公元前500年，人们就已使用了车轮，并且很早就知道把动物脂肪添加到车轮轴承中了。显然，从车轮的发明和使用动物脂肪可以看出，人们已知道采用润滑方法可以有效地减小摩擦和磨损。

下面对润滑的概念、作用及其类型进行介绍。

6.1 润滑的作用以及常见的润滑状态类型和转化

1. 润滑的概念

润滑是抵抗摩擦、磨损的一种手段。将具有润滑性能的物质加到摩擦面之间形成一层润滑膜，使摩擦面脱离直接接触，从而控制摩擦和减少磨损，以达到延长使用寿命的措施，称为润滑。能起到降低接触面间的摩擦阻力的物质称为润滑剂（或称为减磨剂，包括液态、气态、半固体及固体物质）。

2. 润滑的作用

润滑对机械设备的正常运转起着重要的作用。

（1）控制摩擦，降低摩擦因数　在两个相对摩擦的表面之间加入润滑剂，形成一个润滑油膜的减摩层，就可以降低摩擦因数，减少摩擦阻力，减少功率消耗。例如在良好的液体摩擦条件下，其摩擦因数可以降低到0.001甚至更低。此时的摩擦阻力主要是液体润滑膜内部分子间相互滑移的低剪切阻力。

（2）减少磨损　润滑剂在摩擦表面之间，可以减少由于硬粒磨损、表面锈蚀、金属表面间的咬焊与撕裂等造成的磨损。因此，在摩擦表面间供应足够的润滑剂，就能形成良好的润滑条件，避免油膜的破坏，保持零件配合精度，从而大大减少磨损。

（3）散热，降低温度　润滑剂能够降低摩擦因数，减少摩擦热的产生。运转中的机械克服摩擦所做的功，全部转变成热量，一部分由机体向外扩散，一部分则不断使机械温度升高。采用液体润滑剂的集中循环润滑系统就可以带走摩擦产生的热量，起到降温冷却的作用，使机体在所要求的温度范围内运转。

（4）防止腐蚀，保护金属表面　机械表面不可避免地要和周围介质接触（如空气、水湿、水汽、腐蚀性气体及液体等），使机械的金属表面生锈、腐蚀而损坏。尤其在冶金工厂的高温车间和化工厂，腐蚀磨损显得更为严重。

润滑油、脂对金属没有腐蚀作用，在机械的金属表面涂上一层防腐剂，可起到对金属表面的保护作用。

（5）冲洗作用　冲洗作用能隔绝潮湿空气中的水分和有害介质的侵蚀。防锈添加剂中的油或脂，便可起到防腐、防锈和保护的作用。

摩擦副在运动时产生的磨损微粒或外来介质等，都会加速摩擦表面的磨损。利用液体润滑剂的流动性，可以把摩擦表面间的磨粒带走，从而减少磨粒磨损。在压力循环润滑系统中，冲洗作用更为显著。在冷轧、热轧以及切削、磨削、拉拔等加工工艺中采用工艺润滑剂，除有降温冷却作用外，还有良好的冲洗作用，防止表面被固体杂质划伤，使加工成品（钢材）表面具有较好的质量和较高的表面粗糙度精度。例如，在内燃机气缸中所用的润滑油里加入悬浮分散添加剂，使油中生成的凝胶和积炭从气缸壁上洗涤下来，并使其分散成小颗粒状悬浮在油中，随后被循环油过滤器滤除，以保持油的清洁，减少气缸的磨损，延长换油周期。

（6）密封作用　对于蒸汽机、压缩机、内燃机等的气缸与活塞，润滑油不仅能起到润滑减摩作用，而且还有增强密封的效果，使其在运转中不漏气，提高工作效率。

润滑脂对于形成密封有特殊作用，可以防止水湿或其他灰尘、杂质浸入摩擦副。例如，采用涂上润滑脂的油浸盘根，对水泵轴头的密封既有良好的润滑作用，又可以防止泄漏和灰尘杂质浸入泵体而起到良好的密封作用。

此外，润滑油还有传递动力、缓冲减振和减小噪声的效果。

3. 润滑的类型

润滑的类型可根据摩擦副表面形成的润滑膜的状态和特征分为以下几种：

（1）边界润滑　详见6.2相关内容。

（2）流体润滑　流体润滑包括流体动压润滑、流体静压润滑和弹性流体动压润滑。

（3）混合润滑（或称半流体润滑）　混合润滑是几种润滑状态同时存在的润滑，例如摩擦面上同时出现流体润滑、边界润滑和干摩擦的润滑状态。

（4）无润滑或干摩擦　摩擦表面之间不存在任何润滑剂或润滑剂的流体润滑作用已经不复存在，载荷由表面上存在的固体膜及氧化膜或金属基体承受时的状态。

6.2　边界润滑

边界润滑（Boundary Lubrication）是由液体摩擦过渡到干摩擦（摩擦副表面直接接触）过程之前的临界状态，是不光滑表面间发生部分表面接触的润滑状况。此时，润滑油的总体粘度特性没有发挥作用。这时决定摩擦表面之间摩擦学性质的是润滑剂和表面之间的相互作用及所生成的边界膜的性质。在边界润滑状态下，往往由于接触点上的温度急剧升高等，导致边界膜破裂，产生金属直接接触，磨损加剧，甚至摩擦表面产生胶合。

1922年，英国学者哈迪第一次提出“边界润滑”的概念，他和达勃尔（I. Doubleday）注意到，在相对固体表面靠得很近时，决定表面摩擦磨损特性的主要因素是吸附在固体界面的薄层分子膜的化学特性，另外还有润滑剂的物理特性的影响，他们称这种润滑状态为“边界润滑”。以后有许多学者陆续对边界润滑的机理与特性进行研究，近代新型表面微观分析技术的进展，使人们对边界润滑的特点有了更深入的了解，归纳如下：

1）边界润滑是一种包括冶金、物理吸附、化学吸附、腐蚀、催化、温度效应和反应时间等因素的复杂现象。在机械运转过程中，边界润滑常常和流体动压润滑混合发生或断续交替发生。

2）边界润滑下最重要的因素是金属生成表面膜以降低固体对固体接触时的损伤。

3）表面膜的形成取决于润滑剂和表面的化学特性。这些膜由吸附的长链分子、化学吸附的皂类（如硬脂酸铁）、沉积固体（如硫化锌、树脂或“摩擦聚合物”），以及层状固体与塑料所组成。

4）润滑的有效性由膜的物理性质决定，包括厚度、抗剪强度或硬度、内聚力、粘附、熔点以及膜在基础油中的溶解度等。

5）环境介质如氧、水与对表面活性起对抗作用的介质会影响膜的生成。

6）运动副表面相对运动时的工况决定了边界润滑是否成功，如速度、载荷大小与性质、加载速率、温度、加热或冷却速度、往复滑动或单向滑动等都对边界润滑性能产生影响。

在各种机械中的大多数运动副并不是处于完全流体润滑状态下，特别是起动、停止、慢速运转、载荷或速度突变的瞬间往往处于边界润滑状态下。滚动轴承、齿轮、凸轮和机床导轨之类的机械零件的油膜厚度与表面粗糙度综合值的比值较小时，不可避免地也会经常有可能处于边界润滑状态。因此，研究摩擦状态的转化过程以及采用有效的边界润滑剂来减少接触表面的磨损是十分重要的。

在法向载荷的作用下，作相对运动的表面微凸体接触增加，其中一部分接触点的边界膜破裂，发生金属与金属接触。图 6-1 所示为边界润滑机理模型。这时摩擦力 F 等于剪断表面粘附部分的剪切阻力与边界膜分子间的剪切阻力之和，即

$$F = \alpha A\tau + A\ (1-\alpha)\ \tau_1 \tag{6-1}$$

式中 A——承受全部载荷的面积；

α——在承受载荷的面积内发生金属直接接触部分的百分数；

τ——金属粘附部分的抗剪强度；

τ_1——边界膜的抗剪强度。

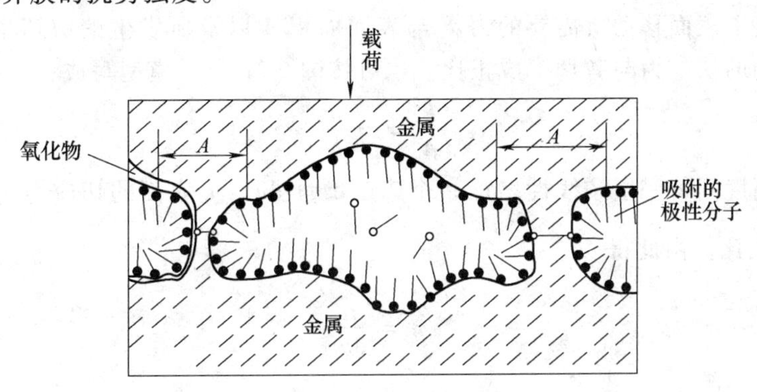

图 6-1 边界润滑机理模型

在边界润滑中，当边界膜能够起很好的润滑作用时，α 值比较小，摩擦力 F 和摩擦因数 μ 可以近似的表示为

$$F = A\tau_1 \tag{6-2}$$

$$\mu = \frac{\tau_1}{\delta_{xy}} \tag{6-3}$$

式中 δ_{xy}——较软金属的压缩屈服强度。

由此可知：当边界膜能很好地起润滑作用时，摩擦因数取决于边界膜内部的抗剪强度。由于它比干摩擦时金属的抗剪强度低得多，所以摩擦因数也小得多。当边界摩擦的润滑效果比较差时，α 值比较大，即摩擦面金属的粘结点比较多，所以摩擦因数增大，磨损也随着增大。在边界润滑状态下，运动副摩擦表面的摩擦特性是依靠边界润滑剂的作用来改善的。

对边界润滑剂的要求有以下三方面：

1）润滑剂的分子链之间具有较强的分子吸引力，能阻止表面微凸体将润滑剂膜穿透，因而可以缓和磨损过程。

2）润滑剂在表面所生成的膜具有较低的抗剪强度，即摩擦力较小。

3）润滑剂在表面所生成的膜熔点较高，以便在高温下能产生保护膜。

6.3 流体动压润滑

依靠运动副两个滑动表面的形状，在相对运动时产生收敛型油楔，形成具有足够压力的流体膜，从而将表面分隔开，这种润滑状态称为流体动压润滑。

1883 年，托尔首先观察到采用油浴润滑的火车轴轴承中在运动时产生流体动压力，足以将轴承壳体的油孔中的油塞顶出。1886 年，雷诺应用流体动力学中纳维—斯托克斯方程推导出流体润滑油膜压力分布的方程，称雷诺方程，从而为流体动压润滑理论奠定了基础 。

流体动压润滑系统的主要特性如下：

1）对运动的阻力主要来自流体的“内摩擦”，也就是流体在外力作用下的流动过程中，在流体分子之间的内摩擦，即流体膜的剪切阻力或粘度。

为了确定流体的粘度，17 世纪时牛顿曾经提出了粘度流动定律，如图 6-2 所示。在两块距离为 h 的平行板中有粘性流体时，下表面保持固定，而上表面以速度 u 平行于下表面移动。当速度不太高时，因为流体分子粘附在表面上，流体相邻层的流动相互平移以层流状流动，这时为保持上表面移动所需要的力 F 与表面面积 A 以及所发生的剪切率成正比。由此可得：流体层间的切应力与剪切率成正比。也可按图 6-2b 所示模型写成

$$\frac{F}{A} = \eta\frac{u}{h} \tag{6-4}$$

即如果在垂直高度间每一层按线性增加一个速度增量 $\mathrm{d}u$。上表面的切应力与剪切率（或速度梯度）$\frac{\mathrm{d}u}{\mathrm{d}z}$成正比。由此得

$$\eta = \frac{\tau}{\frac{\mathrm{d}u}{\mathrm{d}z}} \tag{6-5}$$

式中　η——动力粘度（Pa · s）。

动力粘度又称绝对粘度，随流体的温度与压力的变化而改变，有时也随着剪切率的变化而改变。

一般称遵从粘性切应力与剪切率成比例规律的流体为牛顿流体，而不遵从此规律的流体为非牛顿流体。在以下的分析中，均以润滑油作为流体。

2）两个滑动表面的几何形状在相对运动时产生收敛型油楔，形成足够的承载压力，从而将两表面分隔开，降低其摩擦与磨损。如图 6-3 所示，倾斜表面 AB 是静止的，下表面以

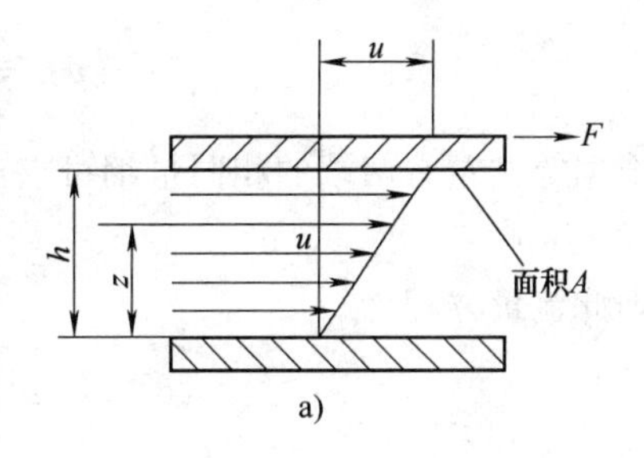

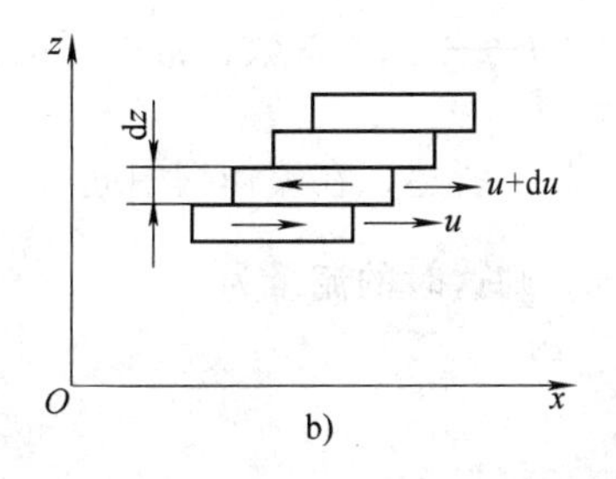

图 6-2 两块平板间的粘性牵引力（绝对粘度模型）

速度 u 沿 x 方向作相对运动，其中充满粘性流体及润滑剂，两表面间的入口间隙为 h_1，出口间隙为 h_0，中间任意点间隙或流体膜厚为 h。当下表面以速度 u 向右运动时，入口处 A 点流体层速度为零。假定上表面至下表面间流体层速度（速度梯度）按直线性变化，则流体平均速度为 $u/2$，单位表面宽度内（与纸面垂直）的流量 q_x 为 $\left(\frac{u}{2}\right)h_1$。同理在出口处 B 点流体层速度也为零，单位表面宽度内的流量 q_x 为 $\left(\frac{u}{2}\right)h_0$。因为 $h_1 > h_0$，故流入的流体比流出的流体要多一些，但流体实际上可被看成不可压缩的，这种流动依靠在表面间的流体楔中建立压力而自动补偿流量，也就是在入口端产生压力，阻挠流体流入。这样入口的流体层速度分布曲线图向内凹入，流量小于$\frac{uh_1}{2}$；而出口处压力升高，推动流体流出，流体层速度分布曲线向外凸出，流量大于$\frac{uh_0}{2}$。只有流体楔中间一带的速度分布图是直线，压力梯度为零，即$\frac{dp}{dx}=0$。这就是流体动压润滑的主要特点。根据以上分析，假设无侧向流动，单位宽度流量 q_x 必须有两项：一项是$\frac{uh}{2}$，即基本线速度分布曲线；另一项是根据压力梯度的变化而改变的流量 $f(p)$。因此，流量 q_x 的方程为

$$q_x = \frac{uh}{2} - f(p) \tag{6-6}$$

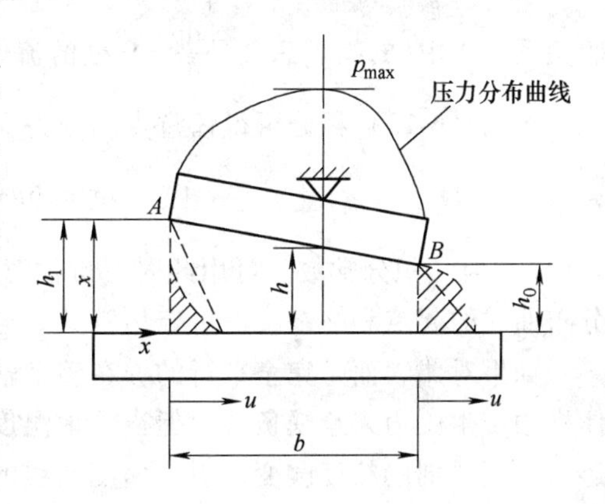

图 6-3 收敛楔的速度分布曲线

$f(p)$ 依压力梯度$\frac{dp}{dx}$、流体膜厚度 h 和粘度 η 而定，即

$$f(p) = h^a\left(\frac{dp}{dx}\right)^b \eta^c \tag{6-7}$$

a、b、c 为常数，可由量纲分析得到。在正压力梯度下，$f(p)$ 的符号为负，流量应有所减少。

q_x 的量纲为$\frac{L^3}{TL}=\frac{L^2}{T}$，其中，$L$ 代表长度，T 代表时间。$\frac{uh}{2}$和 $f(p)$ 的量纲与 q_x 相同，即$\frac{L^2}{T}$。压力梯度$\frac{dp}{dx}$的量纲为$\left(\frac{力/面积}{长度}\right)$，即$\left(\frac{F}{L^2L}\right)$。而粘度 η 的量纲为$\left(\frac{力}{面积}\times时间\right)$，即$\left(\frac{F}{L^2}T\right)$。因此可对 $f(p)$ 的量纲分析如下，即

$$f(p) = \frac{L^2}{T} = L^a \times \left(\frac{F}{L^2 L}\right)^b \times \left(\frac{F}{L^2}T\right)^c \tag{6-8}$$

根据等式左右两端的相同量纲可求出：

$$a = 3, b = -c = 1$$

因此流量方程为

$$q_x = \frac{uh}{2} - f(p) = \frac{uh}{2} - k\frac{h^3}{\eta}\left(\frac{\mathrm{d}p}{\mathrm{d}x}\right) \tag{6-9}$$

式中　k——比例常数，由以后的推导可知 $k = \frac{1}{12}$。

如上所述，在流体楔中间有一点的压力梯度为零，即$\frac{\mathrm{d}p}{\mathrm{d}x} = 0$。设以 $\bar{h}$ 表示此点的流体膜厚度，则这时的流量为

$$q_x = \frac{uh}{2} = \frac{u\bar{h}}{2} - k\frac{\bar{h}^3}{\eta}\left(\frac{\mathrm{d}p}{\mathrm{d}x}\right)$$

整理后可得

$$\frac{\mathrm{d}p}{\mathrm{d}x} = \frac{u\eta}{2k}\left(\frac{h - \bar{h}}{h^3}\right) = 6u\eta\left(\frac{h - \bar{h}}{h^3}\right) \tag{6-10}$$

式（6-10）即为雷诺方程的简单推导方法，表示了压力梯度、粘度与间隙或流体膜厚度的关系，式中$\bar{h}$的物理意义是$\frac{\mathrm{d}p}{\mathrm{d}x} = 0$处的流体膜厚度。

将式（6-10）积分可得任意点的压力 p，即油膜压力的分布曲线

$$p = 6u\eta\int\frac{h - \bar{h}}{h^3}\mathrm{d}x + c \tag{6-11}$$

式中，c 为一积分常数。可用此时评价任意给定 x 值的压力 p 及 h 值。通常利用流体膜压力分布曲线的起点和终端，即可定出常数 c 与$\bar{h}$，而完成方程的各个推导公式。

如果对偶表面是完全平行的，在整个轴承中压力保持恒定，不能依靠改变分布图而在流体楔中产生压力来承受负载。但当轴承温度升高时，会使表面受热膨胀，引起流体膜收敛，还会使润滑剂的粘度改变而引起速度曲线的扭曲，改变油膜承载压力。

6.4　流体静压润滑

流体静压润滑又称为外供压润滑，是利用外部的供油装置，将具有一定压力的润滑油输送到支承中去，在支承油腔内形成具有足够压力的润滑油膜，将所支承的轴或滑动导轨面等运动件浮起，承受外力作用的润滑方式。因此，运动件在静止状态直至在很高的速度范围内都能承受外力作用，这是流体静压润滑的主要特点。而流体动压润滑的支承在静止或低速状态下往往无法形成具有足够压力的油膜，因此出现半干摩擦，产生表面磨损或其他损伤，寿命缩短。

流体静压润滑的优点有：①起动摩擦阻力小；②使用寿命长；③可适应较广的速度范围；④抗振性能好；⑤运动精度高；⑥能适应各种不同的要求。

缺点是需要一套可靠的供油装置，增大了机床和机械设备的空间和重量。

1. 流体静压润滑系统的基本类型

流体静压润滑系统的基本类型有两种，即定压供油系统与定量供油系统。

（1）定压供油系统　这种系统供油压力恒定，压力大小由溢流阀调节，集中由一个泵向各节流器供油，再分别送入各油腔。依靠油液流过节流器时流量改变而产生的压力降调节各油腔的压力以适应载荷的改变。图 6-4 所示为常用定压供油静压轴承系统，它包括三部分：一是径向和推动力静压轴承；二是节流器，图中列举了小孔节流器、毛细管节流器、滑阀反馈节流器和薄膜反馈节流器；三是供油装置。

（2）定量供油系统　各油腔的油量恒定，随油膜厚度变化自动调节油腔压力来适应载荷的变化。定量供油方式有两种：一是由一个多联泵分别向油腔供油，每个油腔由一个泵单独供油；二是集中由一个油泵向若干定量阀或分流器供油后再送入各油腔，如图 6-5 所示。

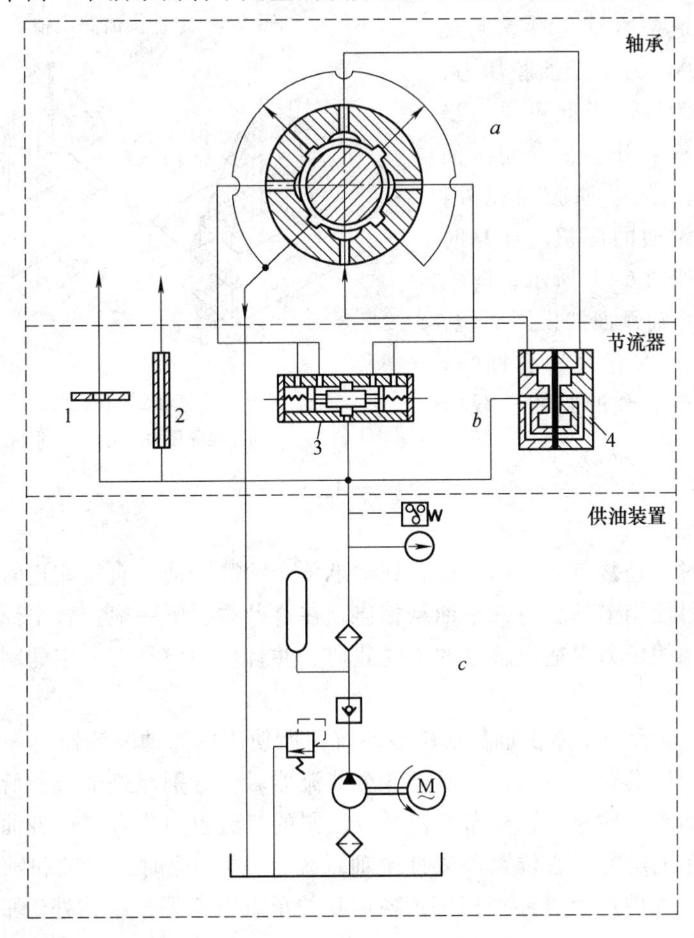

图 6-4　定压供油静压轴承系统

1—小孔节流器　2—毛细管节流器　3—滑阀反馈节流器　4—薄膜反馈节流器

a—径向推力轴承　*b*—节流器　*c*—供油装置

2. 流体静压润滑油膜压力的形成

以图 6-4 所示径向和止推流体静压轴承系统为例，当液压泵尚未工作时，油腔内没有压力油，主轴压在推力轴承上，油泵起动后，从油泵输出的润滑油进入油腔，当其中油层压力所形成的合成液压力（即承载力）同主轴所承受的载荷（包括本身重量）平衡时，便将主轴浮起。油腔内的液压油连续地经过周向和轴向封油面流出。由于油腔四周封油面的微小间隙的阻尼作用，润滑油流出时受到很大阻力，使油腔内的油持续保持压力，从而继续将主轴浮起。润滑油从封油面流出后汇集到油箱，组成油路的循环系统。

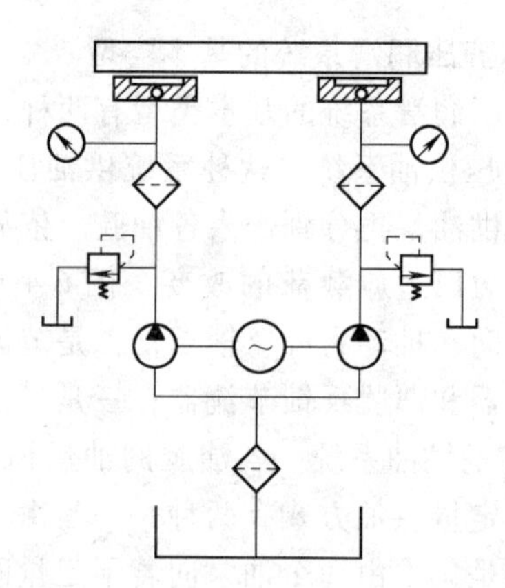

图 6-5　定量供油静压轴承系统

图 6-6 所示是润滑油进入油腔后的实际压力分布，在油腔内，润滑油压力大小相等，分布均匀，在四周封油面内，压力近似地按直线变化，封油面同油腔连接处的压力等于油腔压力，封油面外端压力为零。由此可见，当油膜将主轴和轴承隔开后，受润滑油压力作用的面积，除了油腔面积外，还有油腔四周封油面的面积。计算时采用的压力分布如图 6-6b 所示，图中虚线所示面积 A 是圆弧面的投影面积，代表轴承一个油腔的有效承载面积，由此可知静压承载一个油腔的承载能力 F 为

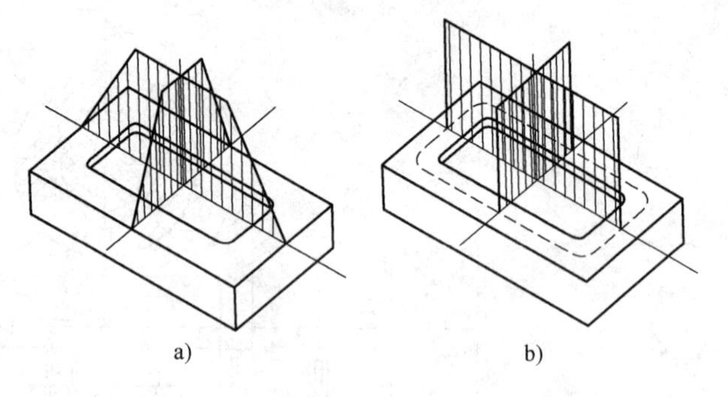

图 6-6　油腔和封油面上的压力分布

a）实际压力　b）计算用压力

$$F = A\Delta p \tag{6-12}$$

式中　Δp——压力差。

在静压支承时，经常是从上面可以看到轴承单个油腔同油泵直接相连时的工作情况。在静压支承时，常另使用多油腔与一个油泵相连，在这种情况下一般在各个油腔前都装有节流器，调节各油腔中的压力以适应各自的不同载荷，并且使油膜具有一定的刚度，以适应载荷的变化。

从图 6-4 中可以看到定压供油静压轴承系统中所使用的四种节流器。

从油泵输出的油具有一定压力，通过各个节流器后，分别流进节流器所对应的轴承油腔空载时，由于各油腔对称等面积分布和各个节流器的节流阻力相等，故各油腔产生的承载力将主轴浮起并处于轴承的中心位置（未计主轴系统自重）。此时，主轴和轴承之间各处的间隙（h_0）相同，各油腔压力（p_0）相等，各油腔的承载力相等，主轴处于平衡位置。

如图 6-7 所示，以小孔节流和毛细管节流静压轴承为例，当主轴受到载荷 F 作用时，主轴往油腔 1 的方向产生微小位移 e。此时油腔 1 的间隙从 h_0 减小到 h_0-e，油流阻力增大，由于节流器的调压作用，油腔 1 的压力从 p_0 升高到 p_1；而油腔 2 的间隙则从 h_0 增加到 h_0+e，油流阻力减小，同样由于节流器的调压作用，油腔 2 的压力从 p_0 降低至 p_2。因此，油腔 1、2 的压力不等，便形成压力差 $\Delta p=p_1-p_2$，主轴受到 1、2 油腔不平衡的合成承载力作用，该承载力同主轴承受的载荷平衡，阻止主轴继续往油腔 1 方向移动，使主轴能在某一新的位置稳定下来。如果轴承和节流器的参数选择适当，可使主轴的位移很小。

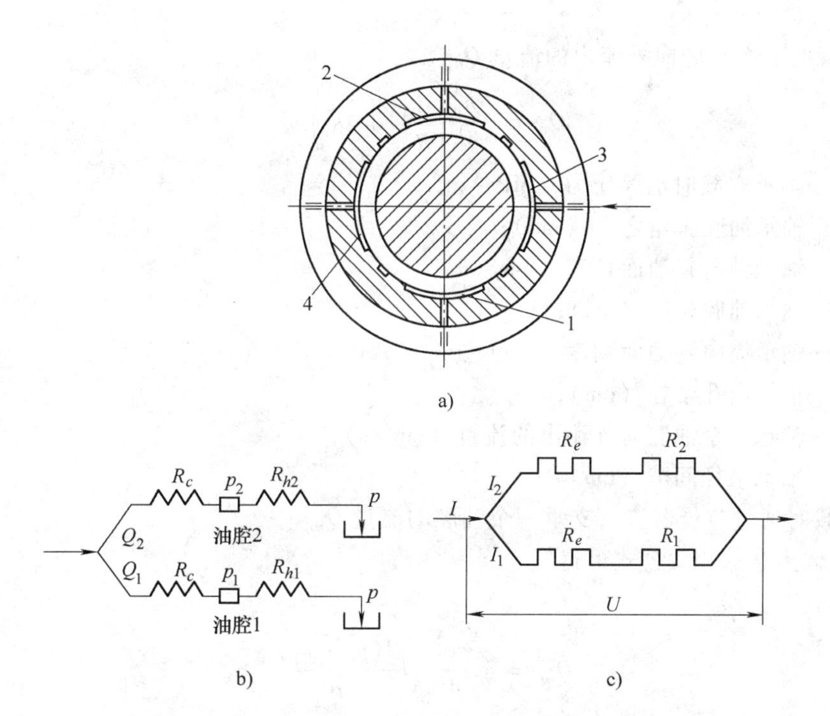

图6-7 小孔节流和毛细管节流静压轴承工作原理

a）节流器的静压轴承 b）油路简图 c）电路简图

p—供油压力 p_1、p_2—油腔1、2的压力 p_s—从油腔向外流出的润滑油压力（$p=0$） R_0—节流器阻力 R_{h1}、R_{h2}—油腔1、2四周封油面间隙阻力 U—电压 R_e、R_1、R_2—电阻 I、I_1、I_2—电流

上述油路系统中压力与流量的关系同电路中电压和电流的关系相类似，可以用图6-7b所示简图计算所需参数，即

$$Q_1=\frac{p_s}{R_c+R_{h1}}\quad Q_2=\frac{p_s}{R_c+R_{h2}}$$

$$p_1=Q_1R_{h1}=\left(\frac{p_s}{R_c+R_{h1}}\right)R_{h1}=\frac{p_s}{1+\dfrac{R_c}{R_{h1}}}$$

$$p_2=Q_2R_{h2}=\left(\frac{p_s}{R_c+R_{h2}}\right)R_{h2}=\frac{p_s}{1+\dfrac{R_c}{R_{h2}}}$$

主轴受载荷F作用后，R_{h1}增大，R_{h2}减小，而R_c仍保持不变，因此阻力比R_c/R_{h1}减小，p_1增大；阻力比R_c/R_{h2}增大，p_2减小，从而油腔1、2便形成压力差。如果没有节流器，即$R_c=0$，那么$p_1=p_s$，$p_2=p_s$。虽然主轴和轴承的间隙发生变化，R_{h1}和R_{h2}也改变了，但是始终是$p_1=p_s$，$p_2=p_s$。油腔1、2不能形成压力差，轴承的承载能力等于零。由此可知，对定压供油的静压轴承，节流器是不可缺少的重要组成部分。

3. 流体静压支承的常用计算公式

流体静压支承的常用计算公式很多，此处介绍几个常用的公式。

（1）空载流量计算公式

1）空载时一个油腔向外流出的流量 Q_0

$$Q_0 = \frac{Rh_0^3}{6\eta l_1}\left(\frac{ll_1}{Rb_1} + 2\theta_1\right)p_0$$

式中 p_0——轴承空载时油腔压力（MPa）；

θ_1——轴承油腔张角之半（rad）；

l_1——轴承轴向封油面长度（cm）；

l——轴承油腔长度（cm）；

b_1——轴承周向封油面宽度（cm）；

R——轴承内孔半径（cm）；

Q_0——轴承一个油腔向外流出的流量（cm^3/s）；

h_0——轴承半径间隙（cm）。

2）空载时通过节流器流入支承一个油腔的流量 Q_{c0}

根据流体力学的相关公式可得

对于小孔节流器

$$Q_{c0} = \alpha \frac{\pi d_0^5}{4}\sqrt{\frac{2(p_s - p_n)}{\rho}}$$

对于毛细管节流器

$$Q_{c0} = \frac{\pi d_c^4 (p_s - p_n)}{128\eta l_c}$$

对于滑阀反馈节流器

$$Q_{c0} = \frac{\pi h_c^3 d_c (p_s - p_n)}{12\eta l_c}$$

对于双面薄膜反馈节流器

$$Q_{c0} = \frac{\pi h_c^3 (p_s - p_n)}{6\eta l_c \frac{r_{c2}}{r_{c1}}}$$

式中 p_s——供油压力（kgf/cm^2，$1kgf/cm^2 = 0.0980665MPa$）；

p_n——支撑空载时油腔压力（kgf/cm^2，$1kgf/cm^2 = 0.0980665MPa$）；

α——小孔流量系数，$\alpha = 0.6 \sim 0.7$；

Q_{c0}——空载时通过节流器流入支承一个油腔的流量（cm^3/s）；

d_0——节流小孔直径（cm）；

ρ——润滑油密度（g/cm^3）；

d_c——毛细管直径或滑阀直径（cm）；

h_c——滑阀体和滑阀之间的节流半径间隙，或薄膜处于平直状态下的薄膜和圆台之间的间隙（cm）；

l_c——毛细管长度或滑阀节流长度（cm）；

η——动力粘度；

r_{c1}——圆台进油孔半径（cm）；

r_{c2}——圆台半径（cm）。

（2）节流比β和设计参数λ　在定压供油的静压支承中，首先由油泵输出具有一定压力的润滑油，通过各种节流器以后流入支承油腔中，在油腔内产生承载力，将主轴、导轨之类的运动件浮起。因此，空载时通过节流器流入的流量Q_{c0}必须与从油腔向外流出的流量Q_{c1}相等，才能保持流量连续，即$Q_{c0}=Q_{c1}$。

设β为节流比，$\beta=\frac{p_1}{p_0}$，并令$\beta=1+\lambda$，则利用上面的流量连续方程分别将各种节流形式的Q_{c0}代入，经数学处理后，就可得到各种支承的设计参数λ。例如对于毛细管节流静压轴承可按方程得到

$$\frac{\pi d_c^4(p_s-p_n)}{128\eta l_c}=\frac{Rh_0^3}{6\eta l_1}\left(\frac{ll_1}{Rb_1}+2\theta_1\right)p_0$$

整理后得

$$\lambda=\frac{64Rl_c h_0^3}{3\pi l d_c^4}\left(\frac{ll_1}{Rb_1}+2\theta_1\right)$$

其余均可依次类推得到。

此外，还有一些关于轴承刚度、有效承载面积、承载后的间隙和油腔压力的变化等的计算公式，可查阅一般流体静压支承的设计计算资料。

6.5　弹性流体动压润滑

在流体动压润滑状态下，假定两滑动表面相互运动时仍然保持完全的刚体，未发生接触变形。当滑动表面产生赫兹集中接触状况时，例如滚动轴承、齿轮与凸轮等高副表面之间的接触，在理论条件下接触区的接触压力峰值极高，在承载区表面的弹性变形很大，其数值常常接近甚至超过平均油膜厚度。另一方面，接触区的油膜厚度极薄，有时仅为接触区长度的千分之一。同时，由于负载区压力极高，润滑油粘度也相应提高，不再是恒定值，比正常室温下的粘度要大许多倍。这种相互影响都使接触区的油压分布规律发生很大改变。这些就是弹性流体动压润滑的主要特点。概括起来说，弹性流体动压润滑就是相对运动表面的弹性变形与流体动压作用都对润滑油膜的润滑性能起着重要作用的一种润滑状态。

一般认为，在弹性流体动压接触时，如果油膜厚度超过表面粗糙度的综合值的3倍以上时，滑动表面可以得到有效的润滑，这种润滑状态称为完全弹性流体动压润滑。

在流体动压润滑状态下，通常是在已知油楔形状以后，用雷诺方程去求油楔中产生的压力。而在弹性流体动压润滑状态下，油楔形状与其中所产生的压力都需要求出，而且互相有影响，因此不能用简单的计算方法进行计算，只有用迭代法借助于电子计算机才能进行数值计算。这也是过去虽然有不少学者在研究弹性流体动压润滑理论，但一直进展不快的主要原因。

1. 弹性流体动压润滑的基本方程

弹性流体动压润滑的基本方程主要有油膜厚度计算方程，此外还有考虑了压粘效应的雷诺方程，下面分别介绍。

（1）考虑了压粘效应的雷诺方程　通常用压粘方程来近似表示等温润滑油的压力—粘度关系，即

$$\eta_p = \eta_0 e^{\alpha p}$$

式中　η_p——压力为 p 时油的动力粘度；

η_0——大气压下油的动力粘度；

α——油的压粘系数，对于一般矿物油和合成润滑油，$\alpha=(0.5\sim3.0)\times10^{-8}\text{m}^2/\text{N}$。

例如上述方程代入前面的一维雷诺方程式 $\frac{dp}{dx}=\frac{U\eta}{2k}\left(\frac{h-\bar{h}}{h^3}\right)=6U\eta\left(\frac{h-\bar{h}}{h^3}\right)$ 中可得

$$\frac{dp}{dx} = 6\eta_p U\frac{h-\bar{h}}{h^3} = 6U\eta_0 e^{\alpha p}\frac{h-\bar{h}}{h^3}$$

$$e^{-\alpha p}\frac{dp}{dx} = 6\eta_0 U\frac{h-\bar{h}}{h^3}$$

因为

$$\frac{d}{dx}(e^{-\alpha p}) = -\alpha e^{-\alpha p}\frac{dp}{dx}$$

即

$$e^{-\alpha p}\frac{dp}{dx} = -\frac{1}{\alpha}\cdot\frac{d}{dx}(e^{-\alpha p})$$

令

$$p_0 = -\frac{1}{\alpha}\int_0^p d(e^{-\alpha p}) = \frac{1-e^{-\alpha p}}{\alpha}$$

由此得

$$\frac{dp_0}{dx} = -\frac{1}{\alpha}\frac{de^{-\alpha p}}{dx} = e^{-\alpha p}\frac{dp}{dx} = 6\eta_0 U\frac{h-\bar{h}}{h^3} \tag{6-13}$$

这个方程就是置换后的考虑了压力—粘度关系的一维雷诺方程，如果两表面均运动，其运动速度各为 U_1 和 U_2，上式中的 U 应以 U_1+U_2 代替，即

$$\frac{dp_0}{dx} = 6\eta_0(U_1+U_2)\frac{h-\bar{h}}{h^3} = 12\eta_0\left(\frac{U_1+U_2}{2}\right)\frac{h-\bar{h}}{h^3} = 12\eta_0 u\frac{h-\bar{h}}{h^3}$$

式中　$u=\frac{U_1+U_2}{2}$。

（2）油膜厚度计算方程　在考虑圆盘或圆柱体接触时弹性流体动压润滑油膜厚度计算公式时，常常需要了解刚性圆盘的油膜厚度和计算重载接触点弹性变形的赫兹方程。

图 6-8 所示为两个圆盘旋转时油膜厚度的情况，油膜厚度 h 可从几何关系上得到，即

$$h = h_1 + AE + DF$$

其中

$$AE = R_1 - R_1\cos\phi_1 = R_1(1-\cos\phi_1) = R_1\left[1-\left(1-\frac{\phi_1^2}{2!}+\frac{\phi_1^4}{4!}-\frac{\phi_1^6}{6!}\right)\right]$$

当 ϕ 足够小时，可写成 $\phi_1=\frac{x}{R_1}$，而式中 ϕ_1^2 以上的各高次微小项可略去不计。由此

$$AE = R_1\frac{\phi_1^2}{2} = \frac{x^2}{2R_1}$$

同理

$$DF = \frac{x^2}{2R_2}$$

故

$$h = h_0 + \frac{x^2}{2R_1} + \frac{x^2}{2R_2} = h_0 + \frac{x^2}{2}\left(\frac{1}{R_1} + \frac{1}{R_2}\right)$$

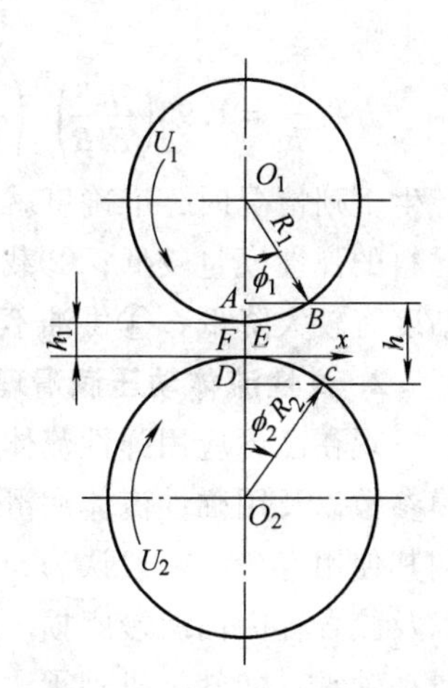

图 6-8 圆盘旋转时的油膜厚度

式中 h_0——最小油膜厚度。

另外，在弹性力学中，重载接触点弹性变形可按下式计算，即

$$h = \frac{4\omega}{\pi E'}\left[\frac{x}{a}\sqrt{\frac{x^2}{a^2} - 1} - \ln\left(\frac{x}{a} + \sqrt{\frac{x^2}{a^2} - 1}\right)\right]$$

式中 ω——单位宽度上的负载；

E'——当量弹性模量，$E' = \frac{1}{2}a\left(\frac{1-\nu_1^2}{E_1} + \frac{1-\nu_2^2}{E_2}\right)$；

ν_1——材料 1 的泊松比；

ν_2——材料 2 的泊松比；

a——接触区宽度之半。

根据以上这些关系，艾特尔·格鲁宾理论假定油进入高压区以后，压力很高，前式（6-13）中 p 趋于$\frac{1}{\infty}$或 p 趋于∞，$e^{-\alpha p}$趋于零，粘度趋于极大值，这时在赫兹接触区入口，油膜厚度接近不变，因此重载接触点的油膜形状基本上取决于赫兹压力，还要加上 h_0，即

$$h = h_0 + \frac{4\omega}{\pi E'}\left[\frac{x}{a}\sqrt{\frac{x^2}{a^2} - 1} - \ln\left(\frac{x}{a} + \sqrt{\frac{x^2}{a^2} - 1}\right)\right]$$

将这些结果进行综合以后，提出了一个求最小膜厚度的公式，即

$$\frac{h_0}{R} = 1.95\left(\frac{\eta_0 u}{E'R}\right)^{\frac{8}{11}}\left(\frac{F_N}{lE'R}\right)^{-\frac{1}{11}}(aE')^{\frac{8}{11}}$$

或者用下式表示，即

$$\frac{h_0}{R} = 1.95\ (U)^{\frac{8}{11}}\ (W)^{-\frac{1}{11}}\ (G)^{\frac{8}{11}}$$

式中 F_N——法向载荷；

u——速度；

l——有效接触宽度；

R——换算曲率半径，$R = \frac{R_1 R_2}{R_1 + R_2}$；

G——材料参数，$G = \alpha E'$；

U——速度参数，$U = \frac{\eta_0 u}{E'R}$；

W——载荷参数，$W = \frac{F_N}{l}E'R$。

方程$\frac{h_0}{R}=1.95\left(\frac{\eta_0 u}{E'R}\right)^{\frac{8}{11}}\left(\frac{F_N}{lE'R}\right)^{-\frac{1}{11}}(\alpha E')^{\frac{8}{11}}$相当准确地给出了高压区的油膜厚度值。但当产生下列情况时，准确度就有所降低：①$G<1000$，也就是润滑油粘度的压力系数较小，或材料的弹性模量较低；②载荷参数$W<10^{-5}$；③U较大，以致入口处润滑油因剪切而发热使粘度有较大降低；④供油不足。

2. 弹性流体动压润滑理论的实际应用

现在已可应用弹性流体动压润滑理论在设计阶段计算滚动轴承、齿轮、凸轮等零件的油膜参数以及用弹性流体润滑膜厚度与表面粗糙度综合值的比值k来判断其润滑的有效性，预测其使用寿命。一般认为，当进入部分弹性流体动压润滑状态时，就有可能产生擦伤、点蚀以及胶合，因而缓慢磨损。除此以外，对于表面弹性变形量接近或大于最小油膜厚度的柔性滑动轴承，如轧钢机轴承、大型推力轴承、人工关节等，在工作中都会产生相当大的弹性变形，也可用弹性流体动压润滑理论解决其润滑问题。在弹性流体动压润滑理论的研究方面还有许多工作要做，目前还不能运用这种理论来解决全部实际应用中存在的有关问题。

第 7 章　耐磨和减摩材料

7.1　金属耐磨材料

各种机器设备，如汽车、拖拉机、飞机、矿山机械、油井钻探机等，绝大多数都是由各种不同的金属零部件所组成，其中，由金属材料组成的各类摩擦副之间的摩擦与磨损，是影响机器设备的工作效率和使用寿命的主要因素。因此，为了提高机械产品的可靠性、使用效率和寿命，就必须从摩擦学的观点研究分析摩擦副材料的摩擦、磨损特性，以确定相应的材质选配。应根据摩擦副不同的工况条件（速度、负荷、温度、介质等）和使用要求，分别采用不同的耐磨、减摩或摩阻材料。例如，在农业机械、工程机械、矿山设备中，许多机械零件直接与泥砂、矿石或灰渣接触相对摩擦而产生不同形式的磨料磨损，因此，摩擦副材料应有高的耐磨性，以保证一定的使用寿命。而对于各类轴承、齿轮、蜗杆副、机床导轨等，为了提高效率、保持精度，需要减少因相对运动摩擦而产生的能量损失和磨损，则要求摩擦副材料有低的摩擦因数和高的耐磨性。许多运输和工程机械（如汽车、火车、拖拉机、飞机、起重机、提升和卷扬机等），其安全可靠性十分重要，它们的使用性能，相对地说，取决于制动摩擦副材料的摩擦稳定性，即制动摩擦副材料应有高而稳定的摩擦因数和耐磨性。因此，可根据摩擦副的工况条件及要求，分别采用相适应的耐磨和减摩材料。因机械中摩擦副所用的材料仍以金属材料为主，下面将分别讨论金属耐磨和减摩材料。

7.1.1　材料的耐磨性及其评定指标

材料的耐磨性就是材料的摩擦磨损特性，通常是指在一定的工况条件下，摩擦副材料在摩擦过程中抵抗磨损的能力。材料的耐磨性离不开工作或摩擦条件，同一种材料，在不同的工况条件下其耐磨性相差很大。例如，锰钢在冲击性磨料磨损条件下具有优良的耐磨性，而在一般低速轻载或有润滑介质条件下则耐磨性较差；高硬度的材料具有良好的抗磨料磨损性能，而在交变接触应力作用下抗疲劳磨损的能力却并不好。如前所述，影响磨损的因素很多，如摩擦条件（速度、负荷、温度、表面状况等）和环境介质（水、油、气体等）不一样，材料的配对不同，摩擦副的结构形状不同，磨损的形式或机理不同等，其耐磨性也不相同；同一摩擦配对材料，在同一工况与环境介质下，结构形状相同而使用与维护条件不同，其耐磨性也不一样。因此，材料的耐磨性是有条件的，也是相对的。此外，材料耐磨性的评定方法与指标至今尚未统一，采用不同的试验方法和试验条件，同种材料的耐磨性数值也不一样。现在通常是采用在一定的试验或使用条件下，以某种材料单位时间或单位距离的磨损量（即磨损率）来表示该材料的耐磨性。也可以用相对耐磨系数 ε 来表示，ε 是在同一实验

条件下标准材料试样的磨损量（或磨损率）与被测量材料试样的磨损量之比，即

$$\varepsilon = \frac{h_s}{h} \tag{7-1}$$

式中 h_s——标准材料试样的体积磨损量或线磨损量；

h——被测材料试样的体积磨损量或线磨损量。

在实际工程和设计中，为了设计或预测摩擦副材料的耐磨性，可采用磨损速率和磨损率这两个指标表示，磨损速率（μm/h）是指单位时间的磨损量，而磨损率则表示磨损量与相对摩擦距离的比值，此值为量纲一的量。不同的摩擦副，由于表面粗糙度和接触形式不同，相应的磨损速率和磨损率就不同，摩擦副材料的耐磨性也不一样。

7.1.2 对金属耐磨材料的一般要求

为了满足不同工况条件下摩擦副的使用寿命或可靠性，除了摩擦副的结构形式、表面加工质量、润滑、冷却条件等要相应地很好配合外，就材料性质而言，需满足以下几点要求：

（1）力学性能　应具有较高的抗压、抗拉、抗弯、抗剪和抗撕裂强度，足够的硬度和韧性，在高温、高压作用下有较稳定的力学性能等。

（2）物理性能　有较高的导热性、低的热膨胀系数，在一定的温度、压力范围内有好的热稳定性。

（3）物理—化学性能　合金元素分布均匀，抗腐蚀性好。

（4）良好的淬透性和机械加工性。

此外，还要有耐磨性好的金相组织，即有高度分散的强化相，如碳化物、氮化物等。

在某些摩擦条件下，对耐磨材料的性能要求是矛盾的，例如在冲击摩擦条件下材料应具有高的硬度和韧性。材料的组织结构若是单相或单一组分元素的合金是不可能达到要求的，只有多相（微观）组织才能满足要求。因为多相组织不仅具有各相性能的综合性，而且会大大改善不同晶格各相之间的相互作用，使原子的有效作用半径、晶面的间距以及化学键的特性发生变化从而使晶格能符合合金的机械、物理性能的改变，以便能承受摩擦过程中的复杂应力和物理化学作用，达到所需要的耐磨性。

7.1.3 耐磨钢

目前，耐磨钢虽尚未形成一个独立的钢类，但在工程机械、农业机械、矿山机械和钻探机械中已广泛使用的高锰钢就是一种专用的耐磨钢。此外，模具钢、工具钢、轴承钢、低合金高强度钢等，也较广泛地用于制造各种摩擦副的耐磨零件。

1. 影响钢耐磨性的因素

钢的耐磨性与许多因素有关，除与外界因素，如工况条件（负荷、速度、温度、环境介质等）、摩擦副的结构尺寸、表面质量、配偶件的材质、磨料的形状及大小等有关外，还与材料本身的各种性能（物理、力学、化学性能）及内部的组分、组织有很大的关系。这里主要讨论材质的化学成分和金相组织。

（1）含碳量的影响　碳钢的耐磨性一般是随含碳量的增加而提高。对于亚共析钢，退火时随钢中含碳量的增加而使钢中珠光体的含量增多，耐磨性增高；对于过共析钢，其耐磨性也随着含碳量的增加而有所提高。含碳量不同的钢，若经热处理后表面达到相同的硬度

时，含碳量高的其耐磨性较好，抗磨料磨损的能力较强。这是因为随含碳量的增加，材料的体积硬度增高；但材料的塑性、韧性将随含碳量的增加而下降，在受冲击载荷较大的工作条件下，耐磨性反而降低，摩擦副往往因脆裂而失效。因此，含碳量的选定，还应考虑其工况条件。

（2）合金元素影响　在钢中加入一定量的合金元素（Cr、Mo、W、Ti、V、Zr、Nb等），其作用是为了强化基体，与碳生成特殊的金属碳化物，以改善材料的物理、力学性能，从而达到提高材料耐磨性的目的。合金元素对耐磨性能的影响，主要取决于形成碳化物的晶相及其在铁素体中的溶解度。一般说来，与碳不易形成碳化物的元素，对材料耐磨性的影响不大。锰（Mn）虽是弱碳化物形成元素，但它在钢中仅与铁或其他碳化物作用，形成渗碳体型的碳化物，故在低锰钢中对耐磨性还是有所改善，而在高锰钢中，能扩大γ相区，具有稳定奥氏体组织的作用。上述的一些合金元素与钢中的碳元素都有较强的亲和力，只要钢中有足够的含碳量，在一定条件下，就会形成各自特殊的碳化物，这将非常有利于材料耐磨性的改善。

（3）碳化物的影响　碳化物的类型与分布也是影响材料耐磨性的主要因素之一。特殊的合金碳化物比一般渗碳体的耐磨性要高很多。当钢中的碳化物元素与碳原子的比例增加时，将由一般渗碳体转变为特殊的碳化物；或由一种特殊碳化物转变为另一种含金属元素更多的特殊碳化物，其耐磨性将明显地提高。VC、TiC、NbC比W、Cr碳化物的耐磨性好，因前者易形成稳定而细小的碳化物，且随组织中碳化物含量的增多，相对耐磨性也增高（图7-1）。碳化物的形状与分布对耐磨性的影响也较大，若钢中出现网状碳化物或部分呈块状，且碳化物沿晶界析出，或在基体上分布不均等，都将降低其耐磨性。

（4）金相组织的影响　碳钢的相对耐磨性与金相组织的关系如图7-2所示。对亚共析钢，铁素体—珠光体的耐磨性最差，其次是铁素体—索氏体、铁素体—托氏体，而铁索体—马氏体组织的耐磨性最好；对共析钢，其耐磨性依马氏体、托氏体、索氏体、索氏体—珠光体的顺序下降；而对过共析钢，随着组织的变化，依珠光体—渗碳体、索氏体—渗碳体、托氏体—渗碳体、马氏体—渗碳体、马氏体的顺序，其耐磨性增高。在同一摩擦条件下，含碳量相同时，板条状马氏体组织的耐磨性比针状马氏体好，而片状珠光体组织的耐磨性比球状珠光体好（图7-3），细珠光体组织的耐磨性又比粗珠光体好。

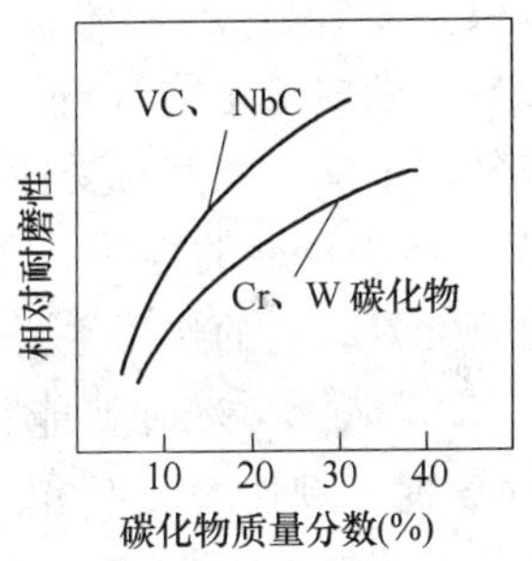

图7-1　含碳量对耐磨性的影响

2. 高锰钢

高锰钢是一种传统的耐磨材料，广泛地用于工程机械、矿山机械、冶金机械中，制成各种耐磨零件，如破碎机衬板、斗齿、锤头等。这种材料的主要特点是：在较大的冲击或接触应力作用下，表层将迅速产生加工硬化，其加工硬化指数比其他钢种高5～6倍，且马氏体和ε相沿滑移面易发生晶格畸变，形成耐磨的表面层；而其内层仍保持冲击韧度好的奥氏体组织。钢的强化机理是由于形成大量位错、孪晶变形和嵌镶组织细化的结果。接触应力大、摩擦速度低时，表面加工硬化层深些，表面硬度增加较少；而当接触应力不大，摩擦速度较高时，硬化层较浅，但表面硬度增加较多，硬化效果较明显，表面硬度可达52～56HRC。

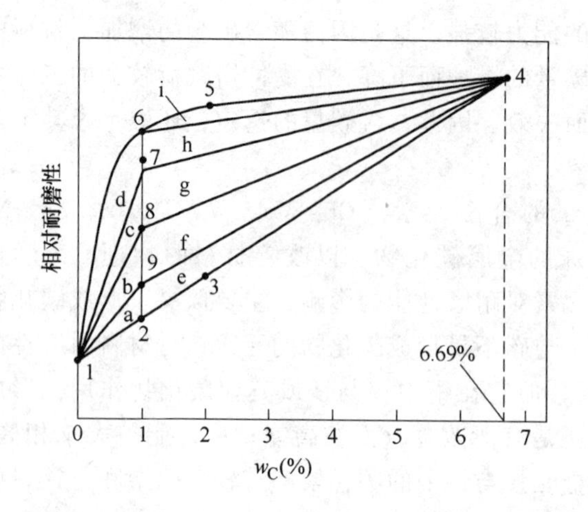

图 7-2　碳钢的相对耐磨性与金相组织的关系

1—铁素体　2—珠光体　3—珠光体—渗碳体　4—渗碳体
5、6—马氏体　7—托氏体　8—索氏体　9—索氏体—珠光体
a—铁素体—珠光体　b—铁素体—渗碳体　c—铁素体—托氏体
d—铁素体—马氏体　e—珠光体—渗碳体　f—索氏体—渗碳体
g—托氏体—渗碳体　h—马氏体—渗碳体　i—马氏体

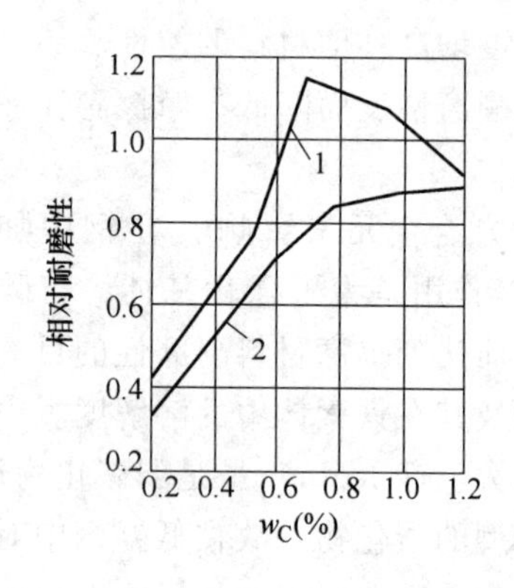

图 7-3　片状和球状珠光体的相对耐磨性

1—片状珠光体　2—球状球光体

高锰钢的化学成分对其耐磨性的影响较大。普通高锰钢的含碳量（质量分数）为 0.9% ~1.0% 时，随着含碳量的增加，高锰钢的抗拉强度和屈服强度均有提高，耐磨性也随之增大。国外高锰钢的含碳量（质量分数）较高，一般为 1.0% ~1.4%。但含碳量（质量分数）不宜超过 1.5%，否则碳不能充分溶于奥氏体中或易从奥氏体中析出，且与铁、锰易形成复杂的碳化物（Fe，Mn）C，使脆性增加，冲击韧度降低，裂纹敏感性增大，耐磨性也随之下降。尤其对受冲击载荷较大、形状复杂的零件，含碳量不应过高；对形状简单、壁厚小于 100mm 的零件，含碳量（质量分数）则可适当提高 1.2% ~1.4%。锰是高锰钢中的重要元素，它的作用主要是扩大 γ 相区，稳定奥氏体，一般质量分数为 10% ~14%。当 w_C >1%、w_{Mn} >8% 时就能得到完全的奥氏体组织，再增加锰含量，韧性可提高。但 w_{Mn} > 1.4% 时，韧性增大不多，反而会使初生的奥氏体晶粒粗大，易形成柱状晶体，降低了力学性能和耐磨性。为了得到一定量的奥氏体组织，常用 w_{Mn}/w_C 的比值来控制，此值应在 8.5 ~10 范围内。当 w_{Mn}/w_C >10 时，铸件易产生裂纹。可根据不同的用途和使用条件，选定合适的比值。磷是高锰钢中的有害成分，当 w_P >0.1% 时，晶界上就会形成磷共晶，使晶粒间的结合力削弱，从而降低了材料的强度、塑性韧性和耐磨性。例如：当 w_P 从 0.02% 增大到 0.16% 时，材料的冲击韧度将下降 75%，伸长率减少 72%，抗拉强度下降 41%，冷脆性增大，耐磨性降低。故应严加控制含磷量。有人提出：高锰钢的使用寿命主要取决于钢中碳和磷的含量，并可用下式表示，即

$$T = A + BC + DC^2$$

式中　T——高锰钢的使用寿命（h）；

C——钢中的含碳量（%）；

A、B、D——与含磷量有关的系数（见表 7-1）。

使用寿命 T 与钢中碳、磷含量的关系，还可从图 7-4 中看出：磷量减少和碳量增大，耐

磨性可相应提高。

表 7-1　含磷量与 A、B、D 系数

含磷量（质量分数）(%)	0.02	0.04	0.06	0.08	0.1
A	750	670	612	537	437
B	-4.2	-7.4	-23.5	-25	-25.6
D	-1.73	-3.2	-10.7	-12	-12.8

为了进一步改善高锰钢的物理、力学性能和耐磨性，可以通过加入各种合金元素（Mo、Cr、V、Ti、Ni、W 等）来强化固溶体，减少晶界上碳化物的析出，改变碳化物的形状与分布，细化奥氏体晶粒或在奥氏体的基体上有弥散硬化相的析出，改善奥氏体的加工硬化性能，使奥氏体在冲击力的作用下易产生新相，即易向马氏体转变，加快硬化速度以提高表面硬度等，从而达到提高其耐磨性的目的。例如：在高锰钢中加入 1% ~2%（质量分数）的 Mo，就可减少碳化物在晶界的析出，改善碳化物的形态，阻止晶界迁移而细化晶粒，其结果是屈服强度比普通高锰钢增加 15% ~30%，耐磨性提高 20%；加入 Cr、Ti 或 Mn + V，并经弥散化处理，耐磨性可进一步提高。因为加入的 V、Ti 等合金元素能与锰钢中的 C、N 元素生成非自发性的氮化物或碳化物结晶核心，阻碍晶粒长大而细化了晶粒，使材料的力学性能和耐磨性得到提高。再经过弥散化处理，硬质的碳化物或氮化物分散在奥氏体基体上，可大大提高其耐磨性，在较低的变形量（15%）下也可达到较高的硬度值。一般高锰钢的表面硬度要在 75% 的变形量才能达到最高值。此外，还可以采用微量合金化的变质处理，如加入 V、Ti、Zr、Sr、Nb、B 等微量合金元素（质量分数为 0.05% ~0.4%），用硅钙变质处理（加入质量分数 <0.1% 的 Ca）和加入稀土元素的办法以细化晶粒，减少夹杂物和晶界上的碳化物，改善其铸造性能和力学性能，最终达到提高耐磨性的目的。

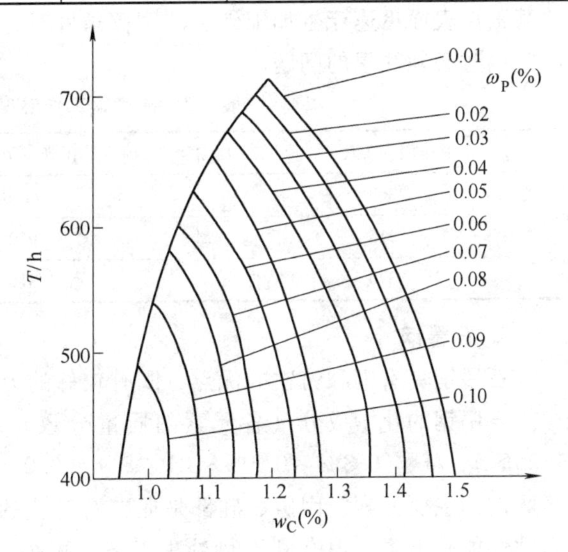

图 7-4　P、C 与寿命的关系

从上述可知，化学元素对高锰钢的晶粒细化程度有较大的影响。当高锰钢的金相组织中出现等轴粗大晶粒或柱状晶时，力学性能和耐磨性将显著下降，晶粒越细小，高锰钢在冲击载荷作用下表层越易变形，加工硬化程度越高，越有利于提高其耐磨性。为了防止晶粒粗大，除通过加入上述微量合金元素外，还可采用控制铸件的冷却速度和铸态后的热处理等方法。

高锰钢的主要缺点是：导热性差，其热导率在 100℃ 以下时仅为碳钢的 1/4 ~1/6，600℃ 时为碳钢的 1/2 ~5/7。热胀系数大，为碳钢的 2 倍。线收缩率也大，自由收缩率为 2.4% ~3%，故容易产生裂纹。此外，其屈服强度低，工作中易变形，且受摩擦过程中工作表面温度的影响较大。如工作温度大于 125℃ 时，奥氏体将发生分解，析出碳化物，并随着表层工作温度的升高，其金相组织将进一步发生变化，硬度虽增高，但脆性增大，抗拉强度和伸长率下降（见表7-2），使耐磨性降低。例如：大型推土机的松土齿与坚硬的矿石摩擦时，齿面温度超过了5000℃，齿尖就易发生折断，使用寿命大大降低，每天往往要拆换几次。因此，能否充分发挥高锰钢耐磨性好的优点，除材质外，外界的工作条件（负荷、速度、温度、介质）也十分重要。只有当高锰钢材料制成的零件表面在摩擦过程中能迅速产生足够的塑性变形，即有迅速产生加工硬化的条件时，它才具有较高的耐磨性；反之，没有使其工作表面迅速产生加工硬化的摩擦条件时，则不宜采用高锰钢制作易磨损件，这是选用高锰钢时必须注意的问题。

表7-2　高锰钢工作温度对力学性能的影响

工作表面温度/℃	抗拉强度 σ_b/MPa	伸长率 δ（%）
260	1150	53
315	970	21.7
370	820	1.5

3. 石墨钢

石墨钢具有铜和铸铁的优点，既有较好的力学性能，又有较好的铸造性。

石墨钢的化学成分（各元素的质量分数）一般为：C（1.25%～1.45%），Si（1%～1.25%），Mn（0.3%～0.5%），P、S（<0.03%）。其中碳、硅是影响石墨钢力学性能和耐磨性的主要元素，因碳、硅都是促进石墨化的元素，碳、硅含量增多，石墨含量也增加，力学性能则下降，但有利于热处理工艺，可缩短处理时间，减少热裂。为了改善其综合性能，提高耐磨性，需采用各种孕育处理，如加入Fe-Si、Si-Ca、CaSiFe+Ti等孕育剂，或加入促进石墨化的元素Al、Mg、Sr、Ca等，并改变石墨的形状与分布。石墨钢可用作球磨机衬板等，在低应力的磨料磨损条件下，其耐磨性比一般高锰钢还好，且成本低。

另外，硅锰、铬锰钼、铬锰硅等合金钢，在磨料磨损条件下，也得到广泛的应用。这些合金钢一般是以某种合金元素为主（如Cr或Mn）来强化基体并使之具有一定的淬透性，再加入其他多种合金元素使其形成复杂的碳化物，经处理后改变它们的形状与分布，从而达到提高耐磨性的目的。例如：加Mo可防止回火脆性；加V、Ti、Zr、Ce、B等对钢可进行变质处理，细化组织并有利于提高塑性及韧性，增加其耐磨性。

7.1.4　耐磨铸铁

铸铁具有良好的耐磨性已为人们所共知，虽然其力学性能比钢差，但在相同条件下比钢的成本低，经某些工艺处理后，也能满足不同的要求，故还是较广泛地在各种摩擦情况下作为摩擦副的耐磨材料使用，尤其是当摩擦副既要求耐磨性高，又要有好的减摩性时，往往采用铸铁比钢更为有利。如机床导轨、活塞环、气缸套等零件均以耐磨铸铁为主要制作材料。

1. 影响铸铁耐磨性的因素

与钢一样，影响铸铁耐磨性的因素同样包括外界工况条件、结构及使用条件。这里主要是从材质本身讨论其组织及化学成分对耐磨性的影响。

（1）基体组织的影响　一般铸铁的基体组织有铁素体、珠光体、渗碳体、索氏体和磷共晶，合金铸铁的基体还包括奥氏体、马氏体和特殊的碳化物。这些基体中，铁素体质软，

最不耐磨，故在一般的耐磨铸铁中，铁素体的量限制在15%（质量分数）以内；自由渗碳体硬而脆，不仅有损于对偶件表面，本身也容易脱落成磨料使磨损增大，所以应尽可能减少自由渗碳体的量；珠光体实际上就是软质的铁素体与硬脆的渗碳体的组合，是适用于作为减摩材料的一种基体组织，珠光体的形状以片状为佳；硬而脆的磷共晶对耐磨性的影响较大，它在基体中起着骨架作用，若与基体结合牢固，对耐磨有利，若与基体结合不牢，则易碎裂脱落而成为磨料使耐磨性降低；奥氏体具有较好的热稳定性，且在摩擦过程中会产生加工硬化现象，有强化作用，使磨损减少，尤其是在冲击载荷不大的磨料磨损中，其耐磨性比普通灰铸铁要高1~2倍。此外，合金铸铁基体中的莱氏体、马氏体及特殊碳化物，都具有高硬度，不易变形，经热处理后又有一定的韧性，这种基体对抗磨料磨损十分有利。

（2）石墨的形状、大小及分布　此因素对铸铁耐磨性的影响较大。石墨的存在，一方面，由于自身的“自润滑”性和导热性好、吸附性强等而有利于耐磨；但另一方面，对基体的割裂，尤其是石墨量过多、形状粗大、分布不均时，则对基体强度的削弱甚大，会降低其耐磨性。

（3）化学成分的影响　铸铁中化学成分对耐磨性的影响是通过组织的改变起作用的。常规的五大元素（C、Si、Mn、P、S）对耐磨性的影响各有不同，碳是以石墨和化合碳的形式存在于铸铁中，增加碳含量，石墨含量会增多，在一定范围内是有利的，过量则对耐磨不利。

为了适应不同工况条件对耐磨性的要求，还需要在铸铁中加入其他适量的合金元素（Ni、Cr、Cu、Ti、V、Mo、W、稀土等）来强化基体或形成特殊的碳化物，提高其耐磨性。其组织应满足：多相、有稳定的固溶体和强化相以及晶界强化等基本要求。

2. 耐磨铸铁的种类

目前，耐磨铸铁的种类繁多，但从摩擦学观点出发，按摩擦条件不同可分为下述两类。

（1）适用于润滑条件下工作的耐磨铸铁　在润滑条件下工作的耐磨铸铁，除要有较高的耐磨性外，还应有较好的减摩性，即配对使用时摩擦副之间的摩擦因数要小或摩擦功的损耗应少。在这种工作条件下，摩擦面的磨损形式主要是粘着磨损、疲劳磨损和腐蚀磨损，适应这种工况条件的耐磨铸铁主要有磷系铸铁、硼铸铁、钨铸铁等。

（2）适用于干摩擦和在液体介质条件下工作的耐磨铸铁　这里主要是指能承受不同形式的磨料磨损和腐蚀磨损（包括气蚀）的耐磨铸铁，包括普通白口铸铁、合金白口铸铁（如硬镍白口铸铁、高铬白口铸铁、钨系白口铸铁）等。

7.2 减摩材料

各种机器中许多摩擦副要求摩擦阻力尽可能小，即摩擦因数尽量低，以降低摩擦损耗，提高使用效率；同时还要有较好的耐磨性，确保持机器的使用寿命和可靠性。为此，摩擦副材料应有良好的减摩性和耐磨性，轴与轴承所组成的摩擦副就是这方面的一个典型例子。为了减少轴承的摩擦损耗和适应其在运转过程中摩擦状态转化的特点，除了合理的结构设计外，正确地选择轴承材料尤为重要，这就需要选用相应的减摩材料，以满足不同的工况条件与要求。

机械行业中广泛使用的减摩材料除金属外还有各种工程塑料、高分子复合材料、无机纤维材料等非金属减摩材料。但这些材料仅适用于特殊的工况条件，如高真空、腐蚀介质等。下面仅讨论金属减摩材料的有关问题。

7.2.1 对减磨材料的要求

作为减磨材料需要满足多方面的要求，但都离不开工况条件，即不同的摩擦状态（干摩擦、边界摩擦还是液体摩擦）、作用载荷的大小及特性（静载、交变载荷或冲击载荷）、相对滑动速度、摩擦副的加工制造及装配精度、润滑介质的种类与质地以及摩擦副的结构形式和冷却条件等。不同的工况条件，对材料的要求也有所不同，但基本应满足如下几点：

1）减摩性。这是减摩材料最重要的性能，它应具有低而稳定的摩擦因数，尤其是当处于边界摩擦、局部摩擦时，摩擦因数应保持较低的值且在摩擦过程中变化不大。

2）耐磨性。不仅减摩材料本身耐磨性要好，且对轴颈的磨损也要小；此外，还应有良好的抗粘着性，即当油膜破裂后，摩擦面局部直接接触处不会产生大量的热和明显的金属粘着现象。因此，减摩材料的抗粘着性不仅与高温时合金表面保持边界润滑油膜的能力有关，而且还与摩擦表面形成氧化膜的能力有关。

3）良好的顺应性和对异物的嵌藏性。材料的表层应有一定的塑性变形能力，以适应或减少安装、制造误差的影响，尽快使轴颈与轴承接触面达到最大值，迅速进入稳定磨损阶段。嵌藏性是指当油中的杂质、硬的金属微粒或尘埃落到摩擦面上被嵌入减摩合金的表层而不致划伤轴颈影响表面的性质。

4）足够的强度。摩擦副总要承受一定的负荷，材料应有一定的强度（抗拉、抗压、抗冲、抗剪、抗疲劳等）与之相适应。对减摩材料来说主要是：

① 一定的抗塑性变形的能力是保持轴承或摩擦副有一定形状和尺寸所必需的；但不能太大，否则会影响其顺应性。一般通过控制减摩合金的表层的厚度来解决这一矛盾。

② 良好的抗疲劳性也是减摩材料的重要性能之一。因减摩材料往往是在承受交变循环载荷或冲击载荷的作用下工作，即具备产生疲劳的条件；由于存在制造误差和摩擦温度的变化所产生的残余应力，也会加快疲劳的发展。因此，减摩材料应具有高的抗疲劳能力。

5）良好的物理、化学性能。应有高导热性和热容量，热膨胀系数小，对油膜的吸附性强，抗腐蚀性好，以利于摩擦热的导出、油膜的形成和保持。

6）工艺性好，生产简单，成本低。

要完全满足上述要求是困难的，选择时应根据不同的工作条件，以满足其主要的性能要求为原则。

7.2.2 减磨理论简介

关于减摩材料的减摩理论及减摩机理，至今仍未有统一的结论。早在 1898 年，沙尔兵就已提出：作为减摩轴承合金材料的金属组织，应该是在软基上分布着硬质点。他认为：硬相或硬质点的摩擦因数不高，硬相对轴颈不产生咬合；硬质点承受载荷且与软相形成的沟槽是提供接触处润滑与冷却的主要条件；软基可以使压力均布于各硬质点上。在相当长的时间内，人们研制新的减摩材料或轴承合金均从这一理论出发，并用此来解释典型的减摩材料——巴氏合金（白合金）的减摩机理。而鲍登和泰勃则提出减摩合金应由低熔点金属组成，当摩擦时，表面上局部所产生的高温，使低熔点金属熔化而流向别处，熔化的金属液将起润

滑作用而防止摩擦表面之间产生的金属“焊合”，并于1945年根据实验结果指出：铜铅合金是由软相嵌在硬基上的结构组成，它与沙尔兵提出的结构恰好相反，但仍具有优良的减摩耐磨性，并通过对锡基巴氏合金与无硬相的锡基软基体合金在同一实验条件下进行对比实验，其结果是二者的摩擦因数和磨损量都差不多，因此，认为硬相在合金中的作用并不大。1952年，赫鲁索夫（M. M. Xpymob）和库林娜（A. I. Kyphmbmha）对巴氏合金减摩机理的研究指出：硬相的作用并非是承受载荷，而是起加强基体的作用，因摩擦过程中硬相受压下陷，摩擦表面由软相覆盖且破碎的硬相将聚集；其次，硬相与软基结构所形成的微观峰谷并不是减摩性的一个有利标志，而是摩擦过程中的一种磨损形式。因此，不能用唯一的理论来解释不同轴承合金的减摩机理，对于不同的摩擦条件，不同的材料有各自不同的减摩机理。鲍登和泰勃进一步在硬基上涂一薄层塑性好的材料，且与“粘性”小的材料配对时，仍得到较好的减摩效果，这再次证实了沙尔兵理论的局限性。

减摩材料除应具有良好的减摩性外，还应有较好的耐磨性。底斯沃尔茨和弗列斯特对不同轴承合金的耐磨性与其物理性能之间关系的研究表明：晶格常数大的材料，相对磨损率较大；熔点高、比热容大的材料，其磨损也大；形成氧化膜的亥姆霍兹自由能越大，磨损越小。其关系可用下式表示，即

$$\frac{\mathrm{d}w}{\mathrm{d}t}=\frac{\mathrm{HV}\cdot A^{3}}{F^{2}}\sqrt{Tc}$$

式中　$\frac{\mathrm{d}w}{\mathrm{d}t}$——相对磨损率，即在相同实验条件下轴承材料的磨损速度和巴氏合金材料的磨损速度的比值（量纲一的量）；

T——低熔点组分的熔点（℃）；

c——材料的比热容；

A——材料中主要成分的原子大小尺寸（Å，1Å = 10^{-10}m）；

HV——维氏硬度；

F——主要元素在1kcal/mol（1kcal/mol = 4186.8J/mol）氧中形成氧化膜的自由能。

7.2.3　减摩材料的摩擦磨损特性

从减摩材料在工作过程中的摩擦磨损特性看，作为轴承材料而言，在其整个工作过程中不可能完全实现液体摩擦。当起动、停车、换向以及载荷、转速不稳定时，或润滑条件不好、几何结构参数不恰当而不能建立起可靠的油膜时，摩擦副无法避免地发生局部的直接接触，处于边界摩擦或干摩擦的工作状态，或者从液体摩擦转变为边界摩擦和干摩擦状态。在这种工作条件下，如何有效地保持基体上最小的摩擦转速和磨损率是要研究的问题。无论组织是软基上分布着硬质点，还是硬基上分布着软质点，硬相的作用是承受载荷，还是强化基体等，都应依据前述的摩擦、磨损规律，设法在边界摩擦或干摩擦状态下，或摩擦状态发生转变时，减少摩擦面间的分子吸引力（粘着力）和相互交错的表面微观不平度所产生的机械阻力，以及在不同的摩擦状态下，尤其在非稳定负荷作用的液体摩擦时减少油膜压力的脉动和初循环变化而引起材料的疲劳磨损。为此，对于减摩材料的组分结构、性能，应从其摩擦、磨损特性考虑以下几点：

1）采用对钢、铁互溶性小的元素，即与金属铁的晶格类型、晶格间距、电子密度、电

化学性能等差别大的元素，如周期表中的 B 族元素（Ag、Cd、In、Sn、Sb、Zn、Al 等）及 Pb、Cu 等元素。这些元素与铁配对完对铁的互溶性小或不溶或形成化合物，这样对钢铁的粘着性与擦伤性较小，即可减少其分子间的引力影响。

2）金相组织应具有多相结构，这不仅有利于强化基体，提高材料的力学性能，且粘着的倾向性也小。多相结构中各相之间牢固的结合，有利于承受高的疲劳应力，即对提高抗疲劳磨损有利。

3）有塑性好的薄表层，易变形而降低真实接触点上的压力和减少摩擦接触表面交错峰谷的机械阻力。

4）为了减少或降低摩擦时由于真实接触点上的高温作用而使接触处产生强烈的粘着现象所造成的摩擦阻力，除表层应有易变形的塑性薄层外，材料组分中还应有适量的低熔点元素，以利用真实接触点产生的高温而熔化，随摩擦力的作用展平于摩擦面，使温度分布较为均匀，而且熔融状态的薄层还有一定的润滑作用。

5）为适应不同工况的摩擦条件，材料的导热性要好，热容量要大，这样有利于摩擦热的散发及承受摩擦热，从而减少摩擦粘着点的阻力和产生粘着磨损的可能性。材料的疲劳强度要好，这是为了适应有交变或循环载荷作用的工作条件，也是不过早发生疲劳磨损的重要条件。

6）摩擦过程中氧化膜的迅速产生，有利于减少摩擦和磨损，也适用于减摩材料。如高锡铝基合金之所以成为现代高速、高负荷的轴承材料，不仅是因其具有高的抗疲劳强度、抗粘着和抗腐蚀能力，还与摩擦过程中铝基易与空气中的氧起作用而生成氧化膜这一特点有关。氧化膜的迅速产生，有利于防止或减少金属基体间的直接接触，从而减少“粘着”的影响和深度方向的划伤；而且可防止油中有机酸的腐蚀作用而产生的腐蚀磨损。但硬而脆的氧化膜对轴颈的顺应性和异物的嵌藏性不利，且本身也易成为磨粒，这可通过轴颈的表面处理和良好的密封，以及加强油的过滤来解决。

7）材料的表面应对润滑油的化学吸附力强，以减少或防止油膜破裂使金属基体直接接触。因此，在边界摩擦条件下，对减摩材料的表面进行活化处理，使之形成强而韧的油膜，也是提高减摩性的重要措施之一。

8）利用摩擦过程中摩擦状态转变时，摩擦副表面间产生的物理-化学变化或中间产物来保持或稳定最小的摩擦因数和磨损率，这是当前减摩材料新的研究动向。例如，在一定的条件下铜合金与钢摩擦，当产生“选择性效应”时，摩擦因数将明显降低，磨损减少。

9）减摩材料的磨损形式有粘着、疲劳及腐蚀磨损。在不同的工况条件下，即速度和负荷的大小与特征、温度的高低、润滑条件及气体介质等同时存在两种或两种以上的磨损形式，摩擦状态转变时，磨损的形式及主次也将发生变化。在一般正常运转条件下，即形成液体摩擦时，摩擦副表面完全被油膜隔开，摩擦表面间的外摩擦损耗转为油膜中的内摩擦损耗，摩擦因数值很小，摩擦面几乎无磨损。但在不稳定负荷作用下，轴颈与轴承间不能连续地保持均匀的楔形油膜时，轴心径向移动产生的“挤压效应”使油膜压力不断地脉动变化而产生局部高温，以及减摩层在循环或交变应力的作用下使表面易形成疲劳裂纹并进一步向纵深发展而剥落，即产生疲劳磨损。另外，油膜层的内摩擦所产生的高温，使油中的有机物分解，与空气中的氧反应，生成有机酸，对表层材料有腐蚀作用而引起腐蚀磨损。边界摩擦时，则以摩擦副表面发生局部的直接接触而产生的粘着磨损以及油中异粒作用产生的磨料磨

损为主要磨损形式。因此，减摩材料的磨损与其工况条件和摩擦状态关系很大，就其材料本身的耐磨性而言则取决于：

① 基体的性质及其塑性变形过程中的特性。

② 强化相的性质、数量和分布，以及在摩擦过程中的变化特点，能否产生自润滑物质等。

③ 过剩相与基体相互作用的特点，即在一定的摩擦条件下，不同温度时的互溶度，与基体的比例关系，在溶解过程中可逆转变能力和在固溶体基体中析出硬相的能力。

1. 巴氏合金

巴氏合金又称白合金，最早用于轴承作为减摩材料。按组成基体的主要元素划分，巴氏合金有如下两类：

(1) 锡基巴氏合金　其化学组分是以锡（质量分数为78%～93%）为主，另外加入锑（质量分数为4%～14%）和铜（质量分数为3%～8%），但各国标准有所不同。从Sn—Sb二元合金图可知，在一般温度下，锡中可溶7.5%左右的锑而形成γ固溶体，锑的质量分数超过7.5%时，则结构中易出现立方晶格的SbSn脆性晶体，锑固溶于锡中，其作用是既增大硬度又可保持较高的塑性。但锑的质量分数大于7.5%时，缓慢冷却则会产生偏析，为了克服这种偏析现象，需加入少量的铜，Cu、Sn在三元合金系中是以树枝状的脆性初晶出现。SbSn相则分散其间从而防止偏析。故锡基合金的组织为：固溶体+铜锡化合物（Cu_6Sn_5）和少量的SbSn化合物。锑、铜的质量分数对锡基巴氏合金力学性能的影响如图7-5所示。温度一定时，锑、铜的质量分数增加，合金的抗拉强度、硬度、屈服强度均有增大。

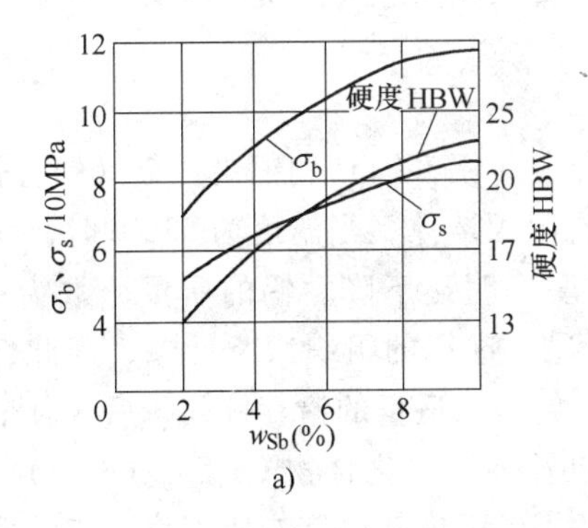

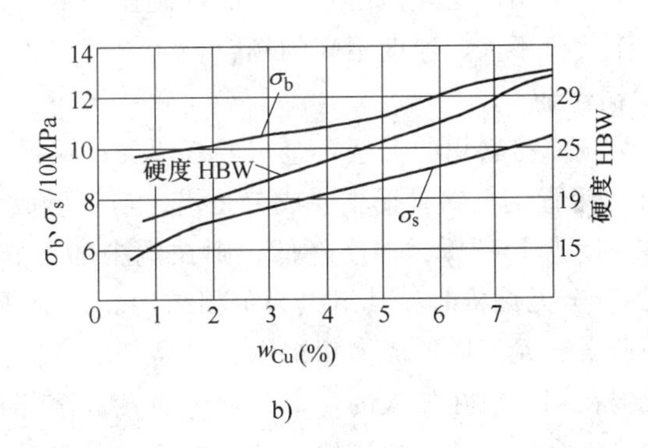

图7-5　锑、铜的质量分数对锡基巴氏合金力学性能的影响

锡基巴氏合金有良好的减摩性，对轴颈的顺应性、嵌藏性好，抗腐蚀性高，对钢背（经镀锡）和青铜的粘着性好；其主要缺点是抗疲劳强度较低，且随温度的升高，机械强度急剧下降（图7-6），易出现疲劳剥落破损，最高运转温度一般不应超过150℃；为了增加合金的疲劳强度，可降低巴氏合金的工作温度和减少减摩合金层的厚度。一般来说，减摩合金层的厚度愈薄，其疲劳寿命越长。但当厚度小于1mm时，沿SnSb晶界易出现裂纹，疲劳强度将明显降低，且合金层的减薄还会降低对轴颈的顺应性，并使制造工艺性变差，故减摩合金层的厚度不宜小于3mm。另外，限制对锡基巴氏合金性能有害元素的含量，如限制铁、砷、锌、铝等元素的含量；或者添加少量能细化组织、强化基体的合金元素，如加入少量的镉、银、镍、磷、碲等，都可提高其疲劳强度。这些技术已在船用大型低速柴油机轴承材料

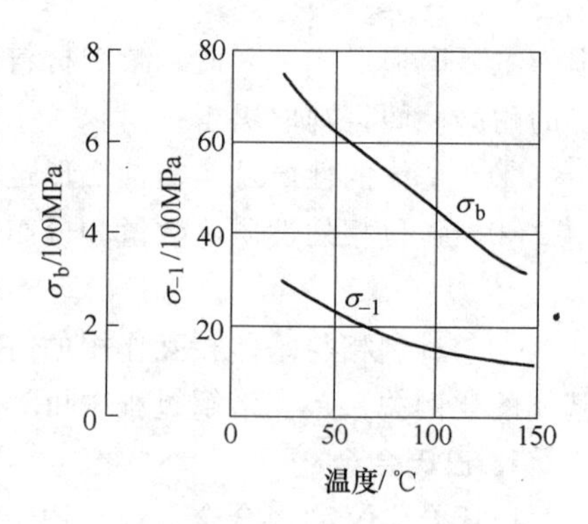

图 7-6　温度对锡基巴氏合金抗拉强度和疲劳极限的影响

中得到应用。

（2）铅基巴氏合金　是以铅元素为主，加入适量的锑（质量分数低于10%～18%）和锡（质量分数低于20%）而组成的减摩合金。按其中锡含量不同可分为：①无锡铅基巴氏合金，由铅锑二元共晶和过剩的锑硬化相构成的白合金；②锡的质量分数为5%～6%的铅基巴氏合金，组织为混合的共晶体；③三元共晶（Pb—Sb—Sn）+二元共晶（Pb—SbSn）+锡溶于锑中的硬化相。上述三类铅基巴氏合金与锡基巴氏合金一样，其金属组织均在软基（二元或三元共晶体）上分布着硬质点（或硬化相）所组成。硬化相的数量和合金的硬度随锑含量的增加而增大，但锑的质量分数超过18%时，脆性明显增大，不能使用。铅基巴氏合金中由于有二元和三元共晶体的存在，塑性比锡基巴氏合金小，偏析倾向大。加入少量铜（质量分数为0.5%～2%）可减少偏析，加入铈可增大合金的硬度、降低高温时的脆性和偏析，但铅基巴氏合金中含铈时，则与钢背的粘着性差，所以铈量一般为1%～3%。为改善综合性能，还可加入其他微量合金元素，如硫、镍、硅等。

锡基与铅基巴氏合金的强度和减摩性较接近，铅基巴氏合金突出的优点是成本低、高温强度好、亲油性好、有自润滑性，适用于润滑较差的场合；但耐腐蚀性和导热性不如锡基巴氏合金，对钢背的附着力差。这两种减摩合金都有良好的减摩性，长期以来作为典型的减摩轴承材料，应用广泛。但由于它们的机械强度不高，耐温性较差，使用范围受到限制，目前主要用于负荷不大、速度不高的场合。

2. 铜合金

作为减摩材料用的铜基合金主要有两类：铜锡合金（锡青铜）和铜铅合金（铅青铜）。

（1）锡青铜　锡青铜主要成分是锡，与铜形成有限固溶体，当温度为520℃时，锡在铜中的溶解度为15.8%，温度降低，则在铜中的溶解度将明显下降。锡的质量分数为7%～8%的铜合金无偏析时，其组织为单相结构。据前所述，这样的组织减摩性差，因此，需加入另一些合金元素以形成多相组织，提高其减摩性。如加入适量的铅、锌或磷后，合金中就可形成锡在铜中或在加入的合金元素中的α固溶相以及金属间化合物 Cu_3Sn_8（δ相），增加合金的抗咬合性和顺应性。加入锌可提高合金的塑性，但强度和硬度有所下降，流动性可增加，这对铸造形状复杂的工件十分重要。磷可脱去铸造青铜中的氧和形成新的硬化相，如当磷的质量分数超过0.03%时，合金中就出现较硬的磷体铜；磷还影响锡在铜中的溶解度，引起δ相含量的增加；过量的磷还可提高合金的抗粘着性、硬度和流动性。因此，相对滑动速度不大时，磷青铜有较高的承载能力。镍可改善合金铸造性能及超细化晶粒的作用。

（2）铅青铜　当合金中铅的质量分数为25%～40%，其余为铜时，组成的二元铅青铜称为铅合金；而铅的质量分数为5%～25%，锡的质量分数为3%～10%，其余为铜所组成的三元合金才称为铅青铜。在铅青铜中铅含量增加，自润滑、抗粘着性、顺应性及嵌藏性均增高，但抗疲劳性下降，工艺性恶化，偏析现象增大。

3. 铝基合金

铝基合金是以铝（质量分数60%～95%）和锡（质量分数5%～40%）为主要成分的

合金，其组织在硬基（铝基）上分布着软质点（锡）。低熔点的锡在摩擦过程中易熔化并覆盖于摩擦表面，起到减少摩擦与磨损的作用。硬的铝基可承受较大的负荷，在表面易形成稳定的氧化膜，既有利于防腐蚀，又起减摩作用。因此，铝基减摩合金具有耐疲劳强度高、抗腐蚀性好、工艺性好等优点，在世界各国广泛用于各类轴承的材料，尤其适用于在高速、重载条件下工作的轴承。

根据铝基合金中锡含量不同，可分为低锡（质量分数低于6%）和高锡（质量分数大于20%）两类。前者因锡含量少，本身硬度较高、耐疲劳性和强度高，但抗咬合性及顺应性、嵌藏性差，为了改善低锡铝基合金的表面性能，往往在合金的表面上再镀一层厚度为0.015～0.02mm的铅锡合金或其他软金属层。铝基合金中锡含量增加，则抗粘着性增大（图7-7），高锡铝基合金的抗粘着性与铜铅合金差不多。因软质的锡量较高时，摩擦过程中锡易均布在摩擦表面上起润滑作用。

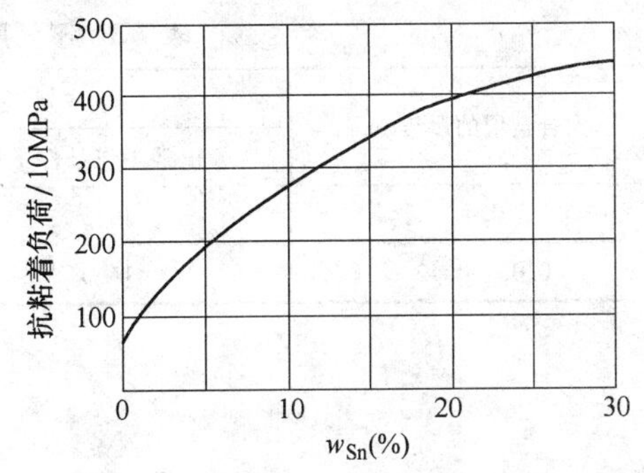

图7-7 锡含量与粘着载荷的关系

摩擦初期表面上锡的浓度较高，但易被磨掉，需再加入其他合金元素，如镉、铅等，以形成软质低熔点的结合状态，改善其抗粘着性。锡量增高，抗粘着性虽好，但抗疲劳性下降，为保证足够的力学性能和耐久性，铝基合金中的锡应分布均匀、细小。为此，要添加少量的镍、铜、硅、镁等元素细化晶粒，改善锡的分布和强化基体等，或采用热处理方法来细化晶粒。

常用的减摩材料除了上述三种外，还有多层合金减摩材料、粉末冶金减摩材料、金属纤维减摩材料、金属塑料减摩材料、减摩铸铁等。

7.2.4 减摩材料的选择

上述各类不同性能与特点的减摩材料，分别适用于不同的工况条件及要求。因此，减摩材料的选择首先应考虑工作条件：速度和负荷的大小与特征、环境介质的特点（气体的温度、湿度、有无腐蚀介质等）、润滑条件及摩擦副的结构参数等。长期以来，为了保证轴承摩擦副的正常运转，主要是以限制工作单位压力（p）和单位压力与轴颈圆周速度的乘积（pv），作为选择轴承材料的依据和轴承设计的工作准则。但这仅是近似的或粗略的，因为在不同的摩擦状态下，摩擦副的失效形式是不同的，即磨损形式不一样。如前所述，在正常的液体摩擦状态下，轴承摩擦副表面主要是以疲劳磨损的形式失效的，故减摩材料需要有足够的抗疲劳强度。当选用的材料是巴氏合金时，为提高其疲劳强度，可采取下列措施：减少巴氏合金层的厚度；利用青铜或黄铜作衬套，增大摩擦热的散发以降低油温；用热胀系数相差不大的材料作衬套，以减少结合处的残余应力；提高摩擦副的加工和装配精度及表面施工质量等。不同厚度的巴氏合金层，其许用压力是不同的（见表7-3）。因此，影响减摩材料的摩擦磨损性能，不仅是压力和速度，还与其他许多因素有关。研究表明，轴承材料的磨损速度可用下式表示，即

$$I_v = Kp^m v^n$$

式中 K——表征材料耐磨性和摩擦副工作条件的特性系数，它与摩擦副的材质、表面几何形状和润滑条件等有关，由实验确定；

p——摩擦面单位压力；

v——轴颈的圆周速度；

m、n——其他影响磨损因素的实验参数，一般条件为 $1<m<3$，对抛光面 $m\approx1$。

故在一般情况下，选择减摩材料时，除了摩擦副工作的条件外，还要考虑制造摩擦副的工艺因素和结构特点。

表 7-3　不同厚度巴氏合金的许用压力

巴氏合金层的厚度/mm	许用压力 p/MPa		
	正常工作条件下	重载时	最大许用压力 p_{max}/MPa
0.4	10.5	7.0	14.0
0.05～0.12	14.0	10.5	24.5

第 8 章 润滑剂和添加剂

8.1 概述

润滑剂分为固体润滑剂、液体润滑剂和介于二者之间的半固体（胶体）润滑剂。固体润滑剂如石墨、二硫化钼等；液体润滑剂多为油类物质，一般称为润滑油；半固体润滑剂即润滑脂。

润滑油除了起润滑作用外，还具有以下一些作用：

（1）冷却和清洗　利用润滑油的循环流动，把机械设备中摩擦产生的热量带走，以保证机械设备不过热；并能够把机械零件摩擦表面上产生的磨屑和杂质及时带走，以减少设备磨损。

（2）密封　在内燃机气缸中，润滑油可以防止气缸中的高压气体从活塞环和气缸壁之间泄漏出去，避免发动机功率下降。

（3）防腐　润滑油附着在机械设备的金属表面上，可防止大气中的水汽或水与金属直接接触，以防止腐蚀。

但是，润滑脂只有密封、防腐和润滑作用，而没有冷却清洗的作用，固体润滑剂只有润滑作用。

由于机械设备品种繁多，工作条件也各不相同，相应地出现了多种润滑油。目前我国生产的润滑油品种多达数百种。根据润滑油所润滑的机器种类和结构部件的特点，润滑油可分为喷气机润滑油、航空润滑油、汽油机润滑油、柴油机润滑油、压缩机润滑油、冷冻机润滑油、气缸润滑油、机械润滑油、仪表润滑油、车轴润滑油、齿轮润滑油、特种润滑油、精密机床润滑油、其他用途润滑油等；按机械使用条件的苛刻程度，可分为轻级、中级和重级润滑油，高速和低速润滑油，高温和低温润滑油等级别。润滑油的牌号则按运动粘度（单位为 m^2/s）的平均数划分。

润滑油是由基础油加添加剂调和而成的，而基础油是从原油加工后得到的。原油是一种混合物，将原油进行“常减压蒸馏”可以得到不同温度范围的馏分。

润滑油馏分是由沸点较高的烃组成，在常压下加热到 350℃以上，该馏分会分解或结焦，一般在减压下进行蒸馏，塔内实际压力（残压）只有 5.33kPa，即真空度为 95.99kPa。由减压蒸馏侧出来的润滑油馏分，含有不利于润滑作用的有害成分，即非理想物质，必须经过精制，成为润滑油基础油，再加入添加剂调和即成润滑油。润滑油的精制方法，传统工艺上有溶剂精制、溶剂脱蜡和白土补充精制等。渣油型润滑油是先用丙烷脱去沥青，再进行精制。加氢精制现已逐渐取代白土精制和电—化学精制。根据产品的要求，经过一系列的精制后便得到合格的基础油。

8.2 润滑油的理化性质

润滑油的理化性质不仅用于指导润滑油的加工和评定产品质量，而且在一定程度上反映了油品的使用性能。

8.2.1 润滑油的流变性

润滑油在流动时的性质称为流变性。粘度是评价油品在层流状态下流动性能的重要指标，粘度随着温度、压力、剪切速率的变化而变化，它对油品的使用性能有很大的影响。

1. 粘度与温度的关系

润滑油的粘度随温度的变化而改变，而且变化的幅度很大。有些设备，如车辆的发动机，在正常工作时，被润滑部分的温度高达150~200℃，停车后在寒冷地区会降至-40℃以下，这对油品的粘温性质提出了苛刻的要求。此时，如果润滑油选择不当，不是低温时发动机不易起动，就是高温时粘度太低，不能形成液体润滑。粘温性质是指粘度随温度变化的性质，通常用粘度比、粘度指数、粘度温度系数来表示。

粘度比是同一油品在50℃和100℃时的运动粘度之比，即ν_{50}/ν_{100}。粘度比比较直观，但是只有粘度接近的油品，才可用粘度比进行比较。粘度比越小表示粘温性质越好。用大庆原油生产的润滑油，其粘度比都比较小，一般为5~8。

粘度指数也是一种常用的表示粘温性质的方法，在国际上较为通用，一般用V.I.表示。油品的粘度指数越高，其粘温性质越好。

$$\text{V.I.} = \frac{L-\nu}{L-H} \times 100 \tag{8-1}$$

式中 H和L——好油（V.I.=100）和坏油（V.I.=0）在37.8℃时的粘度；

ν——被测试的样品油（试油）在37.8℃时的运动粘度。

若要计算出某油品的粘度指数，应先测出该油品在98.9℃和37.8℃时的运动粘度，根据相关资料上的数据，便可计算出其粘度指数。

2. 粘度与压力的关系

润滑油的粘度随压力增高而逐渐增大，但通常只有当压力较高时，其粘度才会显著增大。当压力小于5MPa时，粘度变化很小，可忽略不计。当压力在0~50MPa范围内，可用巴鲁斯（Barus）公式计算粘度随压力的变化值，即

$$\eta = \eta_0 e^{\alpha p} \tag{8-2}$$

式中 η_0——大气压力下的动力粘度；

p——压力；

α——压粘系数，由试验确定。

上述方程对于环烷基油，其计算结果基本准确，但对于石蜡基矿物油，在高压时计算值比实测值偏高。

3. 粘度与油品化学组成的关系

油品粘度反映了油品内部分子间的摩擦，因而它与分子的大小和结构密切相关。随着油品密度增大，沸点升高或烃类相对分子质量增加，粘度增大。当烃类相对分子质量相近时，

烷烃的粘度最小，环烷烃的粘度最大，而芳香烃介于两者之间。无论是芳香烃还是环烷烃，其粘度指数都随环数的增加而降低。为了制备粘温性质良好的润滑油，应尽可能除去油品中的胶质、沥青质等非烃类化合物以及多环短侧链的化合物，而保留少环长侧链的化合物。

8.2.2 润滑油的氧化性质

润滑油在使用和储存时，不可避免地会与空气中的氧接触，在一定条件下，会发生反应，这种反应称为润滑油的氧化，更确切地说，称为润滑油的自动氧化。氧化反应通常在液相中进行，氧化产物为酸性物质和沉积物。酸性物质会腐蚀机件，沉积物会使发动机的活塞环粘结，产生的油泥会堵塞过滤器和油管，绝缘油氧化后会使介电损失增大。因此，油品使用到一定程度后，就必须清洗机件，更换新油，若要延长润滑油的使用寿命，必须改善油品的氧化性。润滑油的氧化性能除与其组成密切相关外，外界条件及使用状况也会产生很大影响。温度对氧化速度也有很大影响，一般在20~30℃或更低温度下，氧化速度很慢，长期储存在油罐中的润滑油，虽然在整个储存期间都与空气接触，但其性质没有多大变化。当温度升到50~60℃时，氧化速度比较明显，温度再升高，氧化速度也随着加快，最后导致酸性物质增加，生成大量的沉淀和漆膜。金属对润滑油的氧化有催化作用，铜、铅、锰、铁及其氧化物是最好的氧化催化剂，生成的有机酸盐也能加速油的自动氧化。金属铝和锡则不会加速润滑油的氧化作用，而且它们的某些盐类甚至还会阻碍氧化作用的进行。

润滑油的使用状况对氧化有一定影响。一般来说，润滑油在使用中有两种状况：一种是薄层氧化，油膜的厚度小于200μm，在工作状态中与空气中的氧接触，操作温度也较高(200℃以上)，例如内燃机中活塞与气缸壁间的润滑状态就是薄层氧化；另一种是厚层氧化，即油层很厚，用油量大，操作温度一般较低（100℃以下），例如变压器中的油和油箱中的油等。厚层氧化反应缓和，只要加入抗氧化添加剂，油品在较长时间内（以年计）不发生显著的氧化。对于薄层氧化，由于工作条件苛刻，到目前为止还难以使其不发生显著的氧化。

8.2.3 润滑油的表面张力及乳化与起泡现象

润滑油的使用性能在很多方面与其表面性质有关，例如：油的乳化与破乳是液—液表面间发生的表面现象，防锈是液—固表面间的相互作用，润滑油的承载能力更是与润滑剂以及固体表面的吸附和反应有关。

表面张力的产生是由于液体表面的分子受力不均所致。位于液体内部的分子，其四周所受的引力是相同的，引力的合力为零。而液体表面的分子则不同，如果液体上方是气相分子，那么上部所受的引力要比下部的力小得多。此时，其引力的合力不均，总是受到液体内部引力的作用。而液体总是趋向于最小的表面积，形成球形的液滴，这种反抗其自身表面积增大的力，即表面张力。润滑油越纯净，粘度越高，其表面张力越大。

润滑剂中有不少产品是用润滑油和水形成乳化液制成的。例如：用于金属加工冷却和润滑的切削液，在制得稳定的乳化液时，必须加入表面活性物质，使润滑油的表面张力降低到2×10^{-3}N/m，润滑油和水就能形成稳定的乳化液。常用的表面活性物质有皂类、脂肪，如硫化鲸鱼油、磺酸盐和羧酸衍生物的酸类能形成油包水型乳化液，而猪油和菜籽油可形成水包油型乳化液。

润滑油起泡会使油箱中的油液面看不清楚，或造成供油不正常，比较纯净的润滑油不会起泡。在润滑油中要消除泡沫，可以加入抗泡添加剂，经常使用的抗泡添加剂是甲基硅油，一般用量为0.001%（质量分数）即可取得良好的效果。

8.2.4 日用润滑油的性能指标

油品的物理化学性质是评定油品质量的重要指标。由于石油和油品形成复杂混合物，它们的组成不易确定，而且很多性质没有可加性。为了便于比较和对照，石油和油品的物理化学性质常用一些条件性试验方法测定。所谓条件性试验，就是采用规定的仪器，在规定的试验条件、方法和步骤下进行的试验。如果改变试验条件，将会得到不同的结果。石油和油品性质测定方法都规定了不同级别的统一标准。其中有国际标准（简称ISO）、国家标准（简称GB）、中国石油化工总公司的部级标准（简称SY）、专业标准（简称ZBE）和企业标准（简称QB）等。各种标准在不同范围内具有法规性。常用润滑油的性能指标有以下几项。

1. 密度与相对密度

密度是指在规定温度下，润滑油单位体积内所含物质的质量数，其单位为g/cm^3，SI单位制中为kg/m^3，我国采用20℃的密度为石油和液体石油产品的标准密度，以ρ_{20}表示。如果是在其他温度下测得的密度称为视密度，以ρ_t表示。

相对密度是指物质在给定温度下的密度与相同温度下水的密度之比。由于4℃时纯水的密度近似为$1g/cm^3$，常以4℃的水为比较基准，以d_4^t表示t℃时油品的相对密度。我国常用相对密度表示油品密度，也称API度（以API°表示）。它与通常密度的概念相反，即API°的数值越大，密度越小。

油品的密度取决于组成它的烃分子的结构和大小。润滑油产品标准中一直保持相对密度这个指标，该指标表明润滑油中所含烃类的成分及对添加剂的敏感性。芳香烃的密度最大，烷烃的密度最小，环烷烃介于两者之间。

2. 闪点、燃点和自燃点

石油和油品是极易着火和爆炸的物质，闪点、燃点、自燃点都是与着火、爆炸、燃烧有关的指标。

（1）闪点　在规定的试验条件下，将油品加热，油温升高，油蒸气在空气中的浓度增加，当油温升至某一温度时，油蒸气含量即达到可燃浓度。当火焰接近油蒸气与空气的混合物时，它就会闪火（随即熄灭），产生这种现象的最低温度称为闪点。润滑油的闪点与其烃类组成、馏分组成有关，馏分的初沸点越高，则闪点也越高，受热时抵抗挥发的性能也越强，在发动机工作时油品损耗小。测定闪点的仪器有闭口闪点仪和开口闪点仪两种类型。

（2）燃点　燃点是指在规定条件下，将油品加热到某一温度时，引火后所形成的火焰不再熄灭，并连续燃烧5s以上的最低温度。燃点一般比开口仪闪点高20～60℃。

（3）自燃点　自燃点是指自行燃烧的温度。将油品加热到某一温度，然后使之与空气接触，油品无需引火即产生火焰自燃，发生自燃的最低温度称为自燃点。油品的沸点越低，则越不易自燃，即自燃点越高。这一规律似乎与通常的概念有矛盾，通常油品越轻越容易着火，事实上这是指被外部火焰所引着，而不是自燃。例如：某种原油所生产的汽油闪点为-50～+45℃，自燃点为415～530℃；煤油的闪点为28～45℃，自燃点为380～425℃；航空润滑油的闪点为180～210℃，自燃点为360～380℃。由此可见，油品越轻，闪点越低，

而自燃点越高。这是因为在重油中烃类易被氧化，积累的过氧化物多，容易自燃，而低分子烃难于氧化，高分子烃较易被氧化，所以易自燃。例如 CH_4 不易被氧化，这与燃烧机理有关，这一性质在安全防火方面极其重要。对于轻质油品，应特别注意禁止烟火，以防退外界火源而引燃烷烃。对于重质油品，则应防止高温油品漏油，以免遇到空气引起自燃，酿成火灾。

此外，还应注意油品的静电着火性能。因为各种纯净的油品都是电的不良导体，由于油品与管壁、阀门等强烈摩擦易产生静电，有可能积累大量静电荷，会达到数千、甚至数万伏高压，从而引起火花放电，易发生燃烧爆炸。所以，在油品中，主要在轻质油中加入抗静电添加剂。

3. 凝点和倾点

凝点是评价润滑油低温性能的重要指标。凝点是指在规定的试验条件下油品液面失去流动性的最高温度。凝点是润滑油在低温下使用时重要的控制指标，它决定了发动机在低温下能否很快起动和运转，也是评价油品输送性能的重要指标。

倾点是用来测定原油和深色润滑油低温凝固性能的指标，它是在规定条件下油品液面失去流动性的最高温度。它比凝点能更好地反映油品的低温性能，已被规定为国际标准方法，我国已开始采用。

润滑油中的石蜡、地蜡以及短侧链的多环烃的含量增加，凝点就会随之升高。

4. 酸值、残炭与灰分

酸值是控制和反映润滑油精制程度的一项性能指标，也是判定润滑油废旧程度的指标。石油中都含有少量的环烷酸，这是形成酸值的主要成分。环烷酸虽然酸性很弱，但是对金属，特别是非铁金属具有腐蚀作用，而某些环烷酸的金属盐又有促进氧化的作用。润滑油在使用过程中，由于氧化生成有机酸也会使酸值增大。

残炭是指润滑油在隔绝空气的试验条件下，加热油品，使其蒸发和分解，排出燃烧的气体后，所剩余的焦黑色残留物，用质量百分数表示。残炭值可以反映润滑油精制的深度，炼油厂用这项指标来控制油品的老化程度。

灰分是指在试验条件下，充分灼烧油品所剩下的不燃物，以质量百分数表示。若发动机中灰分增加，会增加气缸体的磨损。润滑油中灰分过大，容易在机件上生成坚硬的积炭。

5. 腐蚀及腐蚀度

腐蚀试验是指按规定的条件将金属片浸入试油中，经过一定的时间后取出，根据其颜色变化来判断油品对金属有无腐蚀，对应于这个试验的性能指标称为腐蚀。所用的金属片为铜片、钢片等。试验温度为 50℃ 和 100℃，腐蚀试验是定性的。腐蚀度试验为定量试验，将规定的金属片在 140℃ 的试油中以 15 ~ 16 次/min 的速度在试油中交替浸入及提出，这样使粘附在金属片表面上热的润滑油膜与空气中的氧定期接触，使金属发生氧化腐蚀，连续运行 50 h 后，按每平方米面积的金属片所损失的质量来确定它的腐蚀程度，以 g/m^2 表示。内燃机润滑油类采用铅片作为试验用的金属片，因为内燃机轴承中较多采用含铅轴瓦。

造成油品腐蚀的原因主要是油中的活性硫化物、金属氧化物的水解生成物、油品氧化后生成的有机酸、含硫燃料燃烧后的生成物以及含四乙基铅汽油燃烧的热解生成物等。

8.3 润滑油的分类及简要介绍

润滑油是主要的石油产品之一，不仅品种多，而且产品性能差异很大。因此，润滑油的分类和标准化问题，一直为世界各国所重视。我国制定了国家标准如 GB/T 7631.1—2008《润滑剂、工业用油和有关产品（L类）的分类　第1部分：总分组》。本节只介绍具有代表性的几种油品。

8.3.1 内燃机润滑油

凡是用于内燃机的润滑油，统称为内燃机润滑油。通常把内燃机润滑油分为汽油机润滑油、柴油机润滑油、船用柴油机润滑油、二冲程汽油机润滑油和铁道柴油机润滑油等。由于内燃机是当代的主要动力机械，所以内燃机润滑油的消耗量很大，我国每年消费的内燃机润滑油占润滑油年耗总量的40%以上。

内燃机润滑油的基本性能

由于内燃机的工作环境温度高、温差大、载荷重，部分摩擦面还处于极压润滑状态，因此要求内燃机润滑油具有以下基本性能：

（1）粘度适当，粘温性能好　为了保证油品的低温起动性能，要求油品低温粘度不能太大，应具有良好的低温流动性。为了保证中高温下的润滑和密封性能，又要求油品粘度不能太小，根据一般流体动力润滑的要求，内燃机使用的润滑油，其100℃的粘度以10mm^2/s左右为宜，粘度指数应在90以上。

（2）抗氧化能力强，热稳定性好　内燃机润滑油的工作温度高，例如，汽油机的活塞环区温度可达200～250℃，曲轴轴承为65～100℃，曲轴箱为40～90℃。柴油机润滑油的工作条件更为苛刻。活塞环区温度可达275～300℃，增压柴油机气缸的平均有效压力可达1～1.5MPa。

同时，润滑油还受到铁和非铁金属同等的催化作用。所有这些因素都会促进润滑油的氧化，生成酸性物质，腐蚀机械。因而必须选择抗氧化性能好的组分作内燃机润滑油的基础油，并加入一定数量的抗氧抗腐蚀添加剂。

（3）有良好的清净分散性能　润滑油的清净性是指油品具有防止深度氧化产物沉积在活塞与活塞环上的能力，而分散性则是指防止生成低温油泥的能力。若燃料和部分的润滑油在内燃机中燃烧生成炭粒和烟尘，以及氧化生成的积炭和油泥聚结成块，沉积在活塞、活塞环槽、气缸壁和二冲程发动机的扫气口，会使发动机增大磨损，散热不良，活塞环粘结，换气不良，排气不畅，油耗上升，功率下降。油泥的沉积，还会堵塞润滑系统，使供油不足。为此，通常应加入清净分散添加剂，使内燃机润滑油具有良好的清净分散性能。

（4）具有中和能力　要求润滑油具有一定的碱性，以中和油品氧化后的酸性物质。柴油机润滑油的碱性比汽油机润滑油强，润滑油的碱性通常用总碱值（TBN）表示。

（5）具有抗磨性能　内燃机轴承的负荷重，气缸壁上油膜的保持性很差。特别是凸轮—挺杆系统间歇地处于极压润滑状态，润滑条件苛刻，很容易造成擦伤；连杆轴承也长期承受冲击负荷，因而要求内燃机润滑油应具有一定的极压性能。通常用加多效添加剂的方法来提高润滑油的抗磨性能。

8.3.2 机械润滑油

机械润滑油应用范围极广，牵涉机械、冶金、煤炭、建筑、石油、化工等各个行业。机械润滑油包括高速机械润滑油、机械润滑油、车轴润滑油、导轨润滑油、轧钢机润滑油、仪表润滑油、缝纫机润滑油等，其中，高速机械润滑油和机械润滑油属于通用油，是润滑油类中的大宗商品，后五种是专用油，用量较少。

1. 选油依据

要做到正确选用机械润滑油，首先必须对机械设备的工况，如负荷、转速、使用温度以及润滑方式等了解清楚。在此基础上，不仅要注意油品的粘度，更要注意其使用性能，如极压抗磨性能等。环境温度及机械运转时的使用温度是选择油品使用温度的依据，油品本身的闪点、蒸发量、热氧化安定性等是大致反映油品使用温度的最高指标，而倾点、低温粘度、低温泵送性则是限制油品使用温度的最低指标。还有一些反映油品使用性能的指标，如工业用油的抗乳化性、起泡性、水解安定性等也是选油时不可忽视的。一些特殊用途的油品还规定了一些特性指标，如电器用油的电气性能、淬火油的冷却特性等都是选用油品必须考虑的因素。

一般机械润滑油的使用条件不太苛刻，工作温度为50~60℃，很少与水蒸气、热空气或其他腐蚀性气体接触。对于室内机械的润滑，其工作条件随季节气温变化不大，因而对这类润滑油的要求不像内燃机润滑油那么高，主要要求它具有合适的粘度，没有腐蚀作用等。机械润滑油的粘度直接影响机械的磨损和动力消耗，对于转速快、负荷小及温度低的摩擦面，宜选择粘度较小的机械润滑油。

2. 其他机械润滑油

主轴润滑油是润滑精密机床主轴的专用油品，它是以精制的润滑油馏分为基础油，加入抗氧、防锈和抗磨等添加剂制成的。主轴润滑油的特点是粘度低并具有一定的抗磨性，还具有缓蚀性和良好的氧化安定性和抗泡性。

导轨润滑油是润滑精密机床导轨的专用油品。它是用精制的润滑油为基础油，加入油性剂、抗氧化剂和缓蚀剂调制而成。

仪表润滑油是用于润滑仪器仪表中的轴承和传动机构中各摩擦部位的专用油品。其基本要求是降低摩擦，因为摩擦是影响仪表的灵敏性和准确性的主要原因之一。因此，要求仪表油具有良好的润滑性和氧化安定性，并对金属有防腐、防锈作用。此外，还要求油的粘度小、凝固点低，而且使用的温差范围较宽。这种油还可用于润滑以二氧化碳为冷冻剂的冷冻机。

8.3.3 齿轮润滑油

齿轮润滑油是各种齿轮和蜗轮蜗杆传动装置使用的润滑剂，其工作条件与其他润滑油有很大差别。其主要特点是：

1）齿轮间啮合部位的接触面很小，承受很大的比压，一般汽车和拖拉机齿轮的比压高达2000~2500MPa，准双曲面齿轮啮合部位顶端比压达到3000~4000MPa。

2）齿轮表面的速度高，常达3.0~5.0m/s。

3）齿轮的啮合表面同时存在滚动和滑动两种运动形式，在此情况下，齿轮润滑油极易从齿间被挤压出来。

4）齿轮油的工作温度随气温和摩擦热而变化，一般温度不太高。

齿轮润滑油的主要使用性能是粘度、负载性、低温流动性和抗氧化安定性。粘度对齿轮润滑油的影响很大。在压力很高时，仅靠增大粘度已无法防止磨损的出现，而增大粘度会导致低温流动性变差。因此，要求齿轮润滑油具有极强的负载性，以保证在摩擦部位上形成牢固的油膜。通常采用加入极压添加剂（如S-P型添加剂）的方法来提高齿轮润滑油的承载能力。齿轮润滑油在使用中受外界气温影响较大，应根据冬、夏季的气温，选择不同粘度和凝点的齿轮润滑油。

齿轮润滑油按其用途可分为工业齿轮润滑油和车辆齿轮润滑油两大类。工业齿轮润滑油又分成密闭式和开式两种，前者用于润滑具有齿轮箱的齿轮，而后者则用于无齿轮箱的齿轮。密闭式工业齿轮润滑油根据其载荷不同，分为普通工业齿轮润滑油、一般极压工业齿轮润滑油和极压工业齿轮润滑油三种类型。

工业齿轮润滑油是以精制过的矿物油为基础油，加入抗磨、抗氧、抗腐蚀、抗锈蚀、抗泡添加剂而制成，可用于负荷较大、转速慢的齿轮箱和蜗轮蜗杆箱。

极压工业齿轮润滑油的特点是含极压添加剂的剂量高（质量分数7.5%～8%），而一般工业齿轮润滑油的极压添加剂质量分数小于1%。我国极压工业齿轮润滑油中的极压添加剂为S-P型。

准双曲面齿轮润滑油主要用于汽车中准双曲面齿轮的润滑，其消费量很大，在齿轮润滑油的总用量中占有很大比例。准双曲面齿轮是近代汽车通用的减速装置，比其他齿轮工作条件苛刻。它要经受振动负荷，这主要发生在迅速减速的情况下。这时，齿间负荷非常大，齿间比压可能超过2800MPa。准双曲面齿轮润滑油还要求具有良好的抗氧化安定性和储存安定性。

8.3.4 其他专用润滑油

1. 液压油

液压系统广泛用于工业、车辆、船舶和航空设备中。液压油是传递液力能的介质，同时润滑液压系统中的运动部件。根据液压系统的工作特点，要求液压油具有以下性能：

（1）合适的粘度　大型压延机使用的大活塞泵要求油在37.8℃下的粘度为30～195mm^2/s，一般工业上使用的齿轮泵或叶片泵的液压系统，在工作温度为75℃时，要求液压油在37.8℃的粘度为32～65mm^2/s。

（2）优良的抗氧化性　因为氧化产物呈酸性，会腐蚀液压系统，而沉积物会使控制阀的操作发生故障。

（3）优良的抗磨性能、防腐性、消泡性和清净性等　此外，接近火源的设备所使用的液压油还要求具有抗燃性，因为液压油系统的压力很高，如果管线破裂，用普通矿物油将会引起火灾。常用的防火液压油通常有合成液压油、油水乳化型液压油和水—乙二醇型液压油等。

2. 压缩机润滑油

压缩机润滑油用于润滑压缩机各个摩擦部位，如气缸、活塞、阀门等，同时还起密封、防锈、冷却和防腐作用。

在选择压缩机润滑油时，必须考虑到被压缩气体的类别和性质，否则会引起严重事故。用于压缩空气、干天然气、乙炔和一般氢气的压缩机，可以使用由石油馏分精制所得到的压缩机润滑油。用于压缩湿天然气的压缩机，必须使用加有少量动物油或植物油的高粘度润滑油，因为湿天然气被压缩后会凝析出轻质汽油，能稀释润滑油膜。

对于压缩氧气的压缩机，绝对不能使用矿物油料作为润滑剂，以免爆炸，一般采用蒸馏水或6%～8%（质量分数）的甘油蒸馏水溶液作为气缸的润滑剂。对于氯气压缩机，由于润滑油中的烃类在一定条件下会与氯生成 HCl 严重腐蚀设备，因而宜采用固体润滑剂（如石墨）。

冷冻机润滑油是用于润滑制冷压缩机运动部件的润滑油，同时也起密封和冷却作用。冷冻机润滑油使用时间长，一般来说，全封闭式压缩机中的冷冻机润滑油使用期长达一年以上。为了保证冷冻机润滑油正常工作，冷冻机润滑油应具有良好的低温流动性、粘温性能及氧化安定性，并且不应含有水分。因为水会使润滑油乳化，破坏正常润滑；水在润滑油进入制冷系统后有结晶析出，冰晶会堵塞管路，水还能与制冷剂中的氨作用生成氢氧化铵，引起设备腐蚀。

8.4　润滑脂

润滑脂是一种介于液体和固体之间的润滑材料，俗称“黄油”，它在常温常压下呈半固态油性软膏状，能附着在摩擦表面上不流动，像固体一样。在温度升高和运动状态下，受到热和机械作用，润滑脂的稠度降低，而具有与液体润滑油同样的功能，可以润滑摩擦表面。

润滑脂具有液态润滑油所不具备的以下优点：

（1）耐压性强　润滑脂能在润滑油无法润滑的部位形成牢固的润滑膜，并能承受很大压力。

（2）缓冲性能好　润滑脂用在作往复运动的机械中，可以对冲击和振动起缓冲作用。

（3）不易流失　润滑脂当用于垂直表面或不密封的摩擦部位时，能保持足够的厚度；即使在离心力作用下，也不致流失，能保证可靠的润滑。

（4）密封性优于润滑油　润滑脂可以防止水分、灰尘、杂质和腐蚀性物质进入摩擦表面。

（5）粘温性能好　润滑脂受温度影响小，适用于运动速度和温度变化幅度大的情况。

但是，润滑脂不能代替液态润滑油，因为脂的流动性差，热导率很小，摩擦阻力大，影响机械效率。润滑脂的抗氧化安定性也较差，更换润滑脂也比较麻烦，因此，润滑脂的使用范围受到一定限制。

8.4.1　润滑脂的组成

润滑脂由润滑油、稠化剂、稳定剂和添加剂组成。润滑油是润滑脂的主要组成部分，质量分数为80%～90%，所以，润滑油的性质直接影响到润滑脂的性能。

稠化剂质量分数为10%～20%，其作用是稠化润滑油。所用的稠化剂有脂肪酸金属皂类和非皂类，工业用脂肪酸皂类稠化剂有钠皂、钙皂、锂皂、铝皂、钡皂等，它们是由动植物油脂与相应的碱（如氢氧化钠、氢氧化钙、氢氧化铝等）发生化学反应而得到的。由这些皂类稠化剂制成的润滑脂分别称为钠基润滑脂、钙基润滑脂等。非皂基稠化剂包括烃基稠化剂、有机稠化剂和无机稠化剂三种类型。烃基稠化剂主要是石蜡和地蜡，本身熔点很低，稠化得到的烃基润滑脂即为常见的凡士林，多用作防护。有机稠化剂有酞青铜颜料、有机脲、有机氟等，用于制备合成润滑脂。常用的无机稠化剂有表面改性的膨润土、硅胶、石墨、炭黑、云母等，多用于制备高温润滑脂。

稳定剂又称为胶溶剂，它可以改善润滑脂的结构性能，所以又称为结构改善剂。稳定剂能与皂类结合，使润滑油对脂肪酸皂类的结合能力增大，起到稳定的作用。常用的稳定剂有水、甘油和低分子有机酸盐，钙基润滑脂和钠基润滑脂的稳定剂分别是水和甘油。稳定剂是一些极性化合物，含有—OH、—NH_2、—COOH 等官能团。

与润滑油一样，润滑脂常用的添加剂有抗氧剂、抗磨剂和缓蚀剂等。

8.4.2 润滑脂的主要理化性质

1. 针入度（锥入度）

润滑脂在不失去半固态结构状态的情况下，单位面积上所能承受的最大作用力称为剪力极限，其单位是 g/cm^2，它是润滑脂存在形态的受力转折点。超过剪力极限，润滑脂就变成流体形态。耐剪切性能是润滑脂的首要性质，通常用针入度表示。虽然针入度不能完全确切地表示润滑脂的耐剪切性能，但是，因为其测定比较简单，仍被各国广泛采用，将其作为润滑脂的重要质量指标。

针入度是在规定仪器中，在25℃时的条件下，测定150g的金属锥体在5s内靠自重刺入润滑脂的深度，单位为0.1mm。针入度是选用润滑脂的重要依据，摩擦面负荷大时，应选用针入度小的润滑脂；反之，应选用针入度大的润滑脂。常用的针入度为200～300，最大为350，若大于400，润滑脂就成为流体了。

2. 滴点

润滑脂的耐热性用滴点表示。滴点是试样从脂杯中滴下第一滴流体或流出25mm油柱时的温度。在实际选用中，滴点应比工作温度高15～20℃。各种润滑脂的滴点范围如下：钾基170～180℃，钠基140～160℃，钙钠基120～150℃，钙基75～90℃，烃基（工业凡士林）55～60℃。

3. 耐水性

耐水性是表示润滑脂是否容易被水溶解和乳化的性能，它主要取决于稠化剂的耐水性，烃基稠化剂的耐水性最好，既不吸水，也不乳化，如工业凡士林可以作防护用脂。在皂类稠化剂中，以铝皂最好，适于作船用润滑脂，耐水性最差的是钠皂，既吸水又易被水溶解。

4. 胶体安定性

润滑脂在储存和使用中，不受温度和压力的影响，始终保持其胶体结构稳定性的能力，称为胶体安定性。若润滑脂中的润滑油和稠化剂结合得好，不易分油，其胶体安定性就好。胶体安定性用分油量来表示。分油量是指在特定的加压分油器中，从润滑脂中压出的润滑油占润滑脂总量的质量分数。分油量越大的润滑脂，其胶体安定性越差。

5. 保护性能

润滑脂的保护性能是指润滑脂保护金属不受腐蚀的能力。烃基润滑脂的保护性能比皂基

润滑脂好，它不容易分油、干缩和产生裂纹；且附着力强，不溶于水，耐水性好；它本身的氧化安定性也好，腐蚀性极小，是一种理想的保护脂。表示保护性能的质量指标有腐蚀、游离有机酸和游离碱。

8.4.3　几种常用润滑脂

下面介绍几种常用的润滑脂。

1. 钙基润滑脂

钙基润滑脂为通用减摩润滑脂，具有耐水性、中滴点，原料易得，价格低廉，产量高。钙基润滑脂的润滑性能良好，抗水性和防护性优良，广泛用于潮湿或易与水接触而温度不高的摩擦部位，如各种水泵轴承、汽车底盘等不能使用润滑油的各个摩擦点。钙基润滑脂最适用于温度为 40 ~ 60℃、转速小于 150r/min 的机械。

钙基润滑脂按针入度系列有 4 个牌号，即 1、2、3、4（GB/T 491—2008）。

由于钙基润滑脂的耐温性和胶体安定性较差，所以不能用于高温和高转速的机械。近年来发展的一种以 12-羟基硬脂酸钙皂稠化优质润滑油制成的无水钙基润滑脂，具有很好的抗水性和抗氧化安定性。

2. 钠基润滑脂

钠基润滑脂是滴点较高的通用减摩润滑脂，其特点是耐热性强，即使完全熔化，也不会降低其固有的润滑性能。已熔化的钠基润滑脂在冷却后能重新凝聚成胶状，经搅拌以后仍可使用，因此广泛用于在较高温度（120℃以内）条件下工作的机械的润滑。但是，它不适于在潮湿环境下使用，这是由于其吸水性强，如果储存保管不善，就会吸收空气中的水分而乳化。

3. 钙钠基润滑脂

钙钠基润滑脂主要用于轴承上，因此又称轴承润滑脂，是一种高滴点、耐水的通用减摩润滑脂。它是由脂肪酸钠皂混合稠化中等粘度的润滑油而制成，是混合皂基润滑脂。它兼有钙基和钠基润滑脂的优点，既耐水又耐温，具有良好的泵送性能和机械安定性。这种润油脂的滴点为 120℃左右，使用温度为 90 ~ 120℃。

4. 铝基润滑脂

铝基润滑脂的特点是具有极好的耐水性和防腐蚀性能。其滴点低（75℃），在 70 ~ 80℃开始软化，因而只能在 50℃左右的温度下使用。铝基润滑脂应用于受海水冲刷的摩擦部位的润滑以及金属表面的防腐蚀，因而又称为船用润滑脂。

5. 钡基润滑脂

钡基润滑脂耐热性好、滴点高。在滴点以下，其粘度随温度的变化很小，其抗水性、耐压性和耐蚀性都很强，对金属表面的防护能力和附着能力也都很好。它几乎不溶于汽油和醇类等有机溶剂，所以是一种优良的防水、防溶剂，也是一种防护和密封材料，通常用于航空和舰船上的空气系统和醇类系统以及水系统的润滑和密封，也可用于高温、高压和潮湿环境下工作的重型机械的润滑。钡基润滑脂的缺点是胶体稳定性差，一般储存期不超过半年。

6. 锂基润滑脂

锂基润滑脂是发展很快的一种优良的润滑脂，它同时兼有良好的高温和低温性能，还具有良好的耐水性和机械安定性。锂基润滑脂的滴点高达 180℃，可以长期在 120℃条件下使用，在150℃条件下可短期工作。用低凝点润滑油（如仪表油等）制成的锂基润滑脂，可以在-60~70℃条件下工作。以12-羟基硬脂酸锂皂稠化的润滑脂，加入抗氧剂、缓蚀剂和极压剂后，就成为多效能、长寿命润滑脂，具有广泛的用途，已得到迅速的发展。

7. 石墨钙基润滑脂

石墨本身是一种固体润滑剂和填充剂，具有良好的耐压减摩性能。石墨对金属表面的粘附能力不强，当它与润滑油调配后，加入润滑脂中，可增大石墨层与金属表面的引力，从而增强了润滑性。由于石墨晶体对粗糙不平的金属表面有明显的填充作用，因而也可以提高润滑脂的抗压强度。石墨钙基润滑脂是由钙基润滑脂加入石墨而制成的，适用于压延机的人字齿轮、汽车弹簧、起重机齿轮转盘、矿山机械、绞车的钢丝绳等高负荷、低转速机械的润滑，而不宜用于滚珠轴承等较精密机械的润滑。

8.5 添加剂

8.5.1 概述

现代化工业对燃料和润滑油的使用性能要求越来越高，只靠挑选原油类型及改进加工方法已不能满足要求，在油品中加入添加剂已成为提高润滑油质量、增加品种的主要途径之一。国外的添加剂工业发展很快，大多数发达国家对添加剂的研制及生产都非常重视，目前世界上一些大型添加剂公司几乎都在美国，其添加剂产量占全世界添加剂产量的60%。我国添加剂在品种、数量、质量方面都远不能满足实际需要，部分还要依靠进口。

添加剂是一类有机化合物，只要将它少量地加入到油品中（质量分数为百分之几到万分之几），就可以显著地改善油品的物理化学性质，提高油品质量。添加剂分为燃料油添加剂和润滑油添加剂两类。本节主要介绍润滑油添加剂。

润滑油添加剂品种有很多，主要分为清净分散剂、抗氧抗腐蚀添加剂、粘度添加剂、载荷添加剂（油性剂和极压抗磨剂）、降凝剂。

就添加剂的用量而言，清净分散剂占50%以上，粘度添加剂占10%~20%。

添加剂在石油产品中具有以下几方面的作用：

1）减少发动机部件上有害沉积物的形成与聚集。

2）中和油品使用中生成的酸性物质，减少对设备及部件的腐蚀。

3）防止设备及部件的锈蚀。

4）减少设备的摩擦及磨损，延长设备及部件的使用寿命。

5）延缓油品的氧化，延长油品的使用寿命。

6）改变油品的物理性质，包括增加油品的粘度和提高油品的粘度指数，改善油品的粘温性能，降低油品的凝固点，改善油品的低温性能，降低油品中泡沫的生成等。

各类润滑油添加剂的作用及参考添加量见表8-1。

添加剂均复配使用。例如，发动机（内燃机）润滑油必须同时加入清净分散剂、抗氧抗腐蚀剂、油性剂、增粘剂、缓蚀剂、降凝剂、抗泡剂等才能保证发动机的润滑性能。在复配时，有些剂类在一起有增效作用（又叫协同效应），但有时也会出现对抗效应，因此，在使用前应经过实验测试。

表 8-1　各类润滑油添加剂的作用及参考添加量

添加剂种类		作用和功能	化合物	添加量（%）
载荷添加剂	油性剂	在低负荷下的摩擦面上形成油膜，从而减少摩擦、磨损	长链脂肪酸（油酸等）	0.1～1
	抗磨剂	在摩擦面上形成新的化合物保护膜，从而防止磨损	磷酸酯、二硫代磷酸金属盐	5～10
	极压剂	防止极压润滑状态下的烧结和擦伤，提高润滑油的润滑性能	有机硫化合物、有机卤代物	5～10
缓蚀剂		使润滑油具有防锈性能，为金属制品等在储存、运输、使用中提供暂时的防锈性能	羧酸、胺、醇、酯	0.1～1
防腐剂		防止润滑油的氧化，破坏、阻止腐蚀性氧化产物的形成；在金属表面形成抗腐蚀覆盖膜	含氮化合物（苯骈三氮唑），含硫和氮的化合物（1，3，4-噻二唑基-2，5 联二烷基二硫代氨基甲酸酯等）	0.4～2
抗泡剂		防止润滑油产生泡沫	硅油、金属皂、脂肪酸酯、硫酸酯等	$(2\sim700)\times10^{-4}$
清净分散剂	清净剂	除去发动机等高温运转下生产的沉淀物及其母体等，保持发动机内的清洁	中性、碱性磺酸盐和烷基酚盐等（金属盐类型）	2～10
	分散剂	对积炭和油泥托沉淀物产生悬浮分散作用	丁二酰亚胺、酯和苄胺、共聚物类型的聚合物（无灰类型）	2～10
降凝剂		防止低温下润滑油中蜡的结晶和凝固，降低凝固点	氯化石蜡萘与酚的缩合物、聚丙烯酸烷基酯、聚甲基丙烯酸酯、聚丁烯、聚烷基苯乙烯、聚乙酸乙烯基酯	0.1～1
粘度添加剂		提高润滑油液压油等的粘度指数	聚甲基丙烯酸酯、聚异丁烯、烯烃共聚物、聚烷基苯乙烯	2～10
抗氧化剂		与燃料抗氧化相同	硫代磷酸锌、三烷基酚类型	0.4～2
乳化剂		使油乳化，使生成的乳化液稳定	硫酸、磺酸和磷酸酯、脂肪酸衍生物、季铵盐、聚氧乙烯类表面活性剂	0～3
抗乳化剂		破坏乳化液，并可分离其组成成分	季铵盐、磺化油、磷酸酯	0～3
防霉剂（乳化液用）		防止和抑制生存于乳化液中的细菌、霉菌、酵母菌等生物引起的有害作用	酚类化合物、甲酸化的化合物、水杨基苯胺类化合物	0～0.1
其他添加剂		防污剂、抗摩擦剂、防噪声剂		

8.5.2 几种典型的润滑油添加剂

为了减少机械的摩擦和磨损，在润滑油中所加的添加剂称为载荷添加剂。它包括油性剂（也称为减摩剂）、抗磨剂和极压剂三种类型，也可分成油性剂和极压抗磨剂两类。

1. 油性剂（减摩剂）

油性剂是指在边界润滑状态下，能在金属表面形成定向物理吸附膜或化学吸附膜，以加强润滑油的润滑作用，从而能减少摩擦和磨损的一种添加剂。

常用的油性剂有以下几种：

（1）动植物油　如硫化棉子油、棕榈油等，它们具有良好的润滑性和吸附性，但易氧化、油溶性差，一般常用于轧制油。

（2）脂肪酸、脂肪酸盐、脂肪醇、酪和胺盐　这类油性剂用于降低静摩擦因数的效果较好，可以防止导轨在高负荷、低速度的情况下出现粘滑现象。

（3）硫化鲸鱼油代用品　这是一种多用途的油性添加剂，它具有较好的油溶性及极压、抗磨、抗氧和降低摩擦等性能，它与其他添加剂复合使用可以调制出导轨油、液压导轨油、工业齿轮油和极压锂基润滑脂。

（4）有机磷酸酯　这是一种油溶性好、颜色浅而性能优良的油性剂，其结构通式为 $C_nH_{2n+1}PO(OR)_2$。

（5）有机聚合物　用有机聚合物作油性剂很有发展前景。例如，氧化无规聚丙烯与矿物油混合可以制成导轨油；在切削乳化液中加入低相对分子质量（200～500）聚异丁烯，可以提高润滑性；聚四氟乙烯可以作润滑脂的润滑剂。

油性剂在压力和温度不太高（温度不超过150℃）的情况下使用。

2. 极压抗磨剂

当金属表面承受很高的负荷时，由于油性剂与金属表面直接接触，产生大量的热，使油性剂形成的膜被破坏，不再起保护金属表面的作用。如果加一种能与金属表面起化学反应并生成化学反应膜的添加剂，就能防止金属表面擦伤或烧结，这种用于极压润滑状态下的添加剂称为极压抗磨剂。

极压抗磨剂有以下几种类型。

（1）硫系极压抗磨剂　二苄基二硫化物在国外于20世纪40年代已作为极压剂，目前我国也能生产。它有良好的极压性能，其缺点是油溶性差。二烷基黄原酸乙酯能很好地溶于润滑油中，具有较好的抗烧结性能，还具有抗磨性。硫化异丁烯是20世纪70年代以来国外广泛使用的极压剂，油溶性好，极压性好，可用于配制汽车双曲线齿轮油、极压工业齿轮油、液压油、凿岩机油、极压油脂及金属加工用油。

硫系极压抗磨剂的作用机理是分子中的—S—S键首先断裂，生成具有抗磨作用的硫醇铁覆盖膜，随后硫醇铁分子中的C—S键断裂，生成硫化铁固体膜。此类膜的熔点较高，在750℃的条件下还能正常工作，因而具有极压抗磨作用。

（2）磷系极压抗磨剂　这类极压抗磨剂有三甲酚亚磷酸酯、三甲酚磷酸酯、二月桂基亚磷酸酯、二月桂基酸性磷酸酯等。关于有机磷化物的作用机理至今还没有取得一致的认识，但大部分学者认为，容易水解的磷酸脂生成反应活性高的酸性物质，它能吸附在金属表面，生成磷化物保护膜。此膜的熔点较高，在750℃的条件下还能正常工作，因而抗烧结性能

好，但会产生腐蚀磨损。

(3) 氯系极压抗磨剂　常用的氯系极压抗磨剂有氯化石蜡、氯化联苯等，它们可形成氯化铁覆盖膜。其熔点低，在350℃下便失效。所以，氯系极压抗磨剂的使用范围不理想，而且在透平油中禁止使用。

(4) 金属盐极压抗磨剂　以环烷酸铅和二硫代磷酸锌盐（ZDDP）为代表，ZDDP一般可分为二烷基二硫代磷酸锌和二芳基二硫代磷酸锌盐两种类型。它们有很好的载荷性能，但抗磨损性能较差。这是因为其安定性差，容易产生硫化氢，引起磨损。ZDDP是一种多效添加剂，还可以用作抗氧化剂。

8.5.3　其他添加剂

1. 清净分散剂

清净分散剂是发动机润滑油用的一种主要的添加剂，其作用是把发动机中的积炭或油泥分散在润滑油中，使之悬浮而不沉积下来，从而避免了活塞环粘结、结焦。而且清净分散剂具有碱性，能中和润滑油中因氧化而生成的酸性物质，以及燃料中含硫化合物燃烧以后产生的酸性物质，使发动机减少腐蚀和磨损。

清净分散剂也可根据使用情况分为清净剂和分散剂。在高温下，清净剂能防止油氧化变质而生成的沉积物，或者抑制沉积物沉积在活塞和气缸壁上，使发动机内部保持清洁。而分散剂用在比较低的运转温度下，使生成的油泥能均匀地分散在油中。清净剂一般为金属有机化合物（即金属清洁剂），而分散剂一般为不含金属的有机聚合物（即无灰分散剂）。

(1) 金属清净剂　比较有效的金属清净剂有以下几种：

1) 磺酸盐。磺酸盐由于原料易得，成本较低，是发展最快，用量最多的润滑油添加剂。根据来源把磺酸盐分为石油磺酸盐和合成磺酸盐两类。其优点是具有良好的油溶性、热稳定性、高温清净性、缓蚀性和配伍性，而且中和酸性物质的能力强，价格低。缺点是会促进氧化，油品灰分含量高。

2) 烷基酚盐。烷基酚盐如烷基酚钙，是一种高灰分、高碱性并具有较强的中和酸性物质能力的清净分散剂。其抗氧性、抗腐蚀性和抗水性都比较好，但其油溶性比磺酸盐差。

此外，还有烷基水杨酸盐和磷酸盐以及长链脂肪胺，这些都是较好的清净剂。但是加入量过多会使油品灰分含量增加，引起发动机阀门的磨损。

(2) 无灰分散剂　一类是非聚合型的无灰分散剂，如聚烯烃基丁二酰亚胺。其优点是具有良好的吸附性能和分散作用（尤其是有水存在时），能减少燃烧室内生成积炭的倾向，可防止因积炭而引起工作混合气的早期自燃现象，此外还能减少发动机润滑油因时开时停而产生的低温油泥。缺点是高温稳定性不如磺酸盐。另一类是聚合物型的无灰分散剂，如甲基丙烯酸酯和乙烯—丙烯共聚物（简称乙丙共聚物）。

20世纪50年代，内燃机润滑油中仅加清净分散剂，再配上抗氧抗腐蚀剂（ZDDP）。20世纪60年代后期，内燃机润滑油中使用的添加剂几乎全以复配形式出现，常将磺酸盐、烷基酚盐和无灰分散剂配合使用。比单独使用清净分散剂的效果好，增效性很突出。但是，无灰分散剂和ZDDP合用时的比例必须适当。如果无灰分散剂过多，可能会把一部分ZDDP从发动机金属表面上置换掉，影响其抗磨性能；如果ZDDP用量过多，其分解产物易生成沉淀，会消耗清净分散剂，因此，应通过实验确定两者之间合适的比例。

2. 粘度添加剂

由于发动机的工作温度范围很宽，下限温度约为 -40℃，上限温度高达 200 ~ 300℃甚至更高，一般润滑油的粘度难以同时满足这两种极限温度的要求。为此，需要发展四季的通用油。近几十年来，国内外都在积极研制用粘度添加剂制成的稠化润滑油。

粘度添加剂是一种油溶性的链形高分子化合物，20 世纪 50 年代使用过聚甲基丙烯酸（PMA）和聚异丁烯（PIB），研制出低温性能好（即在低温时粘度不太大，使发动机易于起动），在高温时又能保持适当粘度的稠化润滑油。20 世纪 60 年代后期又开发了剪切稳定性好、增粘能力强的新型添加剂，即乙烯/丙烯共聚物（OCP）和氢化苯乙烯/双烯共聚物（HSD）。除此以外，还有苯乙烯聚酯、聚正丁基乙烯基醚。

粘度添加剂的作用机理是将聚合物加到润滑油中。在高温时，高聚物在油中的溶解度增大，此时，高聚物的长链伸展开，给液体分子运动造成阻力，使粘度不致下降太快；当温度下降时，高聚物在液体中溶解度下降，其分子链逐渐卷缩成团，对液体分子运动的阻力减小，这时粘度逐渐增加，从而改善了润滑油的粘温性质。

3. 降凝剂

润滑油中含有一定量的固体烃（石蜡和地蜡），在温度较高时，这些固体烃溶于油中，但在低温下固体烃会逐渐形成晶体，成为三维网状，并将处于液态的烃包在其中。这时，油品失去流动性，失去流动性的最高温度称为油品的凝固点。油品中含蜡越多，其凝固点越高，这种油的低温起动性不好，流动性差，对机件达不到润滑的目的。为了降低凝固点，除了采用成本较高的脱蜡工艺外，可以采用加入降凝剂的方法。

常用的降凝剂有烷基萘（又名巴拉弗洛）、聚甲基丙烯酸酯、聚 α-烯烃，它们的代号分别为 T801、T802、T803。另外，还有烷基化聚苯乙烯、醋酸乙烯酯反丁烯二酸酯共聚物。降凝剂作用的机理是：通过在蜡结晶表面的吸附或与蜡共晶的作用，改变蜡晶的形状和大小，防止蜡的晶粒形成三维网状结构，从而可降低油品的凝固点。必须指出的是，降凝剂并不能减少固体烃的含量，或使油品中的蜡不形成结晶。降凝剂加入到润滑油中的温度及加入量一般由实验决定。

4. 抗氧添加剂

油品在使用时，由于和空气接触，油品自动氧化而产生过氧化物、醇、醛、酮、内酯等氧化产物和酸性物质，最终导致生成漆状物沉淀。为了抑制油品的自动氧化过程，除了用加深精制方法除去油品中易氧化的不安定组分外，还必须在油品中加入少量能阻止或延缓油品氧化的物质，即抗氧添加剂。

通常，在不太高的温度（100℃）和金属催化作用不太强的情况下，采用延缓厚层氧化的添加剂，主要用在变压器油和汽轮机油中。近年来，广泛采用抗氧添加剂与金属钝化剂复合使用的方法，这类添加剂是 N，N′-二仲丁基对苯二胺，对烃基二苯胺等化合物。为了防止变压器油变质，总是先把抗氧剂加入到新鲜的尚未与氧接触的润滑油中，因为有的添加剂（如对羟基二苯胺）不能阻止已开始的氧化过程。对于已使用过（即已开始产生氧化反应）的润滑油，可以加入酚类（2，6，4）和 α-萘胺，以延缓油品的氧化。

对于内燃机气缸中活塞与气缸壁之间的薄层氧化，由于温度高，金属催化强烈，其氧化速度和深度远远大于厚层氧化，因而抑制厚层氧化的添加剂已不适用。目前国内常用的高温

抗氧添加剂是二烷基二硫代磷酸锌（ZDDP），这类抗氧剂也有抗腐蚀作用。

5. 缓蚀剂

发动机在封存和运转期间，其金属零件与空气中的氧和水气接触会生锈。铁的锈蚀主要生成氢氧化铁。为了防止金属和水直接接触，要求润滑油在金属表面上形成一层油膜。在油中加入缓蚀剂，即可达到此目的。因为缓蚀剂是一种极性表面活性物质，它被吸附在金属表面形成一层薄膜，可阻止金属与水的接触，并能中和易腐蚀的酸性物质，起到防锈的作用。防锈添加剂的种类很多，其中有羧酸，包括硬脂酸、琥珀酸、羧酸盐、磺酸盐（石油磺酸钡）和酯，如司本-80（山梨糖醇单油酸酯），此外还有磷酸及其盐类（二烷基二硫代磷酸）。

6. 抗泡沫添加剂

润滑油在使用过程中，由于氧化、喷溅润滑以及表面活性剂等的作用，往往会有气泡出现，这些泡沫有时会使润滑系统工作失常，出现断油现象，从而导致烧结或供油系统的气阻。为此，加入一种抗泡沫添加剂（简称抗泡剂），可以降低气泡的表面张力，使气泡变大而很快消失。常用的抗泡剂有二甲基硅油，一般加入量很少，约 0.001%（质量分数）。它几乎不溶于水和润滑油，表面张力小，化学性质稳定。

抗泡剂必须具备的性质是：

1）不溶或难溶于润滑油中，因为要破泡，就必须在泡膜上生成抗泡剂稠密的吸附层，因此，抗泡剂在润滑油中必须是饱和状态，所以溶解度要小。

2）与润滑油分子具有亲和性。

3）分子间作用力小，与润滑油之间的表面张力小。

8.6 矿物基础油的生产工艺

8.6.1 矿物基础油生产工艺概述

目前使用最多的润滑油是以石油馏分为原料生产的矿物油润滑油。由于这类润滑油的制取原料充足，价格便宜，质量也较好并且可以加入适当的添加剂提高其质量，因而得到广泛的应用。

矿物润滑油是由矿物基础油加入添加剂制成的。矿物基础油是高沸点的较高分子量烃类和非烃类的混合物，经过一系列加工精制过程调整组成，存优汰劣而得到的。较为常用的矿物润滑油生产流程如图 8-1 所示。

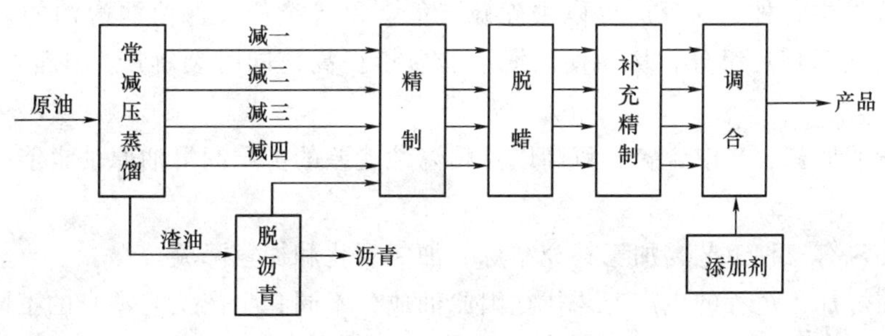

图 8-1 矿物润滑油的生产流程图

1. 常减压蒸馏

首先利用原油中各种组分存在沸点差异的特点，通过常减压蒸馏装置从原油中分离出各种石油馏分。经过常压蒸馏只能获得沸点在400℃以下的馏分，其中包括低粘度的润滑油料。再利用外压降低，沸点也降低的原理，利用减压蒸馏来分馏高沸点、高粘度的馏分，进一步得到润滑油料，但还有一部分重质润滑油料留在减压渣油中未被脱出。渣油中除了重质润滑油料之外还含有大量胶状物质，为了获取这部分高粘度的润滑油原料，必须将其与沥青质、胶质分开，这一加工步骤称为渣油脱沥青，常用的脱沥青方法是丙烷脱沥青法，即利用丙烷溶剂对沥青溶解度小、对润滑油溶解度大的特点，使油和沥青分开。

这一步骤通常称为润滑油料制备阶段。其工艺结构比较固定，不因原油种类不同而改变。一般由常压渣油的减压蒸馏和减压渣油的溶剂脱沥青两个工艺组成。分别制备馏分润滑油料和残渣润滑油料。

2. 溶剂精制

这是利用溶剂把油中的某些非理想成分溶解去除来改变油品性质的过程。经过溶剂精制的润滑油料的粘温特性、抗氧化安定性等性能都大为改善。

工业上最常采用的溶剂是酸、碱，后来采用的溶剂有苯酚、甲酚和糠醛等。由于溶剂精制的作用是把润滑油料中的非理想组分抽取出来，所以这一过程又叫溶剂抽提或溶剂萃取。

3. 溶剂脱蜡

为使润滑油在低温条件下保持良好的流动性，必须将其中易于凝固的蜡除去。这一工艺叫脱蜡，脱蜡不仅可以降低润滑油的凝固点，同时也可以得到蜡。常用的脱蜡方法有冷榨脱蜡、溶剂脱蜡和尿素脱蜡，其中最重要的是溶剂脱蜡。它是利用低温下溶剂对油的溶解能力很大而对蜡的溶解能力很小而且本身低温粘度又很小的溶剂去稀释润滑油料，使蜡能结成较大晶粒并使油因稀释而粘度大为降低，使油蜡得到分离。目前广泛采用的溶剂是酮-苯混合溶剂。

4. 白土精制

经过溶剂精制和脱蜡后的油品仍含有少量未分离掉的溶剂、水分及其他杂质，为去掉这些杂质常需进一步精制处理，常用的方法是白土精制。即利用活性白土的吸附能力使各类杂质吸附在活性白土上，然后滤去白土即可除去所有的杂质。

5. 润滑油加氢

这是精制润滑油较新的工艺，前面介绍的几种精制工艺是利用物理方法对石油基础油进行精炼的，而加氢则是利用化学原理对矿物基础油进行精炼。在催化剂的作用下，润滑油原料与氢气发生各种加氢反应可以去除硫、氧、氮等杂质，保留润滑油的理想组分，将非理想组分转化为理想组分，从而使润滑油的质量提高，同时裂解产生少量的轻质燃料油组分。

利用润滑油加氢工艺使含硫、氮高以及粘温性能差的劣质润滑油原油也能生产出优质润滑油。

润滑油加氢有三种工艺：加氢补充精炼、加氢裂化和加氢降凝。

基础油精炼加工过程的生产工艺往往因原油成分不同和生产工艺本身的不同特性有很大差异，情况比较复杂。

8.6.2　润滑油原料制备过程

润滑油的减压蒸馏工艺是原料制备（图8-2）的重要组成部分。

1. 常减压蒸馏的基本原理

如图8-2所示，蒸馏是一个热分离的物理过程，液体混合物通过加热、汽化使高挥发组分与低挥发组分分开，如果将蒸馏生成的蒸气加以冷凝并作为回流迎着上升气流，在接触过程中，蒸气与回流进行传质、传热，可使高挥发组分在上升气流中进一步集中，而低挥发组分在下降液流中进一步集中，工业上一般这种传质、传热过程都是在多个接触单元组成的蒸馏塔中进行的，从塔顶到塔底，沸点由低到高的不同馏分分别在不同位置上集中，原油经过常压蒸馏，从塔顶到塔底分别得到轻质溶剂油、汽油、煤油和柴油，而在塔底得到的重油（常压渣油）可以做润滑油原料。

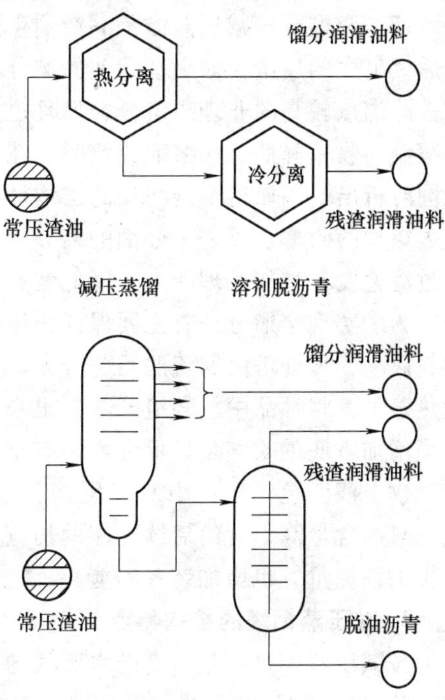

图8-2　润滑油原料制备过程和工艺结构

常压渣油沸点在350℃以上，如果再在常压下蒸馏，温度提高到400℃以上就会有部分烃发生裂解并在加热炉中结焦，严重影响润滑油的质量。根据外压降低，液体沸点也相应降低的原理，采用减压蒸馏的方法可以把常温渣油分割成沸点范围不同的3～5个馏分的润滑油料，由此馏分润滑油料加上得到的基础油叫中性油，减压蒸馏的渣油用丙烷等溶剂脱除胶质、沥青质之后，可得到沸点范围更高、相对分子质量更大的残渣润滑油料，由它加工得到的基础油叫光亮油。

2. 减压蒸馏工艺的特点

润滑油减压蒸馏工艺的特点可概括为高真空、低炉温、窄馏分和浅颜色。

（1）高真空　高真空是减压蒸馏操作的关键。减压塔的真空度高，塔内不同馏分间的相对挥发度大，有利油品的汽化及分馏，有利于提高馏分油的收率。另一方面，真空度高，还可以适当降低减压炉温度，减少油品裂解，改善馏分油质量。

减压蒸馏塔的抽真空系统主要由连接在塔顶部分的真空抽空器和起冷凝作用的冷凝器组成。冷凝器将减压蒸馏塔顶油气混合物冷凝得温度越低，真空系统才可能产生较高的真空。抽空器是产生真空的动力设备，目前广泛使用的是蒸气喷射器，按喷嘴个数可分为多喷嘴和单喷嘴两类；按工作蒸气压力可分为高压（高于0.8MPa）和低压（低于0. 4MPa）两类。减压蒸馏塔典型的顶压为8～10.67kPa，向下压力逐渐提高，塔底压力为13.3～18.7kPa，注入过热蒸气有利降低油的分压，防止其受热分解。

（2）低炉温　为了提高减压馏分的质量和收率，要求减压炉具有低炉温、高汽化率的特点。当油品加热温度过高时就会发生裂解和缩合反应，而这些反应产物中会含有不凝气体、不饱和烃和胶质、沥青质等，这些物质混入馏分油中就会使馏分油的氧化安定性变差，色度变深，残炭值升高，而且反应生成的裂解气进入减压蒸馏塔，会增加塔顶抽真空系统的负荷进而影响真空度。蒸馏塔形成一定的温度梯度，在塔底约为360℃，在塔顶约为140℃，在减压蒸馏塔底的油液沸点高于550℃。

（3）窄馏分　减压蒸馏是润滑油生产的第一道工序，分出的基础油馏分的质量直接影响到后续工序的质量，如果基础油的馏分比较宽，在后续的溶剂精制时，不但需要用较多的溶剂去除沸点较高的非理想组分，而且也往往会使沸点较低的理想组分在溶剂精制时被除去，使精制油收率降低。在溶剂脱蜡时，在同一温度下会有结构不同、分子大小不等的各种固体烃同时析出，因而得不到均一的固体烃结晶，导致脱蜡过滤速度减慢，影响加工能力，也降低去蜡油的收率。反之，分割的馏分越窄，去蜡油的收率越高，蜡的含油率也相应降低，加速过滤速度，增加处理能力，降低装置能耗。

为了实现窄馏分，首先要保证减压蒸馏塔的平稳操作，在较高真空度下，调整各侧线的物料收率，保证塔内回流的均匀分布。其次要稳定气提塔的液位，并在气提塔底吹入适当的过热蒸气，将油品中较轻组分蒸发出来，可以提高馏分油的初馏点，使馏分油头部变重，可适当增加塔底的吹气量以保证塔内有足够回流油，充分发挥塔板作用。

（4）浅颜色　生产中对减压馏分油的色度应严格控制。因为颜色深就意味着油中硫、氮、氧的含量高，会给后续工序的加氢补充精制或白土精制带来较大困难，不仅加大氢气或白土的消耗量，也增加装置的能耗。

3. 减压蒸馏塔的结构特点

按减压蒸馏过程是否借助水蒸气的分压作用，润滑油减压蒸馏可分为湿式润滑油减压蒸馏工艺（图8-3）和干式润滑油减压蒸馏工艺。目前国内外大多数润滑油生产厂仍采用湿式润滑油减压蒸馏工艺。蒸馏过程中吹入水蒸气起到汽化剂作用，由于水的相对分子质量小、

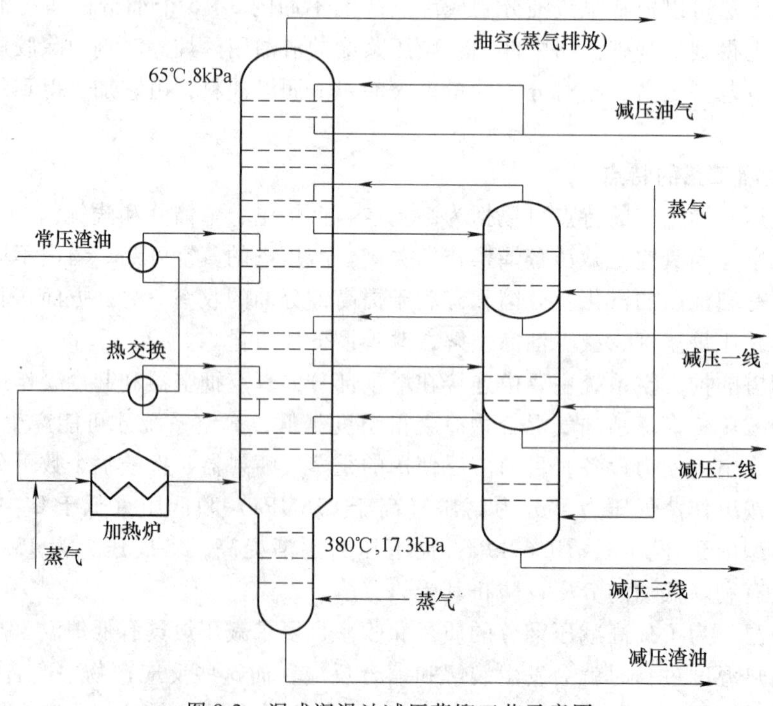

图8-3　湿式润滑油减压蒸馏工艺示意图

冷凝温度高、来源广、经济安全，又与油品有很好的分离性，因此水蒸气是很好的汽化剂。在深度减压和吹水蒸气的条件下，可大大降低蒸馏温度，使被分离的渣油尽可能地缓慢分解。

干式润滑油减压蒸馏是新开发的工艺。一种干式润滑油减压蒸馏装置如图8-4所示。减压蒸馏塔直径为6.4m，分馏段高24m，塔顶冷凝油为沸点低于360℃的柴油馏分。侧线分割出360～390℃、390～420℃、420～480℃的三种润滑油馏分。塔底渣油送去制取高粘度残渣润滑油料。常压渣油入塔最高温度为380℃，进料段压力不超过10.6kPa，塔内设有20块塔板。

润滑油型减压蒸馏塔与燃料油型减压蒸馏塔相比还有以下几个特点。

(1) 塔板数较多　由于润滑油料对馏分范围有一定要求，为保证有一定的馏分精度，侧线之间通常保持3～5层塔板，润滑油型减压蒸馏塔中一般有18层塔板，比燃料油型减压蒸馏塔多7～12层塔板。

(2) 采用高效低压降的塔板和填料　蒸馏塔的内件主要是塔板和填料。塔板的作用在于改变气体和液体的流动方向，增加气液接触的机会，有利于传质，相邻浮阀出来的气体不直接碰撞，减少了雾沫夹带。

填料用于传热和传质都表现出良好的性能，目前润滑油型减压蒸馏塔应用的填料有环矩鞍型、阶梯环型、格栅型、高效规整填料等，具有负荷大、压降小、效率高等特点。

近年来，网孔、伞帽、轻型浮阀等塔板及高效规整填料或塔板和填料混合使用的塔内件被广泛采用。

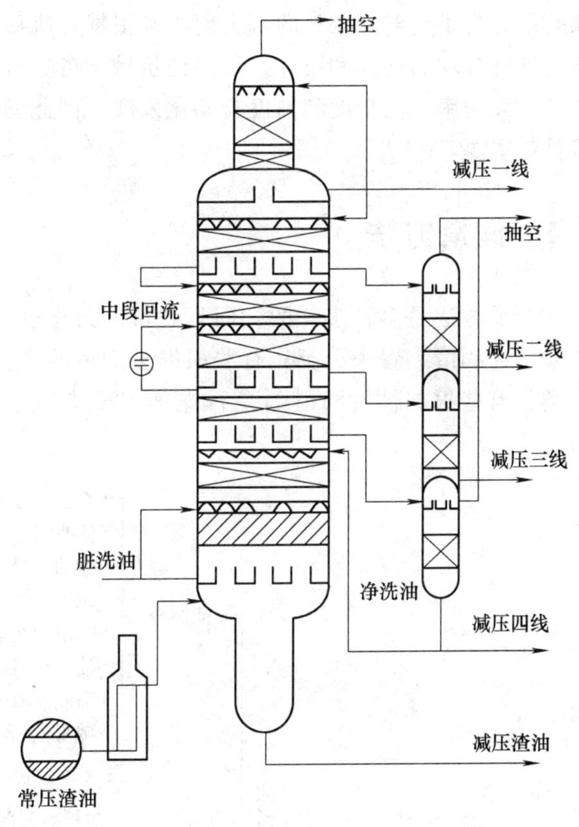

图8-4　干式润滑油减压蒸馏工艺示意图

(3) 侧线设有外气提塔　为提高油品闪点，减少油料轻组分含量，缩小油品馏程范围，润滑油型减压蒸馏塔一般每一侧线润滑油料抽出都设有6～8层浮阀塔板的外气提塔。

(4) 侧线数量多　由于润滑油的产品品种多，所以要求基础油的调和组分也相应增多，后续工序要求润滑油馏分要窄，因此润滑油型减压蒸馏塔要比燃料油型减压蒸馏塔多1～2个侧线。目前我国大多炼油厂减压蒸馏塔有4个侧线，国外有开设6个侧线的减压蒸馏塔以满足高粘度润滑组分的需要。

第9章 润滑方法和润滑系统

在各种机械设备中，向摩擦面间供给适量的润滑剂进行润滑的主要目的是为了减少摩擦和磨损。为了达到这个目的，人们必须根据各机械的实际情况对润滑方法、润滑装置及润滑系统进行合理的选择和设计，以保证机械设备具有良好的工作状况。由于近来各种机械向高速度、大功率、高精度和高度自动化发展，因此润滑方法、润滑装置和润滑系统的选择也变得日趋重要。

9.1 润滑方法

润滑方法是多种多样的，而且到目前为止也还没有统一的分类方法。例如，有些根据所采用的润滑装置来分类；有些根据被润滑的零件来分类；有些根据供给润滑剂的类型来分类；有些根据供给润滑剂是否连续来分类。下面是按照所采用的润滑剂进行分类的方法。

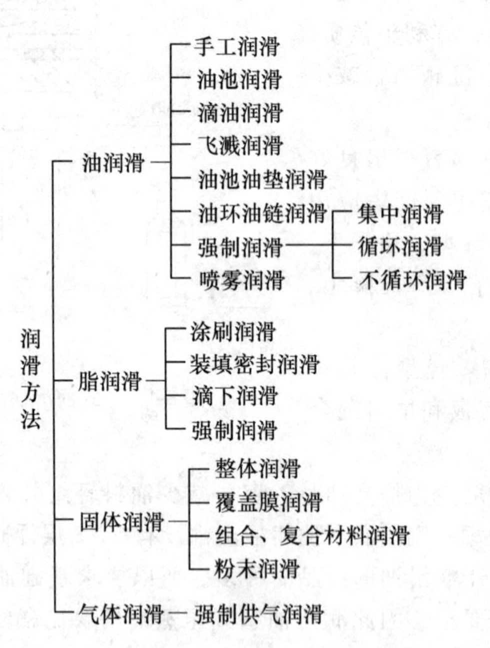

9.2 润滑装置

润滑装置是把各种润滑剂输送到两摩擦面间的工具，因此润滑装置的分类是与润滑方法密切相关的。

9.2.1 油润滑装置

油润滑方法的优点是油的流动性较好，冷却效果好，易于过滤除去杂质，可用于所有速度范围内的润滑，使用寿命较长，容易更换，油可以循环使用。但其缺点是密封比较困难。

现将油润滑方法的常用装置分述如下。

1. 手工给油润滑装置

手工给油润滑装置是最简单的润滑装置，只要在需要润滑的部位上开个加油孔即可用油壶、油枪进行加油。这种方法一般只能用于低速、轻负荷的简易小型机械，如各种计算器、小型电动缝纫机等。

2. 滴油润滑装置

滴油润滑装置主要是滴油式油杯，它是依靠油的自重向润滑部位滴油，构造简单，使用方便。其缺点是给油量不易控制，机械的振动、温度的变化和液面的高低都会改变滴油量。

3. 油池润滑装置

油池润滑装置是将需润滑的部件设置在密封的箱体中，使需要润滑的零件的一部分浸在油池的油中。采用油池润滑的零件有齿轮、滚动轴承和滑动式推力轴承、链轮、凸轮、钢丝绳等。

油池中的最高油位，应根据结构情况选择，即能使油池中的润滑油随齿轮的回转而飞溅起来，将细化的润滑油带到需要润滑的部位，但又要避免因油位过高而使搅拌润滑油所造成的能量损失过大，引起油温升高。

油池润滑的优点是自动可靠，给油充足；缺点是油的内摩擦损失较大，且引起发热，油池中可能积聚冷凝水。

4. 飞溅润滑装置

飞溅润滑装置是利用高速旋转的零件或依靠附加的零件将油池中的油溅散成飞沫向摩擦磨损部件供油。飞溅润滑装置的优点是结构简单可靠。

5. 油绳、油垫润滑装置

这种润滑装置是用油绳、油垫或泡沫塑料等浸在油中，利用毛细管的虹吸作用进行供油。

油绳和油垫本身可起到过滤作用，因此能使油保持清洁，而且是连续均匀的。其缺点是油量不易调节。另外，当油中的水分超过0.5%时，油绳就会停止供油。

油绳不能与运动表面接触，以免被卷入摩擦面间。为了使给油量比较均匀，油杯中的油位应保持在油绳全高的3/4，最低也要在1/3以上。这种装置多用在低、中速的机械上。

6. 油杯、油链润滑装置

油杯或油链润滑装置只用于水平轴，如风扇、电动机、机床主轴的润滑。这种装置非常简单，它只依靠套在轴上的环或链把油从油池中滴到轴上再流向润滑部位。如能在油池中保持一定的油位，这种装置是很可靠的。

油环最好做成整体，为了便于装配也可做成拼凑式的，但接头处一定要平滑以免妨碍转动，油环的直径一般比轴大1.5~2倍，通常采用矩形断面，如果要增大给油量可以在内表面车几个圆槽。在滴油量较少的情况下也可以采用圆形断面。

油环润滑适合于转速为50~3000r/min的水平轴，如转速过高，油环将在轴上激烈地跳动；而转速过低时，油环所装的油量将不足，甚至油环将不能随轴转动。

由于油链与轴、油的接触面积都较大，所以在低速时也能使轴转动和带起较多的油，因此油链润滑最适于低速机械。但在高速运转时，油被激烈地搅拌，内摩擦增大，且油链易脱节，所以油链润滑不适于高速机械。

7. 强制送油润滑装置

强制送油润滑是用泵将油压送到润滑部位，由于具有压力的油到达润滑部位表面能克服旋转零件表面上产生的离心力，给油量也比较充足，因此不但润滑效果较好，而且冷却效果也较好。

强制送油润滑方法和其他方法比较起来更易控制给油量的大小，也更可靠，因此广泛用于大型、重型、高速、精密、自动化的各种机械设备上。

强制润滑又可以分为不循环润滑、循环润滑和集中润滑三种类型。

(1) 不循环润滑　所谓不循环润滑，就是指经过摩擦表面的油不再循环使用，这种方法用于需要油量较少的各种设备的润滑点。

(2) 循环润滑　油泵从机身油池把油送到各运动副，润滑后流回机身油池循环使用。

(3) 集中润滑　集中润滑是由一个中心油箱内约十个或更多的润滑部位供油，主要用于有大量润滑点的机械设备甚至整个车间或工厂。这种方式不但可以手工操作，也可以在调整好的时间自动配送适量的润滑油。集中润滑的优点如下：

1）可以任意连接许多的润滑部位。

2）可适应润滑部位的改变。

3）能精确地分配润滑剂。

4）容易实现各种机械的自动化生产。

5）可实现机器起动前的预润滑。

6）可控制润滑剂的流动状态或整个润滑过程。

7）简化维修，当轴承中的润滑剂缺乏或集中润滑系统发生故障时，可以机械停车。

集中润滑装置的润滑油、脂供给量由泵直接控制的系统称为直接系统。如果用装在输油管道中的节流阀来配送定量的润滑油或脂的系统则称为间接系统。

8. 喷雾润滑装置

喷雾润滑是利用压缩空气将油雾化，再经喷嘴（缩喉管）喷射到润滑的表面。由于压缩空气和油雾一起被送到润滑部位，因此有较好的冷却效果。而且也由于压缩空气具有一定的压力，可以防止摩擦表面被灰尘所污染。其缺点是排出的空气中含油雾粒子，造成污染。

喷雾润滑主要用于高速滚动轴承及密封的齿轮、链条等。

在油雾润滑中还必须注意喷嘴的设计，喷嘴的作用是控制油雾喷射到润滑表面的油雾粒子的速度和大小。油雾粒子的大小以及喷射速度对摩擦表面的润滑效果有很大的影响。

油雾润滑所需要的油雾量可通过一些经验公式来确定。为了计算方便，通常把润滑内径为25mm的单列滚动轴承所需要的油雾量定为W_L。

(1) 齿轮转动（最好每50mm齿宽装一个喷嘴）

1）齿轮副

$$W_L = \frac{B(d_1 + d_2)}{2500}$$

式中　B——齿面宽度（mm）；

d_1——主动齿轮分度圆直径（mm）；

d_2——从动齿轮分度圆直径（mm）。

当分度圆直径之比大于 2 时，则取大齿轮分度圆直径为小齿轮分度圆直径的 2 倍计算。

2）齿轮轮系

$$W_L = \frac{(d_1 + d_2 + \cdots + d_n)B}{2500}$$

式中　B——齿宽（mm）；

d_1、d_2、…、d_n——分度圆直径（mm）。

如果齿轮系中任何一个大齿轮的分度圆直径大于小齿轮分度圆直径的 2 倍，则大齿轮可按小齿轮分度圆直径的 2 倍计算。

3）齿条和小齿轮

$$W_L = \frac{A}{1250}$$

如果小齿轮是可逆的，则

$$W_L = \frac{2A}{1250}$$

式中　A——齿轮在齿条上的投影面积。

4）蜗杆传动

$$W_L = \frac{Ld_1 + Bd_2}{2500}$$

式中　L——蜗轮、蜗杆的接触长度（mm）；

B——蜗轮齿宽（mm）；

d_1——蜗杆节径（mm）；

d_2——蜗轮节径（mm）。

（2）链传动

1）滚子链

$$W_L = \frac{tDR}{5000}\sqrt{\left(\frac{n}{100}\right)^3}$$

2）齿形链

$$W_L = \frac{BD}{9375}\sqrt{\left(\frac{n}{100}\right)^3}$$

3）运输链

$$W_L = \frac{B(D + 25L)}{2000}$$

式中　t——链条节距；

D——链轮直径；

n——链轮转速；

R——链条排数；

B——链条宽度；

L——链条长度。

如果是封闭链则 W_L 值可减少一半。对于两个以上的链轮传动，每增加一个链轮，总的 W_L 值增大10%。

（3）轴承密封

$$W_L = \frac{D}{25}$$

式中　D——密封轴径（mm）。

9.2.2　润滑脂润滑装置

润滑脂是非牛顿型流体，与润滑油相比较，润滑脂的流动性、冷却效果都较差，杂质也不易除去。因此，润滑脂多用于低、中速机械。但是如果密封装置或罩的设计比较合理并采用高速型润滑脂，这种润滑脂也可以用于高速部位的润滑。

1. 手工润滑装置

手工润滑主要是利用脂枪把润滑脂从注油孔注入或者直接用手工填入润滑部位，这种润滑方法也是属于压力润滑方法，可用于高速运转而又不需要经常补充润滑脂的部位。

2. 滴下润滑装置

滴下润滑是将润滑脂装在脂杯里向润滑部位滴下润滑脂进行润滑。脂杯可分为两种形式，一种是受热式，另一种是压力式。

3. 集中润滑装置

集中润滑是由脂泵将脂罐里的润滑脂输送到各管道，再经过分配阀将润滑脂定时定量地分送到各润滑点去。这种润滑方法主要用于润滑点很多的车间或工厂。

集中润滑装置根据管道分布的不同，可以分为单管式和双管式两类。手动双管式系统，其工作压力一般为7MPa，润滑点一般不多于30个，润滑区间半径为2～15m。

单管并列式脂润滑系统，其工作压力为10MPa，润滑点的数量由泵的给脂能力来决定，一般可多至几百个。润滑区间半径为5～120m。

在集中润滑装置中给油器是一个重要的定量给脂装置。

9.2.3　固体润滑装置

通常，固体润滑有四种类型，即整体润滑，覆盖膜润滑，组合、复合材料润滑，粉末润滑。

如固体润滑剂以粉末形式混在油或脂中，则其所采用的润滑装置可选用相应的油、脂润滑装置。如果采用覆盖膜，组合、复合材料或整体零部件润滑剂，则不需要借助任何润滑装置来实现其润滑作用。

9.2.4　气体润滑装置

气体润滑装置一般是一种强制供气润滑系统，例如气体轴承系统，整个润滑系统是由空气压缩机、减压阀、空气过滤器和管道等组成。

在供气系统中，必须保证可将空气中所有会影响轴承性能的任何固体、液体和气体杂质去除干净，因此常常要装设油水分离器和排泄液体杂质的阀门以及冷却器等。此外，还要设置防止供气故障的安全设备，因为一旦中断供气或气压过低，都会引起轴承的损坏。

在润滑工作中，对润滑方法及其装置的选择必须从机械设备的实际情况出发，即从设备的结构，摩擦副的运动形式、速度、载荷、精密程度和工作环境等条件来综合考虑。

9.3　润滑系统

所谓润滑系统，指的是向润滑部位供给润滑剂的一系列的给油、排油及其附属装置的总称。

润滑系统的设计虽然是根据各种机械设备的特点和使用条件而定，但它总是由几种主要元件所组成，如油泵、油箱、过滤器、冷却装置、加热装置、密封装置、缓冲装置和安全报警装置等。可以根据机械设备的具体情况选择或设计出所需要的各种元件组成适当的润滑系统。

9.3.1　润滑油系统

1. 油箱

系统中的油箱用于储存全部润滑油，并以散热、冷却、分离油中所含气泡为目的，因此油箱的容量和形状必须根据使用要求来决定。

通常油箱应容纳每分钟通过润滑系统的油量的 3 ~ 7 倍，在大型机械的润滑系统中，有时取 10 ~ 20 倍，对于一些精密机械的润滑，甚至取至 50 倍。

油箱在装油后必须还有一定的空间，因为油在受热后膨胀及在回油时产生泡沫，一般小油箱的容积可超过其实际需油量的 30%，大型油箱可为 10%。

为了取得较好的散热效果，并使油液中的气泡和杂质能有较充分的时间沉淀和分离，可使吸油管和回油管的距离尽可能远些，同时还可以在箱内加设挡板（挡板的高度为正常油液高度的 2/3）以增加循环距离。油箱内壁不能用一般的油漆，只能使用耐油防锈油漆。

2. 油泵

在润滑系统中油泵的作用是将润滑油压送到各润滑部位，在有些情况下也需要用油泵进行强制排油。

选择油泵应根据润滑系统所需要的压力、流量以及润滑油的性质、工作温度、使用环境等条件来确定。

润滑油在流经管道时，即产生液压损失，而在很多情况下是把润滑部位相继串联成很长的润滑系统，在这种情况下系统入口处的油压很高，而到末端油的压力却会变得很低，因此必须特别注意。

在需要进行强制排油，而油又有很多泡沫的情况下，排油泵的流量必须是给油泵的两倍以上。

在润滑系统中使用的泵的类型通常有齿轮泵、摆线齿轮泵、蜗杆泵、叶片泵、柱塞泵和离心泵等。

3. 油管

油管在系统中的作用是连接系统中的各元件和运输液体。在系统中管道的设计要防止紊流发生，因为紊流不但使压力损失增加，也会引起泡沫的增加。

在选取油管的管径时，必须根据流量和流速来确定。如果已知流量和流速，可根据下式

来计算所需的管径，即

$$d = 4.63\sqrt{Q/V}$$

式中 Q——流量（L/min）；

V——流速（m/s）；

d——管径（mm）。

由于使用目的和要求不同，所以吸油管、送油管和排油管采用的流速也不同，送油管的流速通常为2~4m/s的范围，当润滑油的粘度很低时，流速可大于4m/s。高速（层流范围）输送的缺点是容易带走污染杂质，而低速运输高粘度油时（特别是在长的管道中）将出现过大的压力降。回油管的流速一般小于0.3m/s，为了避免出现涡流及吸空现象，吸油管应尽可能短，并直接与泵相连，尽可能避免转弯和管径的变化。

对润滑系统来说，要求的机械设备起动即供油，为此要尽可能缩短吸油管深度，在可能的情况下最好应用流入式的进油方法，将油泵直接放入油管中或将吸油管安置在油箱油面之下，使油能直接流入泵中。

在层流的稳定流动状态下，管道的压力损失按下式计算，即

$$p = \frac{8\eta Q}{\pi r^4}\left(L + a\sum_{i=1}^{i=n}\frac{r}{R_i}L_i\right)$$

式中 p——管内压力损失；

η——润滑油的动力粘度；

Q——流量；

r——管径；

L——管长；

a——无因次系数，根据实验取 $a=1.620$；

R_i——管的曲率半径；

L_i——管弯曲部分的长度；

n——管的弯曲次数。

4. 过滤器

润滑油在工作过程中，往往被各种物质所污染，使润滑油失去润滑能力，严重的会堵塞管道，所以必须在系统中安装过滤器来保持油的清洁。

过滤器除由各种多孔材料，如毛毡、金属网、粉末烧结金属或微孔滤纸等制成外，还有永久磁铁过滤器和离心式过滤器。

不同材料的过滤器有不同的过滤作用。微孔型的过滤材料主要是机械地隔离固体粒子。活性型的过滤材料除了能滤除固体微粒外，还能在其表面吸附氧化产物。磁力式的过滤材料只能滤去能磁化的物质，离心式过滤器能将不溶物沉降分离。

过滤器一般可分为粗、中、精三种类型，粗过滤器能通过直径0.1~1.2mm的杂质；中过滤器能通过直径0.01mm的杂质；精过滤器只能通过直径0.001~0.0001mm的杂质。对过滤精度的选择一般是考虑摩擦面间的油膜厚度，在过滤后油中杂质颗粒直径应小于油膜厚度。在选择过滤器时，除了考虑过滤精度外，还应根据要求过滤的油量、压力、温度、清洗周期等情况来考虑。

5. 控制及报警装置

要使摩擦面间得到良好的润滑状态，必须保证润滑系统正常地工作，以便连续不断地或定时定量地向摩擦部位供给适量的润滑油，为此在系统中必须安装各种指示、控制及报警等附属装置。

在润滑系统中需要控制的条件一般有流量、温度和压力。

(1) 流量　在管中可以安装油流指示表或流量计来观测流量，对于流量的调节一般采用流量控制阀。在油箱中可以安装油面指示器来指示和控制流入及流出油箱的流量，常用的控制装置是浮子式液面指示器。

(2) 温度　润滑油在工作过程中除了起润滑作用外，还起着冷却和清洗作用。使油温上升的热源主要来自于摩擦面间产生的摩擦热，其次是油的内摩擦。因此，除了在油箱内安装控制温度的装置外，在摩擦部位特别是重要的轴承处，还应安装测温及报警装置，常用的有水银温度计、水银接触点温度计、热电偶等。在大型或重要的润滑系统的油箱中都装有冷却和加热装置。

(3) 压力　润滑系统中油压的变化主要来自于油泵、过滤器以及管道的泄漏，因此在油泵出口处必须安装压力表和压力控制阀来调节泵的出口压力。在过滤器前后必须装上压力表来观察压力差是否正常，还可以装上压差报警器，如果压力差大于规定值时，发出信号报警，表明过滤器已经堵塞，必须清洗。在送油管道的末端装上压力表和压差报警器，可以指示末端的压力是否正常。

9.3.2　润滑脂系统

由于润滑脂是非牛顿型流体，所以设计润滑脂系统及其主要装置时要考虑这一特殊性质。

(1) 脂罐　脂罐是用于储存润滑脂的，其容量取决于给脂泵的给脂能力，通常为给脂能力的100～250倍，润滑脂不像润滑油那样具有流动性，所以为了润滑脂能顺利地被给脂泵吸入，应将脂罐安装在给脂泵的上方。

(2) 给脂泵　在润滑脂系统中，全部采用柱塞泵作为给脂泵，因为其密封性较好，工作压力较高。齿轮泵和叶片泵都不具有这些优点。

通常是将脂罐、给脂泵、驱动装置和换向阀等组装在一起，构成润滑脂站。

(3) 管道　在润滑脂系统中，管道中的沿程压力损失要比润滑油系统大，但一般应控制在4～6MPa范围，如果压力损失大，就必须使用压力很高的泵才能把润滑脂压送到润滑点去。但是，很多润滑脂在10MPa的压力下即出现分油现象。

第10章 钢铁冶金典型设备的润滑

10.1 烧结和炼焦设备的润滑

推焦机、烧结机、大型鼓风机、带式输送机等设备，多半暴露在大气及粉尘、腐蚀性烟尘环境中，容易遭受腐蚀、磨料磨损及气蚀，要对其中相应的轴承、减速器、齿轮、蜗轮、液压系统、钢丝绳等进行润滑。

10.1.1 离心式抽烟机的润滑

在此以 S4500-11 型离心式抽烟机为例，介绍此类机械的润滑方法。

1. 润滑原理

离心式抽烟机的电动泵从油箱吸入压力润滑油，单向阀输出稳定的液压油，然后直接输送给抽烟机和电动机两端的滑动轴承及联轴器，供轴承润滑。为了能更方便地检查系统的供油情况，在回油路中设置了监视接头，通过玻璃窗可直接观察供油状况。在设备停机后，为了防止管路中的油自动返回油箱，产生管路的空穴现象，在回油管的出口处装有止回阀，防止了润滑油的倒流。当设备运行中突然停止或油泵发生故障不能正常供油时，系统中高位油箱立即开始工作，可保证设备运行一段时间，避免事故的发生。

2. 油压及各滑动轴承的温度控制

抽烟机的正常油压应保持在 0.06MPa，当润滑系统的油压降低到 0.03MPa 时，设备停止转动，此时应立即起动电动泵，提高油压。抽烟机运转时，它的转速高达 3000r/min，风机转子及电动机两端均为巴氏合金轴瓦，所以设备在运行过程中温度不得超过 60℃。

3. S4500-11 抽烟机油箱的容积、润滑油牌号及换油周期

抽烟机油箱容积为 500L，油箱的油位应保持在距油箱顶端 120～240mm 之间，高位油箱的容积是 70L，其悬挂高度应高于抽烟机轴线 3m。油箱加注 20 号汽轮机润滑油，换油周期为 12 个月。

10.1.2 圆盘给料机的润滑

ϕ2000mm 圆盘给料机润滑部位有立式减速器、卧式减速器及电动机轴承。减速器每年更换油 1 次，每 3 个月补油一次，采用 N68 号机械润滑油，电动机轴承选用二硫化钼锂基润滑脂。

ϕ2.8m×6m 圆筒混合机的润滑部位有托轮、挡轮、减速器、开式齿轮。其中，减速器每 3 个月补充一次 00 号减速器润滑脂，托轮轴承每 6 个月加油 1 次，油脂为 2 号极压锂基润滑脂。

10.1.3　鼓风机的润滑

1. S12000 鼓风机的润滑

鼓风机润滑系统由主油泵、油站（包括油箱、电动油泵、过滤器、冷却器、安全阀、单向阀、旋塞等）、高位油箱及其连接管路组成。该鼓风机采用强制性循环润滑系统，油箱中的润滑油经过滤网进入主油泵，从主油泵出来的液压油经高压安全阀（压力调整为0.59MPa），小部分进入风机调节系统，大部分经过旋塞和低压安全阀（压力调整为0.20～0.25MPa），经过滤器精滤、冷却器冷却后，由主油管分别供风机和电动机两端的轴承及联轴器润滑，然后经回油管自然返回油箱。

润滑系统的油压应调整为0.03～0.15MPa范围之内。调整的方法为：首先调整两通旋塞的开度，使油压略高于所需的油压，然后再调整低压安全阀的调整螺钉，使油压达到润滑系统所规定的压力值。

鼓风机在运行过程中润滑系统出现的故障及其消除的方法见表 10-1。

表 10-1　鼓风机在运行过程中润滑系统出现的故障及其消除的方法

序号	故障现象	产生原因	消除方法
1	油中混有水分	冷却器冷却管破裂或胀管松动	修复冷却管，更换新油
2	油泵压力下降	齿轮磨损、齿顶及齿侧磨损造成间隙过大	更换齿轮调整间隙
		过滤器滤网堵塞，过油不畅	清洗滤网
		油箱油位过低吸不上油	补充润滑油至标准油位
		油泵进油箱法兰螺钉松动，空气进入泵体	旋紧螺钉
		油管破裂或连接法兰泄露	检修管路
3	油泵吸不上油	油泵吸油管路不严，吸油管插入油液深度不够而进入空气	检查密封情况，检查油管插入的深度
		吸油高度过大	检查吸油高度
		单向阀失灵	清洗或更换
		吸油管堵塞	清洗油管

2. 140m² 鼓风环冷机的润滑

鼓风环冷机的润滑部位有电动机轴承、减速器箱体、减速器轴承、主被动轮轴承、台车轮、支撑托辊和后车中心轴。电动机轴承每 3 个月补油 1 次，采用二硫化钼锂基润滑脂。减速器每 3 个月补加油 1 次，采用 N68 号机械润滑油，减速机轴承采用电动泵循环润滑。台车里外台车轮及中心轴每月加油 1 次，用电动干油泵加注 1 号极压锂基润滑脂。

10.1.4　圆筒混合机的润滑

下面以 ϕ3m×12m 圆筒混合机为例，介绍此类机械的润滑方法。

1. 润滑方式与主要性能参数

圆筒混合机的润滑采用喷射润滑方式。压缩空气通过 BSV—1 喷射阀的喷嘴将润滑油均匀喷射在齿轮和滚圈上。喷射系统的主要技术性能参数见表 10-2。

表 10-2 喷射系统的主要技术性能参数

序 号	性能参数	数 值
1	标准喷射距离/mm	200
2	有效喷射面直径/mm	120
3	压缩空气压力/MPa	0.5
4	空气消耗量/$mL \cdot min^{-1}$	380
5	质量/kg	0.7

2. 储油器润滑油消耗量的计算

设储油器的直径为 d，喷射系统润滑油消耗量 Q 可按下式计算

$$Q = \frac{3.14 \times d^2}{4} \times \frac{A - B}{T} \times 6 \times 10^5$$

式中 Q——润滑油的消耗量（L/min）；

d——储油器的直径（mm）；

A——指示杆开始时的尺寸（mm）；

B——润滑油消耗后的指示杆尺寸（mm）；

T——从 A 至 B 经过的时间（s）。

3. 喷射系统常出现的故障及应采取的措施

圆筒混合机喷射系统常出现的故障及采取的措施见表 10-3。

表 10-3 圆筒混合机喷射系统常出现的故障及采取的措施

故障种类	灯亮条件	措 施
过载	电动泵承受过载时灯不亮	过载时泵自动停止转动，查明原因，然后按下故障复原按钮，恢复正常运行
空气压力低	二次侧的空气压力低于压力开关设定的值时灯亮	此时，泵不停止转动，仅电气控制装置故障警报灯亮，检查压力下降的原因，复位后灯便熄灭，恢复正常
泵系统故障	由于系统计时故障或喷油装置的操作失误，使其达到所定时间，泵不起动时灯亮	中央操作室故障指示灯闪烁，检查故障原因（系统计时器引起故障时，要予以调换），然后进行复位，如能运转则为正常
过时	在信号计时器设定时间内给油未结束时灯亮	此时泵自动停止转动，检查故障原因，复位确认后，按下复原按钮，便恢复正常
储油器无油	电动泵储油器无油时灯亮	此时，泵自动停止运转，补充润滑油，按下故障复原按钮，便恢复正常

4. 喷射润滑系统检查保养的内容

圆筒混合机喷射润滑系统检查保养的内容见表 10-4。

表 10-4 圆筒混合机喷射润滑系统检查保养的内容

检查项目	周 期	保养内容	措 施
电动油泵	3 个月	更换润滑油	
空气操作仪表盘上的减压阀	3 个月	查空压机供气压力和二次侧压力	将压力调整到 0.39 ~ 0.49MPa

（续）

检查项目	周　　期	保养内容	措　　施
空气操作仪表盘上的压力开关	3 个月	检查压力设定值	将压力调整到 0.34MPa
定时器	3 个月	确认定时器设定时间和检查动作	按规定设定时间；动作不灵敏时，予以调整
分配器	10 天 1 次，3 个月后，3 个月 1 次	检查分配器的动作及有无泄漏现象	动作不灵敏，可拆开清洗；检查泄漏处原因并处理
空气操作仪表盘上的空气过滤器	初期 10 天 1 次，以后 3 个月 1 次	检查排出量的状况及滤芯是否堵塞	进行排放，清洗滤芯
电器控制装置指示灯	3 个月	目视确认自动运转的各指示灯闪烁情况	调整到灯不闪烁
配管	3 个月	检查空气及油配管有无泄漏及损坏处	旋紧各紧固接头，修复损坏处
喷射网	初期 10 天 1 次，3 个月后，3 个月 1 次	检查喷雾状况，检查有无漏气现象	调整喷射阀；调整喷射阀后还是泄漏，须拆开修复
喷射装置运转情况	3 个月	测定自动运转中喷射润滑装置给油时间	与运转记录相差太大时须查明原因
润滑面的润滑状况	初期 1 天 1 次，1 周后，1 周 1 次，3 个月后，3 个月 1 次	检查润滑面的给油量是否过大或过小	利用分配阀调整给油量，用定时器调整运转时间间隔

10.1.5　50m² 烧结机的润滑

烧结机的工作条件十分苛刻，它具有在重载、低速条件下，在高温、多尘、强腐蚀介质环境中连续作业的特点。在这样的工作环境下，烧结机的良好润滑是设备维护管理工作中极为重要的环节。

1. 烧结机润滑系统的工作原理

烧结机润滑系统是由电动机、蜗杆减速器、柱塞泵、储油器、电磁换向阀、底座和给油器组成的。其润滑原理为：电动机带动蜗杆减速器及柱塞泵，将油脂从储油器中吸出，电磁换向阀沿着给油主管道向各给油器压送润滑脂，给油器在压力作用下，向各润滑点供给润滑脂。

2. 烧结机的干油泵

干油泵在工作时正常油压应保持在 6.86～9.8MPa 之内，如油压低于 6.86MPa，应立即查找原因。

3. 传动装置的润滑部位与要求

烧结机采用集中润滑方式。润滑部位有电动机轴承、减速器、两对开式齿轮及两侧轴承，其中减速器每两个月加油补油1次，采用N68号机械润滑油。两对开式齿轮及两侧轴承每小时加油1次，采用2号极压锂基润滑脂。

4. 弹性滑道的润滑

弹性滑道共有36个加油点，每天要确保8个以上加油点的油路畅通，每隔1h给弹性滑道加油1次，每次加油时间为15min，采用2号极压锂基润滑脂。

10.1.6 132m² 烧结机的润滑

该烧结机采用干油集中润滑方式，由1号和2号双线干油集中润滑系统组成。1号润滑系统负责多种传动装置、主机链轮装置、铺底料装置、原料给料装置、原料溜槽装置、粘结矿清扫装置、粘结矿检测装置、1～10号吸风装置的润滑。2号润滑系统负责11～22号吸风装置、滑道后半部分、尾部移动装置、单辊破碎机装置的润滑。

1. 烧结机润滑系统的工作原理

系统工作时，在润滑脂泵起动的同时，连通主油管1（或主油管2）和主油管3（或主油管4）的电磁换向阀，主油管1（或主油管2）和主油管3（或主油管4）开启，油脂经主油管1（或主油管2）和主油管3（或主油管4）向系统中输送，通过分配器输送到润滑点。此后，主油管1（或主油管2）和主油管3（或主油管4）中的压力迅速上升，设置在系统末端的两个压力操作阀先后动作，并发出信号，油泵电动机及换向阀线圈断电，系统工作完毕。

2. 润滑点、加油周期及润滑油

烧结机弹性滑道有94个润滑点，加油周期为30min，所用油脂为1号极压锂基脂。风箱蝶阀的润滑周期是8h，其余装置的润滑周期为4h，选用1号极压锂基润滑脂。

3. 润滑脂泵储油器的油位控制

润滑脂泵储油器的油位控制是由行程开关来实现的，当发出下油位信号时，电动加油泵起动，向干油泵储油器中加油。加满后发出上油位信号，电动加油泵电动机断电。

4. 电气系统的润滑

电气系统包括1号电控台和2号电控台两部分。1号电控台控制1号双线干油集中润滑系统，2号电控台控制2号双线干油集中润滑系统。

此种烧结机润滑电气系统电控台有自动、手动两种工作制。

手动工作制的内容为：闭合ZK和1ZK，将LW转至1DT、2DT、3DT、4DT任一位置，如转至1DT（或2DT），那么1号（或2号）电磁换向阀工作，此时按动1QA和1TA，即可手动控制向主油管1（或主油管2）供油；转至3DT（或4DT），按动2QA和2TA，即可控制向主油管3（或主油管4）供油。

5. 润滑脂泵工作压力的调整

如储油器中混有空气，则打开压力表下的排气阀，排除混入的空气。如系统管路中存在油脂泄露，则要仔细检查管路，排除故障。如润滑脂泵的溢流阀压力未调高，则要将溢流阀压力调定22.54MPa。润滑脂泵工作压力一般不超过17.64MPa。若压力过高，则把溢流阀打开，使油脂流回储油器里。压力过高的具体原因为：①电磁换向阀没换向，首先检查线路换向阀是否未通电或换向阀内是否存入介质，若堵塞柱塞或油路存在堵塞现象，则要拆开清洗；②压力操作阀行程开关接触不良或柱塞堵卡，此时要校正行程开关接触片或拆开清洗，

去除杂质；③系统管路堵塞或被压扁，此时要检查修补。

6. 故障的检查

检查电气控制装置是否正常；检查润滑脂泵储油器油位情况；检查系统泄漏情况；检查压力操作阀动作是否正常；辨认溢流阀机能。

10.1.7　破碎机的润滑

ϕ1500mm×2600mm 单辊破碎机的润滑部位有电动机轴承、减速器、一对开式齿轮及轴承、齿式联轴器。其中，减速器每年清洗换油1次，每3个月补油、加油1次，采用N68号机械润滑油；开式齿轮及轴承每天加二硫化钼锂基润滑脂1次；齿式联轴器每3个月加2号锂基润滑润滑脂1次。

ϕ1430mm×1300mm 可逆式锤式破碎机的润滑部位有电动机轴承、齿式联轴器、转子两侧轴承。其中，齿式联轴器和转子两侧轴承每6个月加注1次二硫化钼锂基润滑脂。

10.1.8　翻车机的润滑

翻车机的润滑部位有电动机轴承、减速器、齿轮组及轴承、缓冲器、滚轮轴承、托轮组及轴承、直连杆两端轴承。其中，减速器每3个月检查补油1次，每年清洗换油1次，采用N46号机械润滑油；齿式联轴器、开式齿轮两侧轴承、托轮轴承，采用2号锂基润滑脂，每半年加1次，滚轮轴承是关键润滑部位，要求每两个月加注1次2号锂基润滑脂。

10.1.9　炼焦设备的润滑

炼焦设备因经常暴露在煤粉弥漫的空气中，因而必须进行密封润滑，如炉门开关及翻底车和水淋急冷车等的液压系统，一般应用于水-乙二醇等难燃液压液；带式输送机轴承等要用锂基或复合钙基润滑脂润滑。

1. 耐酸泵的润滑

下面以$FB_1$100—37型耐酸泵为例，介绍此类设备的润滑方法。$FB_1$100-37型耐酸泵的主要润滑部位有两处，一是在轴承托架两端的滚动轴承，二是通过两轴承压盖密封的轴承。$FB_1$100-37型耐酸泵的轴承一般采用2号锂基润滑脂进行润滑，轴承在安装时加注一定数量的2号锂基润滑脂（占轴承空间的60%～70%），一般运转1500h左右，对其进行更换。密封支撑托架主要通过托架上部的油孔加注润滑油，使润滑油油位达到轴颈的1/3处为宜，轴在运转过程中，将润滑油导入轴承内进行润滑。其加油方法主要是通过窥视孔观察液面，一般每3天加油1次，工作500h更换新油，以保证设备的正常运行。

2. 煤气鼓风机的润滑

煤气鼓风机均采用N32号汽轮机润滑油集中循环强制润滑，它是用油泵将润滑油强制压送到各个润滑点，如风机增速器、电动机前后轴承，形成循环式不间断的润滑。系统中设置了油箱、油泵、过滤器、安全阀及各类控制仪表。这个系统的优点是不间断输送经滤净、冷却的润滑油，使运转稳定可靠，可满足风机运行的润滑要求。鼓风机电动机轴承是通过轴承顶部的加油孔，用油枪加注二硫化钼锂基润滑脂进行润滑，其加注周期一般为每15天加注1次。

3. 拦焦车的润滑

拦焦车的润滑要求见表10-5。

表10-5 拦焦车的润滑要求

序号	润滑部位	润滑方式	润滑油脂	制度
1	开门机三角杆	干油	2号锂基润滑脂	1次/月
2	蜗杆减速器	干油	2号锂基润滑脂	1次/月
3	走行减速器	稀油	N46号机械润滑油	1次/月
4	开门支座	干油	2号锂基润滑脂	1次/3月
5	走行轴承箱	干油	2号锂基润滑脂	1次/月
6	石墨润滑轴套	石墨体		大修换

4. 熄焦车的润滑

熄焦车的润滑要求见表10-6。

表10-6 熄焦车的润滑要求

序号	润滑部位	润滑方式	润滑油脂	制度
1	开门气缸	内加	N32号机械润滑油	1次/周
2	开门气缸轴承	油杯	4号锂基润滑脂	1次/班
3	开门机构轴承	油杯	4号锂基润滑脂	1次/班
4	走行轴承箱	油池	2号锂基润滑脂	1次/季

5. 交换机的润滑

交换机的润滑要求见表10-7所示。

表10-7 交换机的润滑要求

润滑部位	润滑方式	油脂	加油周期	换油周期
轴	涂加	2号锂基润滑脂	1次/天	
减速器	内加	N100号齿轮润滑油	1次/月	2年
齿轮	涂加	N100号齿轮润滑油	1次/周	

6. 推焦车的润滑

推焦车间断工作，且承受冲击性负荷，处于煤尘和高温环境，需使用耐热、耐水性好的极压锂基润滑脂或使用抗氧、防锈及极压润滑油进行循环润滑，液压系统也要使用难燃液压液。推焦车的润滑要求见表10-8。

表10-8 推焦车的润滑要求

润滑部位	润滑方式	油脂	加油周期	换油周期/年
走行电动机	内加	二硫化钼锂基润滑脂	半年	1
走行减速器	飞溅	N32号、N46号机械润滑油	半年	2
开式小齿轮轴	内加	2号锂基润滑脂	半年	
开式大齿轮	涂加	2号锂基润滑脂	半月	
走行齿轮轴承座	内加	2号锂基润滑脂	半月	
推焦杆后支承辊	内加	2号锂基润滑脂	1月	
推焦杆挡辊	内加	2号锂基润滑脂	半月	
推焦大齿轮轴承座	涂加	2号锂基润滑脂	1月	

（续）

润滑部位	润滑方式	油脂	加油周期	换油周期/年
推焦减速机	飞溅	N46 号机械润滑油	半年	2
电动机	内加	二硫化钼锂基润滑脂	半年	2
提门升降机	枪注	2 号锂基润滑脂	3 个月	0.5
取门减速器	内加	2 号锂基润滑脂	3 个月	1
平煤减速器	内加	N68 号机械润滑油	半年	2.5
余煤回送辊	涂加	2 号锂基润滑脂	半年	

7. 装煤车的润滑

装煤车的润滑要求见表 10-9。

表 10-9　装煤车的润滑要求

润滑部位	润滑方式	油脂	加油周期	换油周期/年
蜗杆减速器	内加	N32 号机械润滑油	每月	1
电动机	内加	二硫化钼锂基润滑脂	半年	2
走行减速器	油浴	N46 号机械润滑油	半年	3
走行轮轴承箱	涂加	2 号锂基润滑脂	半年	
走行大齿轮	涂加	2 号锂基润滑脂	半年	

8. 反击式（ϕ1200mm × 1600mm）粉碎机的润滑

该机的液力联轴器每班随时补充 N32 号汽轮机润滑油，反击板调节丝杆（4 条）每周加废润滑油 1 次，其余各润滑点每天由操作工补加锂基润滑脂 1 次。

9. 活动带式输送机的润滑

活动带式输送机和推动器由操作工每天随时补加适量的 N46 号 ~ N68 号机械润滑油和变压器油，对辊筒上所有的加油点视缺油情况随时补加。其他 24 个加油点每月由岗位工加锂基脂 1 次。对两组链条由岗位工每月加废润滑油 1 次。

10. 给料器的润滑

给料器的减速器每班由操作工随时补加适量的机械润滑油，摇动机构铜瓦处 4 个加油点由操作工每班加锂基润滑脂 1 次，夹轨器螺母、转轴处的 6 个加油点及推杆机构处的 3 个加油点由操作工每周加废润滑油 1 次，其余的 13 个加油点由操作工每月加锂基润滑脂 1 次。

11. 配煤盘（D2000）的润滑点

减速器每班由操作工进行班前检查，发现油量不足时随时补加 24 号汽油机润滑油，其余 3 个润滑点由操作工每月加注锂基润滑脂 1 次。

12. 螺旋卸车机的润滑

螺旋卸车机的主要润滑部位有小车走行机构和螺旋提升机构，加注的油品为锂基润滑脂，周期为两个月。对螺旋卸车机的链条及滑道的润滑要求为：每两天对链条及滑道加适量的锂基润滑脂；保持链条及滑道的清洁，发现杂物及时清除；每 6 个月对链条及滑道用洗油清洗 1 次，然后加适量锂基润滑脂，以保障链条的灵活，滑道不发生干磨。

13. 机械化澄清槽的润滑

齿轮及减速器内采用 N15 号 ~ N32 号机械润滑油；大传动轴支撑部位滑动轴承采用锂基

润滑脂；刮板支撑部位的滑动轴承采用二硫化钼锂基润滑脂；对轴承及链条的润滑，可根据实际情况，加注 N46 号 ~ N68 号机械润滑油。

14. 30E2-11NO47 型轴流风机的润滑

30E2-11NO47 型轴流风机的主要润滑部位有传动部位的蜗轮、蜗杆及支撑连接部位的轴承。由于蜗轮蜗杆传动齿面接触应力大，因此在蜗轮蜗杆箱底部装有油泵，采用油池方式润滑。由于风机扇叶直径较大，运转时无法观察蜗杆箱内的润滑液面高低，也无法在风机运转中加油，故从蜗杆箱的底部安装一根加油管，使其平行导出，并在油管尾部加一储油杯，这样就方便了润滑油的加注。润滑油的加注周期为每周两次，根据风扇储油杯内液面情况而加注，风扇每运行 1500h 后对陈旧的油脂进行全部更换。

10.2 炼铁设备的润滑

炼铁设备处于高温、多水与多尘的环境，对设备的润滑提出了更高的要求。

10.2.1 阀门的润滑

ϕ600mm 煤气放散阀的润滑点有两处，均为轴承。采用 2 号锂基润滑脂进行润滑，换油周期为 6 个月，加油周期为 30 天，其系统中滑轮采用 3 号锂基润滑脂，补脂周期为 1 年，减速器采用 N100 号机械润滑油润滑，换油周期为 36 个月。

ϕ250mm 均压阀润滑点为驱动轴两端的两套轴承，由于轴承处温度较高，采用 2 号锂基润滑脂进行润滑，补脂周期为 3 个月，系统中滑轮采用 3 号锂基润滑脂润滑，补脂周期为 1 年。

ϕ400mm 放散阀润滑点为驱动轴两端的轴承，采用 2 号锂基润滑脂进行润滑，换脂周期为 6 个月，补脂周期为 7 天，系统中滑轮采用 3 号锂基润滑脂润滑，补脂周期为 1 年。

除尘器遮断阀共有 5 个润滑点，包括 2 个 ϕ400mm 滑轮的轴承（6414）、固定滑轮组、动滑轮组、开闭器传动齿及 1 台减速器。滑轮及开闭器传动齿采用 3 号锂基润滑脂润滑，每 3 个月注脂 1 次；减速器采用 N100 号机械润滑油润滑，18 个月换油 1 次。

10.2.2 高炉相关设施的润滑

链式探尺的润滑点有卷筒轴承座、滑轮、卷扬减速器、齿式联轴器和传动开式齿轮 5 个润滑点。轴承采用 2 号锂基润滑脂，每 15 天补脂 1 次，每 6 个月换油 1 次；滑轮采用 3 号锂基润滑脂润滑，补脂周期为 1 年；减速器采用 N100 号机械润滑油，换油周期为 1 年，日常每月检查 1 次，视油位高低补油；齿式联轴器和传动开式齿轮采用 3 号锂基润滑脂，每 8 个月补油 1 次。

高炉煤气取样机有 4 个润滑点，即减速器、卷筒轴承、滑轮、小车车轮。减速器采用 N100 号机械润滑油润滑，换油周期为 18 个月；卷筒轴承采用 3 号锂基润滑脂润滑，补脂周期为 3 个月；滑轮采用 3 号锂基润滑脂润滑，补脂周期为 1 年；小车车轮采用 3 号锂基润滑脂润滑，补脂周期为 3 个月。

转炮机构有 3 个润滑点，即 1 套向心推力轴承和 2 套悬臂回转轴承。由于该润滑点环境温度较高，故采用 2 号锂基润滑脂进行润滑，补脂周期为 1 个月，用油枪注入。

压炮机构的润滑点有车架支座、液压缸转动支座、压炮小车轮。车架支座、液压缸转动支座采用 3 号锂基润滑脂润滑，用油杯注脂，补脂周期为每天 1 次；压炮小车轮采用 3 号锂基润滑脂润滑，每 3 天润滑 1 次。

渣口塞的主要润滑部位有减速器和滑轮。减速器采用 N100 号机械润滑油润滑，换油周期为 12 个月，每月检查油位 1 次，视油位高低情况补油；滑轮采用 3 号锂基润滑脂润滑，注脂周期为 6 个月。

铸铁机的主要润滑部位有机前、机后、链轮轴承箱、左右传动减速器。712 个固定式滚轮的轴承和轴承箱采用 3 号锂基润滑脂润滑，每月注脂 1 次；减速器采用 N100 号机械润滑油润滑，每月检查油位 1 次，视油位加油，1 年换油 1 次。另外，从动链轮中的调偏轮、滑动轴，也需每周注入 3 号锂基润滑脂 1 次。

电动卸料车的润滑部位有驱动减速器、主动轮轴承、被动轮轴承、改向滚筒轴承、振动筛激振器轴承和振动电动机轴承。驱动减速器采用 N100 号机械润滑油润滑，视油位高低加油，换油周期为 1 年；主动轮轴承、被动轮轴承、改向滚筒轴承采用 3 号锂基润滑脂润滑，补脂周期为 6 个月；振动筛激振器和振动电动机轴承则需每月补油，每 6 个月换油 1 次，油品为 3 号锂基润滑脂。

10.2.3　布料器的润滑

600m^3 无料钟布料器系统的润滑点有气密箱大轴承、大齿圈、立轴轴承、立轴盘根、1:1 减速器、ZL 型减速机构、1:1 减速器轴承及电动机轴承。其润滑要求见表 10-10。

550m^3 马基式双料钟布料器的润滑点、油品选用及加油周期见表 10-11。

表 10-10　600m^3 无料钟布料器系统的润滑要求

序　号	润滑部位	油品牌号	加油周期
1	大轴承	2 号锂基润滑脂	休风时加油或集中润滑
2	大齿圈	2 号锂基润滑脂	休风时加油或集中润滑
3	立轴轴承	2 号锂基润滑脂	休风时加油或集中润滑
4	立轴盘根	N100 号机械润滑油	稀油集中润滑
5	1:1 减速器	N100 号机械润滑油	视油位加油，每年换油
6	ZL 减速器	N100 号机械润滑油	视油位加油，每年换油
7	1:1 减速器轴承	3 号锂基润滑脂	每年换油 1 次
8	电动机轴承	3 号锂基润滑脂	每年换油 1 次

表 10-11　550m^3 马基式双料钟布料器的润滑点、油品选用及加油周期

序号	润滑部位	油品牌号	加换油周期	注油方式
1	开式齿轮传动	2 号锂基润滑脂	7 天	涂抹
2	1:1 减速器	N100 号机械润滑油	12 个月	油壶
3	传动轴承	2 号锂基润滑脂	3 个月	油杯
4	蜗杆减速器	N100 号机械润滑油	12 个月	油壶
5	旋转密封处	N100 号机械润滑油	8 小时 1 次	集中润滑
6	托辊	2 号锂基润滑脂	2 个月	油枪或集中润滑

（续）

序号	润滑部位	油品牌号	加换油周期	注油方式
7	挡辊	2号锂基润滑脂	2个月	油枪或集中润滑
8	小钟拉杆旋转轴承	2号锂基润滑脂	2个月	油枪或集中润滑
9	电动机	3号锂基润滑脂	12个月	解体换油

10.2.4 高炉上料设备与开口机的润滑

550m³ 高炉上料设备稀油润滑系统的润滑要求及用油牌号见表10-12。

高炉开口机润滑要求及用油牌号见表10-13。

表10-12 550m³ 高炉上料设备稀油润滑系统的润滑要求及用油牌号

序　号	名　称	润滑要求	用油牌号
1	均压阀探尺密封	每天1次	
2	大钟拉杆密封	每天1次	N100号机械润滑油
3	布料器密封	8小时1次	

表10-13 高炉开口机润滑要求及用油牌号

序号	润滑部位	润滑点数	油品牌号	加油周期/月	换油周期/月
1	钻杆送进减速器	1	N100号机械润滑油		12
2	滑轮轴承	3	3号锂基润滑脂	3	12
3	滑车轮轴承	4	3号锂基润滑脂	1	
4	钻机主体	1	N100号机械润滑油	1	12
5	钢丝绳	1	钢丝绳脂	3	

10.2.5 卷扬机的润滑

高炉车卷扬机系统 ϕ1800mm 绳轮有两个润滑点，即两套支撑轴承，采用2号锂基润滑脂进行润滑，在高炉休风检修时补脂。

双料车卷扬机润滑要求及用油牌号见表10-14。碎焦卷扬机润滑要求及用油牌号见表10-15。50t倾翻卷扬机润滑要求及用油牌号见表10-16。

表10-14 双料车卷扬机润滑要求及用油牌号

序号	润滑部位	油品牌号	补油周期	换油周期/月
1	轴承座	2号锂基润滑脂	1个月	
2	低速箱	N220号~N320号极压工业齿轮润滑油	视油位补油	12
3	高速箱	N220号~N320号极压工业齿轮油	视油位补油	6
4	钢丝绳	钢丝绳脂	7天	
5	水银开关器齿轮	N100号机械润滑油		6
6	直流电动机	2号锂基润滑脂	3个月	12
7	开闭器齿轮箱	N100号机械润滑油	2个月	6
8	齿式联轴器	2号锂基润滑脂	1个月	12
9	角式齿轮箱	N100号机械润滑油	6个月	12

表 10-15　碎焦卷扬机润滑要求及用油牌号

序　号	润滑部位	油品牌号	加油周期/月
1	减速器	N100 号机械润滑油	3
2	卷筒轴承	3 号锂基润滑脂	1
3	钢丝绳	钢丝绳脂	6
4	滑轮	3 号锂基润滑脂	3
5	齿式联轴器	3 号锂基润滑脂	6
6	碎焦车轮	3 号锂基润滑脂	3
7	开闭器传动齿	3 号锂基润滑脂	1
8	松弛极限传动部分	废润滑油	3

表 10-16　50t 倾翻卷扬机润滑要求及用油牌号

序　号	润滑部位	油品牌号	加油、换油周期
1	小车轮轴承	3 号锂基润滑脂	6 个月
2	主卷齿式联轴器	3 号锂基润滑脂	6 个月
3	吊钩轴承	3 号锂基润滑脂	1 个月
4	吊钩滑轮轴承	3 号锂基润滑脂	1 个月
5	卷扬钢丝绳	钢丝绳润滑脂	1 个月
6	卷筒轴承	3 号锂基润滑脂	6 个月
7	主卷减速器	00 号减速器润滑脂	视油量加油，1 年换油
8	小车走行减速器	00 号减速器润滑脂	视油量加油，1 年换油
9	小车走行齿式联轴器	3 号锂基润滑脂	6 个月
10	制动器各铰接点	废润滑油	1 个月
11	制动电磁铁缓冲器	废润滑油	1 个月

10.2.6　湿式碾泥机的润滑

湿式碾泥机润滑要求及用油牌号见表 10-17。

表 10-17　湿式碾泥机润滑要求及用油品牌

序　号	润滑部位	油品牌号	加油周期
1	碾轮横轴轴承	3 号锂基润滑脂	每天 1 次
2	碾盘托轮轴承	3 号锂基润滑脂	每天 1 次
3	立轴轴瓦	3 号锂基润滑脂	2 天 1 次
4	减速器	N100 号机械润滑油	视油量加油，1 年换油
5	开式齿轮	3 号锂基润滑脂	每周 1 次
6	出料刮板升降传动箱	N100 号机械润滑油	视油量加油，1 年换油
7	电动机轴承	3 号锂基润滑脂	每年换油

10.2.7　减速器出轴端漏油的处理

减速器漏油的原因有以下两个方面：

1）减速器的出轴端是靠间隙密封的，一部分油被密封盖挡住，而另一部分油由于轴在旋转过程中密封盖内外两侧有压差的存在，随轴漏出箱外。

2）动密封处没有回油孔，只靠间隙回油，但在轴承高速运转时，油很难回到油箱。使用的润滑油粘度较高时，油的流动性差，返回油箱更困难。

针对以上原因，可采取以下措施：在使用粘度较高的润滑油时，在减速器上加放气孔，以降低减速器的内部压力。在对轮与轴承内套间加一套筒，使其随轴承一起转动。轴承端制作一挡油环，套在轴上，挡油环的两侧加密封带，并利用对轮与轴承内套间的预紧力将其压紧，以防油从轴套漏出。挡油环做成与垂直方向成20°角。这样，一是防止挡油环与轴承外套摩擦；二是保证轴承的润滑油不受阻力，以便有足够的润滑油通过；三是挡油环旋转时，起到挡油和甩油的作用。将轴端压盖的间隙密封改为填料密封，方法是将透盖内孔加大，并与轴有一定的间隙，在中间车出填料槽，采用弹性好、耐磨性强的密封带做填料，这样避免了填料与轴的直接摩擦。在轴承下端、减速器壳下部和轴承透盖最下部各铲一个回油槽，装配时使其对正，这样，从轴承流过的润滑油被挡油环挡住后，均通过回油槽流入油箱，达到防止漏油的目的。

10.3 炼钢与连铸设备的润滑

现代炼钢炉的操作采用计算机控制，自动化程度高，所用设备要求采用相应的润滑系统和润滑剂。

吹氧转炉设备中，吹氧转炉由极限回转轴支撑，支撑滚动轴承采用二硫化钼锂基润滑脂润滑，静压轴承和聚四氟乙烯轴垫也可用润滑脂润滑。转炉驱动装置齿轮用中负荷或重负荷工业齿轮润滑油润滑。主要附属设备如排风机、电动机、装料吊车的润滑点很多，都用相应润滑脂干油润滑系统润滑，驱动齿轮常用油浴润滑。

连铸机中的钢包回转台、吊车、结晶器振动台及辊道等的滚动轴承处于高温下，一般用复合铝基润滑脂等润滑。铸模的润滑则采用防止铸模磨损或粘结的润滑剂。

连铸件的液压介质常用水—乙二醇型或磷酸酯型介质。

10.3.1 转炉的润滑

在此以30t转炉为例，介绍转炉的润滑方法。

1. 润滑制度

润滑制度包括以下内容：

1）每天查看一次减速器油位、二次减速器的喷油情况、两端稀油站油箱油位、回油和供油管路是否畅通。发现异常情况及时处理。

2）设备运行一年后，必须对一次减速器两端稀油站油箱进行清洗换油（有条件半年进行一次）。

3）每周应对万向联轴器、滑板、滑块注油，检查一次，看运转是否良好。

4）每月对氧枪滑轮轴承、钢丝绳、卷扬机制动器各销轴、减速器、滚筒轴承等进行注油一次。

5）每月对带式输送机布料小车车轮、滚筒轴承进行检查注油一次，看各轴承是否转动

灵活可靠。

6）每月对扇形阀气缸、活动烟罩传动部分、齿式联轴器及散状料各运输带转运站滚筒轴承等运行部位，进行检查润滑一次。如发现异常现象应及时处理。

2. 稀油站与润滑油

每座转炉分别配有驱动端稀油站和游动端稀油站。稀油站均采用 N320 号齿轮润滑油，稀油站可显示油泵压力、滤油压差压力和供油压力。

3. 润滑部位及补油、换油周期

30t 转炉润滑部位的润滑要求见表 10-18。

表 10-18　30t 转炉润滑部位的润滑要求

设备名称	润滑部位	润滑点数	油品牌号	换油		补油	
				周期/月	油量/kg	周期/天	油量/kg
游动端稀油润滑	轴承	1	N320 号齿轮油	12	100	30	
驱动端稀油润滑	轴承	1	N320 号齿轮油	12			
	一次减速器	4	N320 号齿轮油	12	800	30	
游动端配水头	接头		2 号锂基润滑脂			30	
扭力杆部分		6	2 号锂基润滑脂			90	20
氧枪升降	减速器	2	N46 号机械润滑油	12	120	60	50
氧枪横移	小车减速	2	N46 号机械润滑油	12		90	
氧枪升降小车干油润滑		9	2 号锂基润滑脂			30	
横移小车干油润滑		13	2 号锂基润滑脂			30	
活动烟罩	减速器		N46 号机械润滑油			90	
挡火门	轴承		2 号锂基润滑脂			30	
	减速器		N46 号机械润滑油			90	
输送带上料	减速器		HL-30（30 号齿轮润滑油）			90	
卸料小车	减速器		HL-30（30 号齿轮润滑油）			90	

4. 游动端稀油站

游动端稀油站液压工作原理是：稀油站油箱处安装了两台油泵，同时向系统供油。在油泵的出口安装了一个溢流阀，当系统压力过高时，溢流阀自动打开，多余的油液返回油箱，保证了系统的压力稳定。在供油系统中，如果一台泵发生了故障而另一台泵可继续工作，保证了设备安全润滑，油泵输出的液压油，经两个过滤器及冷却器过滤冷却后直接送到游动端轴承盖进油口润滑轴承。系统的回油经轴承座回油口，由过滤器过滤后返回油箱，这样就形成了一个工作油循环回路。

稀油站主要性能参数见表 10-19。

表 10-19　稀油站主要性能参数

稀油泵型号	XYZ-10G
给油量/（L/min）	10
工作压力/MPa	0.4
供油温度/℃	40

（续）

稀油泵型号	XYZ-10G
油箱容积/m^3	0.1
电动机型号	Y100C-4（功率 2.2kW）
转速/r/min	1500
过滤精度/μm	125
冷却水耗量/（m^3/h）	1
电加热器功率/kW	18

5. 倾动装置的润滑

30t 转炉倾动装置采用 3 点支撑 4 点啮合全悬挂柔性传动方式，炉体的倾动是由 4 台 22.4kW 电动机驱动一级带动二级减速器，使转炉倾动。来自驱动端稀油站的压力润滑油，流量为 26.5L，分别对二次减速大齿轮上、下、左、右 4 个小齿轮啮合齿面进行充分润滑并保持润滑的均匀性。在设计时采用了喷射润滑方式，防止出现齿轮干磨现象。

10.3.2 炉下设备的润滑

炉下设备的润滑见表 10-20。

表 10-20 炉下设备的润滑要求

设备名称	润滑部分	润滑点数	油品牌号	补油周期/天
渣盘车	减速器	1	N200 号齿轮润滑油	30
	车轮轴承	8	2 号锂基脂齿轮润滑油	60
钢包车	减速器	1	N200 号齿轮润滑油	30
	车轮轴承	8	2 号锂基脂齿轮润滑油	60
过跨小车	减速器	1	N200 号齿轮润滑油	30
	车轮轴承	8	2 号锂基脂齿轮润滑油	60
吹氩设备	减速器		N200 号齿轮润滑油	90
修炉车	减速器		N200 号齿轮润滑油	180
卧式烘烤器	蜗轮箱		1 号极压锂基脂	180

10.3.3 75t 电动平车的润滑

75t 电动平车的润滑要求见表 10-21。

表 10-21 75t 电动平车的润滑要求

润滑部位	润滑点数	润滑油种类
轴承座	4	2 号锂基脂
减速器	1	冬季用 N15 号机械润滑油，夏季用 N32 号机械润滑油
减速器轴承	6	2 号锂基润滑脂

10.3.4 拆炉机的润滑

拆炉机的润滑包括以下内容：

1）拆炉机的液压系统采用 N68 号抗磨液压油。新机器最初使用 50h 后必须清理液压油，500h 全部更换，以后每 1000h 全部更换 1 次。

2）液压油必须从油箱顶部过滤器口或用液压泵加入，以保持油的清洁度，各种不同牌号的液压油不得混合使用。

3）仪表盘上的过滤器是 HL12、HL13。

4）设备使用前应检查油位指示器，若油位低于油标下限时，应及时补充。

5）设备出厂时各液压元件（泵、阀等）的技术参数应调整好，使用时不得随意调整。

6）每周对两个支撑螺栓紧固情况须认真检查，发现有松动现象及时加以紧固。

7）为防止液压系统漏油，对系统的各管道、接头、液压缸等元件，须经常检查，发现异常现象应及时修复。

8）拆炉机发动机燃烧油采用轻柴油，冬季可选用 -20 号或 -30 号，夏季可选用 0 号或 10 号。

10.3.5 全弧形 R6m4 机 4 流小方坯连铸机的润滑

全弧形 R6m4 机 4 流小方坯连铸机的润滑要求见表 10-22。

表 10-22 全弧形 R6m4 机 4 流小方坯连铸机的润滑要求

设备名称	润滑部位	润滑点	油品牌号	换油周期/天	补油周期/天
钢包回转台	减速器	1	N200 号齿轮润滑油	6	90
	干油润滑站	18	2 号锂基润滑脂		
中间包车	减速器	2	N200 号齿轮润滑油	6	90
	车轮轴承	8	2 号锂基润滑脂	12	90
振动装置	蜗轮箱	4	N320 号极压蜗轮润滑油	12	30
	干油润滑站	5	2 号锂基润滑脂		
拉矫机	蜗轮箱	8	N320 号极压蜗轮润滑油	12	30
	干油润滑站		2 号锂基润滑脂		
辊道	减速器	20	N200 号齿轮润滑油		
液压剪	滑道	4	2 号锂基润滑脂		
	小车轴承	4	2 号锂基润滑脂		
移钢机	减速器	2	N200 号齿轮润滑油	12	60
	车轮轴承齿条		2 号锂基润滑脂		
废钢小车	减速器	2	N200 号齿轮润滑油	12	90
液压站	油箱	1	N46 号抗磨液压油		

10.3.6 600t 混铁炉的润滑

600t 混铁炉的润滑包括以下内容：

1）每周检查各减速器润滑油油位是否下降，油质是否符合要求，每半年对各减速器清洗换油 1 次，采用 120 号工业齿轮润滑油。

2）每周对支撑底座 20 个辊子加油 1 次（加满为止）。

3）每半个月对回转机构加油1次。

4）每班上班前必须对齿条加注1次2号锂基润滑脂，使齿条充分润滑。

5）导轨两端轴和齿轮轴两端轴每3天必须加油1次，加入2号锂基润滑脂。

6）传动机构CLZ14联轴器，每月加油2次，加注2号锂基润滑脂。

7）减速器高速轴和CLZ14联轴器每月加油1次，加注2号锂基润滑脂。

10.3.7 连铸机的润滑

1. 连铸机干油集中润滑系统

连铸机是一种大型复杂设备，工作环境十分恶劣。由于其设备结构特点，某些润滑点不适合人工加油，又由于连铸机的设备组成较集中，给采用集中润滑带来了方便，所以在连铸机上采用集中润滑的方式。根据连铸机结构的特点及润滑的要求，在1台连铸机上设立了3个集中干油润滑站，即钢包回转集中润滑站，钢包回转多点干油润滑站，及拉矫机、结晶器振动、剪机集中干油润滑站，从而保证设备正常的润滑。

2. 连铸机中间包车的提升装置的润滑

连铸机中间包车的提升装置的润滑要求见表10-23。

表10-23 连铸机中间罐车的提升装置的润滑要求

润滑部位	润滑点数	润滑油牌号
轴承座	6	2号锂基润滑脂
联轴器	6	2号锂基润滑脂
导轮		2号锂基润滑脂
蜗杆减速器	4	N200号工业齿轮润滑油
锥齿轮减速器	4	中负荷工业齿轮润滑油

3. 结晶器振动装置的润滑

结晶器振动装置的主要润滑部位是5个关节轴承，采用2号锂基润滑脂干油泵集中润滑。振动装置减速器采用N220号齿轮润滑油润滑。振动装置主要技术参数：

1）振幅为±3～±6mm。

2）振动方式为短臂四连杆（正弦曲线）。

4. 结晶器润滑装置的作用注意事项

连铸机在拉坯过程中，为了防止铸坯在凝固时与同板粘结而发生粘挂、拉裂或拉漏事故，以保证拉坯顺利进行，结晶器必须上下振动，循环改变液面与结晶器臂的相对位置。为了减少振动时的摩擦阻力，由结晶器润滑装置不断地向结晶器内腔四壁均匀地供润滑油。结晶润滑装置是由一个储油箱及3台可调控柱塞泵组成。泵由恒速AC电动机驱动，可任意调节任何一个泵的输出流量的大小，误差可控制在±1%范围之内。结晶器润滑油油箱容量为455L，采用高闪点、中等粘度的结晶器专用油。因结晶器用油量较大，所以每班操作前必须检查油箱的油位是否符合要求，同时由于润滑装置的油管细而长，容易发生堵塞现象，所以在往油箱加油之前油品必须经过严格过滤。

5. 连铸机结晶器专用润滑油

连铸机结晶器专用润滑油是一种高闪点、中等粘度的加降凝剂、消烟剂，是可用来代替

菜籽油、豆油的良好润滑剂，其主要技术指标见表 10-24。

表 10-24　连铸机结晶器专用润滑油技术指标

项　目	指标		试验方法
	冬	夏	
运动黏度（40℃）/$mm^2 \cdot s^{-1}$	35～45	41～51	GB 265—1988
开口闪点/℃	≥210		GB 267—1988
凝点/℃	≤－15	≤－10	GB 510—1983
酸值/$mg \cdot g^{-1}$	≤3.0		
水分（质量分数,%）	无		GB 260—1977
灰分（质量分数,%）	≤0.035	≤0.03	
残炭（质量分数,%）	≤0.2		GB 268—1987
水溶性酸或碱	无		GB 259
机械杂质（质量分数,%）	≤0.03		GB 511

6. 连铸坯表面折叠缺陷与形成原因

连铸坯表面折叠缺陷是其表面的横向折叠痕迹，严重时，会形成横向裂痕。表面折叠缺陷形成的原因有：结晶器润滑不良，造成坯壳与铜壁粘连；结晶器出口与二次冷却段对弧不良；结晶器振动参数调整不当；结晶器内悬挂使凝固壳撕裂，漏钢液。

7. STEL-TEK 型拉矫机的润滑

连铸机中的铸坯，由于存在铸坯的阻力，所以不能自动从结晶器出来，需用拉矫机提供外力将其拉出。拉矫机布置在二次冷却区导向装置的尾部，承担着拉坯、矫直和送引锭杆的作用。拉矫机同时还具有渐进矫直、提高铸坯拉速和质量的作用。

拉矫机的润滑要求见表 10-25。

表 10-25　拉矫机的润滑要求

润滑部位	润滑周期	润滑方式	加油方法	油品牌号
链条	6 个月	油浴	灌注	90 号工业齿轮润滑油
悬挂齿轮箱	6 个月	油浴	灌注	90 号工业齿轮润滑油
蜗杆减速器	3 个月	油浴	灌注	250 号工业极压齿轮润滑油
辊子轴承	1 天	集中供油	手动泵	2 号锂基润滑脂
上辊压下连杆	1 天	集中供油	手动泵	2 号锂基润滑脂

8. 钢包回转台的润滑

钢包回转支撑轴承及回转齿轮是连铸机钢包回转机构的重要润滑部位，为了确保机构的润滑，采用干油集中润滑方式。一般回转支撑轴承在出厂时辊道内已注满 2 号锂基润滑脂。在设备运行时，由油站双线给油系统两条供油管路保证供油。钢包回转是靠减速器直接驱动开式齿轮、齿圈来实现的。由于钢包旋转负荷大，存在偏载、高温、工作环境恶劣等情况。为保证齿轮在啮合时齿面润滑充分均匀，对齿轮齿圈的润滑采用了干油喷雾软化（选用2 号极压锂基润滑脂），即一路油管与另一路气管同时到喷射嘴，将干油均匀地喷到齿面上，使传动齿轮得到充分的润滑。

10.4 轧钢机的润滑

10.4.1 轧钢机对润滑的要求

轧钢机的组成如图10-1所示，其主要设备包括工作机座、万向接轴及其平衡装置、齿轮机座、联轴器、减速器、电动机联轴器和电动机以及图中未表示的前后卷取机、开卷机等。

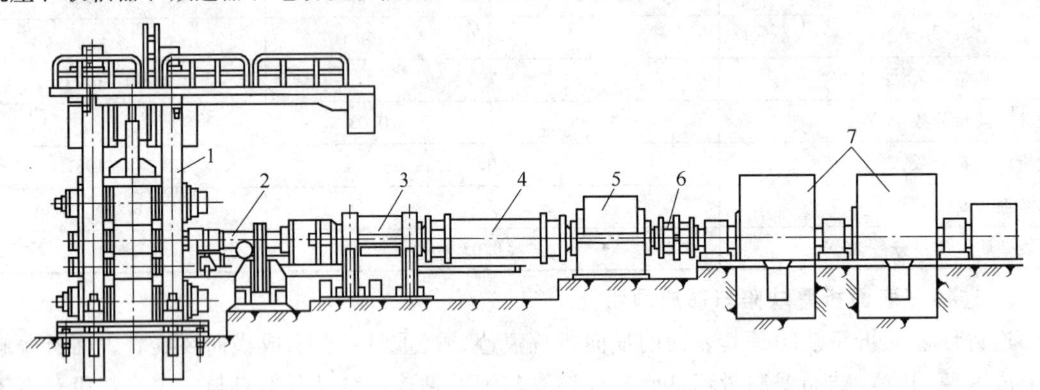

图10-1 轧钢机的组成

1—工作机座 2—万向接轴及平衡装置 3—齿轮机座 4—联轴器
5—减速器 6—电动机联轴器 7—电动机

轧钢机对润滑的要求为：

1）干油润滑。如热带钢连轧机中加热炉的输入辊道、推钢机、出料机、立辊、机座、轧钢机辊道、轧钢机工作辊、轧钢机压下装置、万向接轴和支架、切头机、活套、导板、输出辊道、翻卷机、卷取机、清洗机、翻锭机、剪切机、圆盘剪、碎边机、垛板机等都用干油润滑。

2）稀油循环润滑。稀油循环润滑包括开卷机、机架、送料辊、滚动剪、导辊、转向辊、卷取机、齿轮轴、平整机等的设备润滑，以及各机架的油膜轴承系统等。

3）高速高精度轧机的轴承，用油雾润滑和油气润滑。

10.4.2 轧钢机润滑采用的润滑油、脂

在轧钢过程中，为了减小轧辊与轧材之间的摩擦力，降低轧制力和功率消耗，使轧材易于延伸，控制轧制温度，提高轧制产品质量，必须在轧辊和轧材接触面间加入工艺润滑冷却介质。

1. 轧钢机采用的润滑油、脂

轧钢机经常采用的润滑油、脂见表10-26。

表10-26 轧钢机经常采用的润滑油、脂

设备名称	润滑材料的选用
中小功率齿轮减速器	L-AN68、LAN-100全损耗系统用油或中负荷工业齿轮润滑油
小型轧钢机	L-AN100、L-150全损耗系统用油或中负荷工业齿轮润滑油

（续）

设备名称	润滑材料的选用
高负荷及苛刻条件用齿轮、蜗轮、链轮	中、重负荷工业齿轮润滑油
轧钢机主传动齿轮和压下装置、剪切机、推床	轧钢机润滑油，中、重负荷工业齿轮润滑油
轧钢机油膜轴承	油膜轴承润滑油
干油集中润滑系统、滚动轴承	1 号、2 号钙基润滑脂或锂基润滑脂
重型机械、轧钢机	1 ~5 号钙基润滑脂
干油集中润滑系统、轧钢机辊道	压延机润滑脂（1 号用于冬季，2 号用于夏季）或极压锂基润滑脂、中、重负荷工业齿轮油
干油集中润滑系统、齿轮箱、联轴器、轧钢机	复合钙铅润滑脂，中、重负荷工业齿轮润滑油

2. 轧钢机典型部位润滑形式的选择

1）轧钢机工作辊辊缝间，轧材、工作辊和支撑辊的润滑与冷却、轧钢机工艺润滑与冷却系统采用稀油循环润滑（含分段冷却润滑系统）。

2）轧钢机工作辊和支撑辊轴承一般用干油润滑，高速时用油膜轴承和油雾、油气润滑。

3）轧钢机齿轮机座、减速器、电动机轴承、电动压下装置中的减速器，采用稀油循环润滑。

4）轧钢机辊道、联轴器、万向接轴及其平衡机构、轧钢机窗口平面导向摩擦副采用干油润滑。

10.4.3　轧钢机常用润滑系统

1. 稀油和干油集中润滑系统

由于各种轧钢机结构与对润滑的要求有很大差别，故在轧钢机上采用不同的润滑系统和方法。如一些简单结构的滑动轴承、滚动轴承等零部件可以采用油杯、油环等单体分散润滑方式。而对复杂的整机及较为重要的摩擦副，则采用稀油或干油集中润滑系统。从驱动方式看，集中润滑系统可分为手动、半自动及自动操纵三类系统；从管线布置等方面看，集中润滑系统可分为节流式、单线式、双线式、多线式、递进式等。图 10-2 所示为电动双线干油润滑系统简图。

2. 轧钢机油膜轴承润滑系统

轧钢机油膜轴承润滑系统有动压系统、静压系统和动静压混合系统。动压轴承的液体摩擦条件在轧辊有一定转速时才能形成。当轧钢机起动、制动或反转时，其速度变化就不能保障液体摩擦条件，限制了动压轴承的使用范围。静压轴承靠静压力使轴颈浮在轴承中，高压油膜的形成和转速无关，在起动、制动、反转，甚至静止时，都能保障液体摩擦条件，承载能力强、刚性好，可满足任何载荷、速度的要求，但需专用高压系统，费用高。因此，在起动、制动、反转、低速时用静压系统供高压油；而高速时关闭静压系统，用动压系统供油的动静压混合系统效果更为理想。图 10-3 所示为轧钢机动压油膜轴承润滑系统。

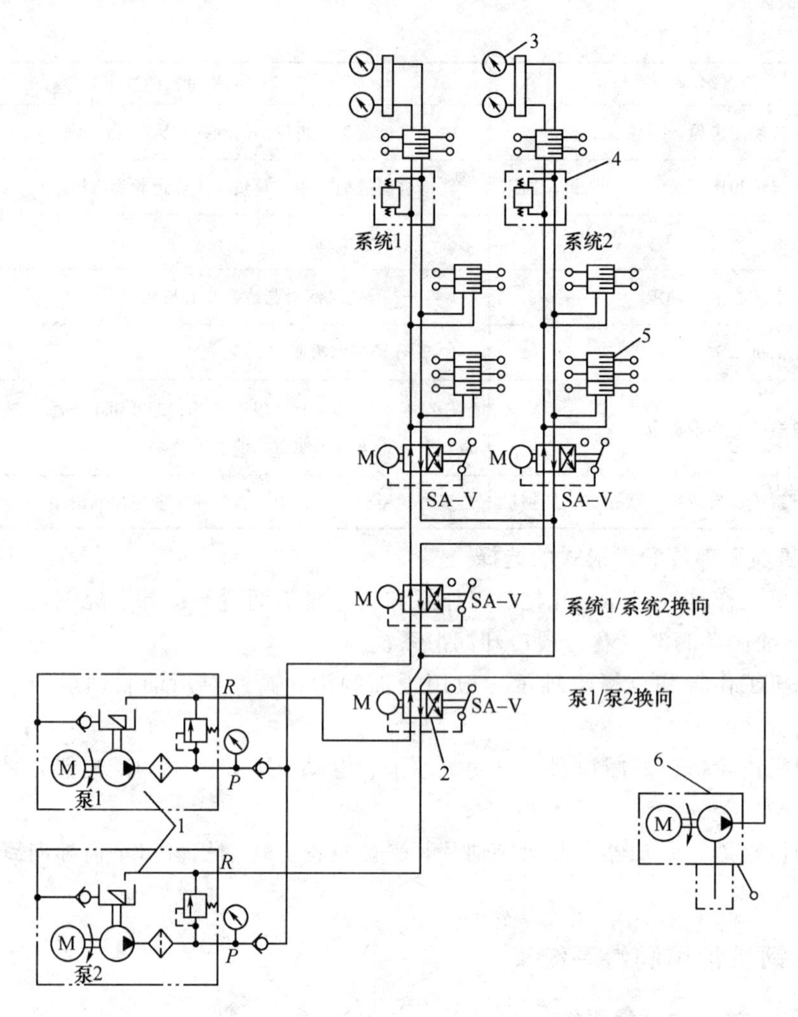

图 10-2　电动双线干油润滑系统简图

1—泵装置　2—换向阀　3—压力表　4—压差开关　5—分配器　6—补油泵

10.4.4　轧钢机常用润滑装置

重型机械（包括轧钢机及其辅助机械设备）常用润滑装置有干油、稀油、油雾润滑装置，国内润滑机械设备已基本可成套供给。

标准稀油润滑装置工作介质是粘度等级为 N22 ~ N460 的工业润滑油，循环冷却装置采用列管式油冷却器。

稀油润滑装置的公称压力为 0.63MPa；低粘度油的过滤精度为 0.08mm，高粘度油的过滤精度为 0.12mm；冷却水为温度小于或等于 30℃ 的工业用水；冷却水压力小于 0.4MPa；冷却器的进油温度为 50℃ 时，润滑油的温降大于或等于 8℃。

10.4.5　轧钢机常用润滑设备的安装维修

1. 设备的安装

安装前，认真审查润滑装置和机械设备的布管图样，审查地基图样，确认连接、安装关

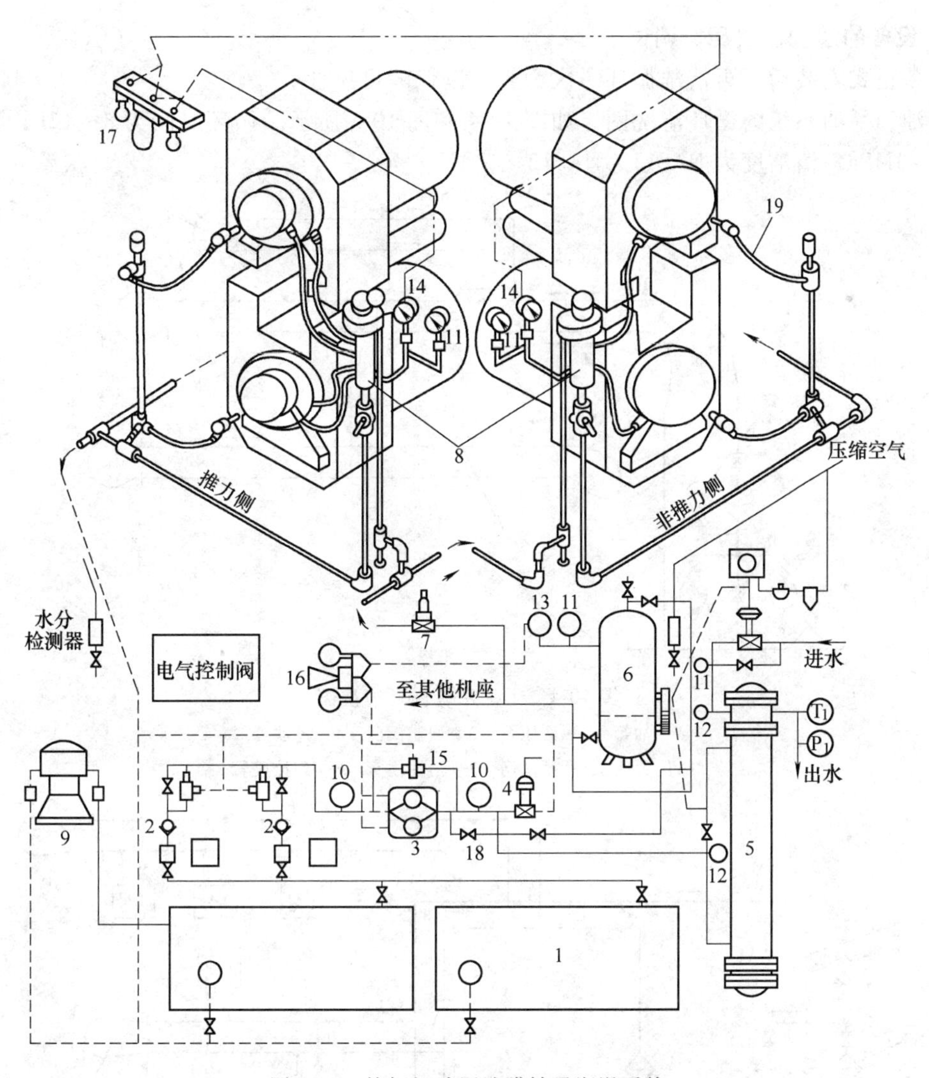

图 10-3　轧钢机动压油膜轴承润滑系统

1—油箱　2—泵　3—主过滤器　4—系统压力控制阀　5—冷却器　6—压力箱　7—减压阀　8—机架旁立管辅助过滤器　9—净油机　10—压力计（0～0.7MPa）　11—压力计（0～0.21MPa）　12—温度计（0～94℃）　13—水银接点开关（0～0.42MPa）　14—水银接点开关（0～0.1MPa）　15—水银差动开关（调节在0.035MPa）　16、17—警笛和信号灯　18—过滤器反冲装置　19—软管

系无误后，进行安装。

安装前对装置、元件进行检查；产品必须有合格证，必要的装置和元件要检查清洗，然后进行预安装（对较复杂系统）。

预安装后，清洗管道；检查元件和接头，如有损失、损伤，则用合格的清洁件增补。

清洗方法为：用四氯化碳脱脂，或用氢氧化钠脱脂后，用温水清洗。再用盐酸（质量分数）10%～15%、乌洛托品（质量分数）1%浸渍或清洗20～30min，溶液温度为40～50℃。然后用温水清洗。再用质量分数为1%的氨水溶液浸渍或清洗10～15min，溶液温度30～40℃中和之后，用蒸汽或温水清洗。最后用清洁的干燥空气吹干，涂上防锈油，待正式安装时使用。

2. 设备的清洗、试压、调试

设备正式安装后，再清洗循环一次为好，以保障可靠性。

干油和稀油系统的循环清洗图，如图 10-4 和图 10-5 所示。循环时间为 8 ~ 12h，稀油压力为 2 ~ 3MPa，清洁度为 NAS11、NAS12。

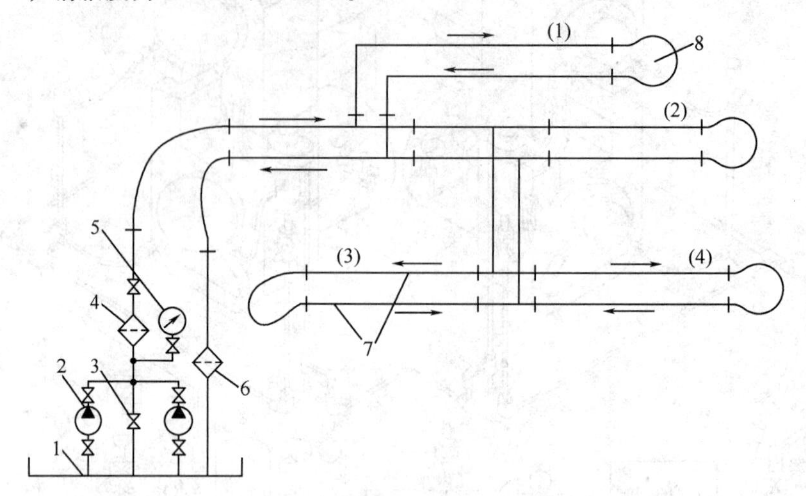

图 10-4　干油系统循环清洗图

1—油箱　2—液压泵　3—回流阀门　4—过滤器

5—压力表　6—过滤网　7—干油主管　8—连接胶管

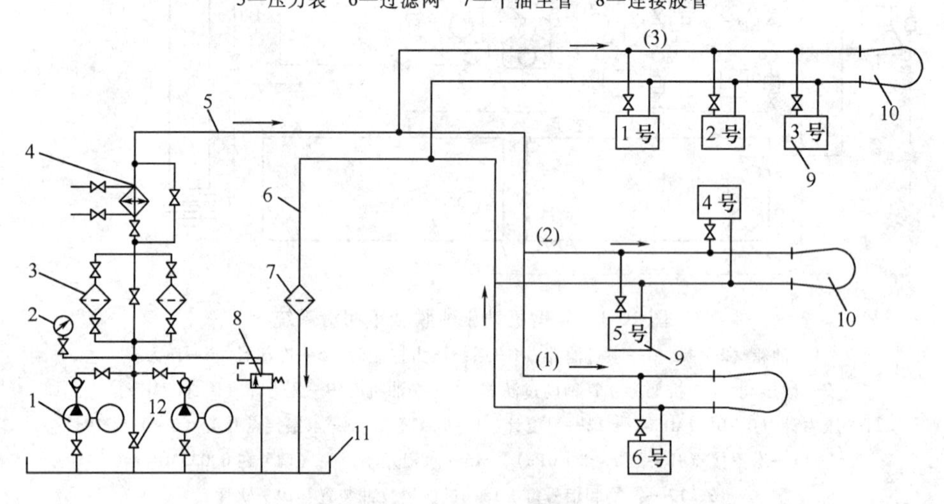

图 10-5　稀油系统循环清洗图

1—油泵　2—压力表　3—过滤器　4—冷却器　5—给油管　6—回油管

7—过滤器　8—安全阀　9—减速器　10—连接胶管　11—油箱　12—油站回油阀

对清洗后的系统，应以额定压力保压 10 ~ 15min 进行试验。逐渐升压，及时观察处理问题。

试验之后，按设计说明书对压力继电器、温度调节、液位调节和各电器联锁进行调定，然后可投入使用。

3. 设备的维修

现场使用者，一定要认真了解设备、装置、元件的图样和说明书等资料，从技术上掌握

使用、维护修理的相关资料，以便使用维护与修理。

稀油站、干油站常见事故与处理见表10-27。

表10-27 稀油站、干油站常见事故与处理

发生的问题	原因分析	解决方法
稀油泵轴承发热（滑块泵）	轴承间隙太小，润滑油不足	检查间隙，重新组合，间隙调节到0.06～0.08mm
油站压力骤然高	管路堵塞不通	检查管道，取出堵塞物
稀油泵发热（滑块泵）	1）泵的间隙不当 2）油液粘度太大 3）压力调节不当，超过实际需要压力 4）油泵各连接处的漏泄造成容积损失而发热	1）调节泵的间隙 2）合理选择油品 3）合理调节系统中各种压力 4）紧固各连接处，并检查密封，防止漏泄
干油站减速器轴承发热	1）滚动轴承间隙小 2）轴套太紧 3）蜗轮接触不好	1）调整轴承间隙 2）修理轴套 3）研合蜗轮
液压换向阀（环式）回油压力表不动作	油路堵塞	将阀拆开清洗、检查，使油路畅通
压力操纵阀推杆在压力很低时使用	止回阀不正常	检查弹簧及钢球，并进行清洗和修理或更新
干油站压力表保持不住压力	1）安全阀损坏 2）给油器活塞配合不良 3）油内进入气体 4）换向阀柱塞配合不严 5）油泵堵塞间隙太大	1）修理安全阀 2）更换不良的给油器 3）排出管内空气 4）更换柱塞 5）研配柱塞间隙
连接处于焊接处漏油	1）法兰盘断面不平 2）连接处没有放垫 3）管子接触时短 4）焊口有砂眼	1）拆下修理法兰盘端面 2）松垫紧螺栓 3）多放一个垫并锁紧 4）拆下管子重新焊接

10.5 炼钢与连铸设备润滑技术应用实例

炼钢与连铸系统处于高温、多尘、潮湿的环境，是炼钢厂润滑的重点与难点区域。近年来，我国在炼钢与连铸设备润滑技术领域取得了较大进展。下面系统介绍连铸与炼钢润滑新技术应用、维修诊断、技术改进等方面的典型实例与成功经验。

10.5.1 Fuchs150t交流电炉的润滑系统及使用维修

某公司引进的德国Fuchs150t交流电炉共有3套干油润滑系统，分别润滑竖井两侧各机构及门型架各点。

1. 电炉干油润滑系统特点

常用单线式集中润滑系统或双线式集中润滑系统进行给脂润滑，两种系统各有优缺点，对比见表10-28。

表10-28 单线式集中润滑系统与双线式集中润滑系统对比

润滑系统	单线式	双线式
故障处理	系统如有一处受阻，分配器活塞不能动作，整个润滑就会全线停止工作，需排除故障后才能恢复正常工作	背压低、阻力小的润滑点首先得到供油，其中有一处或多处受阻后，系统尚继续工作，故受阻点不易发现
输送管道	供油主管道只有一根；费用低，配管简单；在可动部分上的润滑点容量实施供油	供油管道必须是两根，依次轮流工作
报警功能	全部润滑点中，只要有一处堵塞，通过各种形式的指示器，就可报警，所以只要监视一台主分配器的动作，就可实现对全系统的监视	分配器是否供油，只有通过观察该分配器上方的运动指标杆是否动作来判别，所以很不方便；润滑点被堵塞时，不易发现
给脂的可靠性及脂量控制	只要系统在工作，每个润滑点都能获得预定的给脂量，给脂量不会因为过多浪费	润滑点给脂量的多少，受润滑点负荷轻重、背压高低、距离远近、阻力大小等因素影响；给脂量不易与预定量相一致，容易发生浪费
系统扩展性	需要新增润滑点，系统扩展不方便，需要改变原系统中分配器的形式	系统扩张方便，不需变更系统

不管是单线式或双线式的集中润滑系统，均可由手动泵、电动泵或气动泵来给脂。每个润滑点的给脂量可由分配器来定量供给，单线式分配器每个出口的出脂量是相等的，而双线式分配器每个出口的出脂量是可以单独调节的。

Fuchs150t交流电炉采用单线多点电动干油泵供脂。其中，竖井侧干油泵有3出口，配有3只8口分配器；门型架干油泵有8出口，配有3只12出口分配器及5只6出口分配器。

采用多点干油泵供脂的单线式集中润滑系统省去了单点干油泵供脂的单线式集中润滑系统中的主分配器。

采用多点干油泵供脂的单线式集中润滑系统具有以下优点：

1）压力损失降低。由于单线式干油分配器进出口压力损失约6MPa，采用多点干油泵供脂省去主分配器后，系统供脂到润滑点的压力更高，管道不易堵塞，系统工作更可靠。

2）当多点干油泵的一个泵元件失效或系统的一只分配器堵塞后，不会影响到其他分配器的工作，而单点干油泵供脂的单线式集中润滑系统的主分配器一旦堵塞，则整个系统均不能工作。

3）多点干油泵供脂的单线式集中润滑系统扩展性更强，只要在多点干油泵上增加必要的分配器便可随心所欲地扩展系统而不需要更改原系统，完全可达到双线式集中润滑系统的扩展性能，弥补了普通单线式集中润滑系统的不足。

2. 电炉润滑系统维护与故障的判断处理

在Fuchs 150t交流电炉多点干油泵供脂的单线系统中，每个分配器均设有电子式堵塞监视装置。如出现堵塞，PLC会发出报警信号，即使电子监视失灵，通过目视检查分配器前的

溢流阀是否溢流，便可准确判断分配器是否堵塞，故障点很容易检查到。

干油分配器堵塞后，可将分配器的螺堵旋开，取出压油柱塞，用溶剂（汽油、柴油等）清洗阀孔，再用清洁的压缩空气吹干，重新装上压油柱塞和螺堵便可恢复正常。

干油泵正常运行时不需特别的维护，但必须定期检查刮油板与主轴的连接。刮油板与主轴的连接如果松动，油桶内的干油无法被刮油板刮下到泵元件吸油口，泵元件吸油不畅甚至不吸油，此时干油泵空转，系统不会发出报警信号，润滑点得不到润滑脂。因此，必须定期检查刮油板，以防系统出现“假工作”。

10.5.2 高压单线式干油集中润滑系统在板坯连铸机中的应用

某公司炼钢厂 3 号板坯连铸机（R6.5/12—1200）的扇形段夹辊及拉矫辊滚动轴承润滑原来采用多线流出式干油（润滑脂）集中润滑系统，配置 DDB—36 型与 DDB—10 型多点干油泵各 2 台，人工控制干油泵工作时间，定期给各轴承润滑点供应润滑脂。因为不是自动控制，所以实施润滑精度低。每个润滑点单独用一根送脂管道，系统结构复杂，又无法实现成套件装卸，安装、维修工作量大。而且当某些润滑点堵塞无法得到供脂时，不易被操作人员及时发现、排除故障。特别是在近几年连铸机生产工艺及设备几经优化改造，年产铸坯量由原设计 25 万 t 跃升到 65 万 t 以上后，其润滑系统更不堪重负，导致扇形段夹送辊与拉矫辊轴承润滑效果日益恶化，轴承损坏速度加快，一年内就损坏轴承 460 多套，使连铸机工作可靠性大大降低，铸坯外弧面划伤现象频繁出现，铸坯表面质量差，使其一次合格率只能达到 85% 左右，每年损坏辊子达 20 多个，辊子与轴承备件消耗量及维修工作量剧增，要增加费用数十万元，更换辊子导致停产，使连铸机作业率只能达到 87% 左右。

为了改善连铸机辊子轴承润滑状况，保证优化改造后的连铸机能满负荷稳定可靠地工作，需将原有多线流出式干油集中润滑系统也相应进行有效的改造。经分析比较几种干油集中润滑方案，确定连铸机辊子轴承润滑采用高压单线流出式自动干油集中润滑系统。

1. 单线式干油集中润滑系统应用的可行性

单线流出式干油集中润滑系统早已广泛应用于冶金企业各种主机、辅机的一些不必经常供脂或比较分散的润滑点上，更常用于单独润滑的机械设备中，但多为小型干油集中润滑装置，供脂压力不高，送脂主管道延伸长度一般不超过 17m。这种润滑装置工作时，电动干油泵压出的润滑脂经主管道进入若干个单线片式分配器中，具有一定压力的润滑脂推动分配器活塞，依次连续地将润滑脂通过支线管道送至相应的润滑点上，通常采用人工手动操作控制干油泵工作时间来满足润滑点所需用脂量。

这种供脂压力不高的小型干油集中润滑装置显然不适用于 R6.5/12-1200 型板坯连铸机这类需用润滑脂量大、润滑点多、送脂距离长的机械设备上，但利用此种润滑系统的工作原理，选用合适的电动干油泵与单线片式分配器，使之成为图 10-6 所示高压单线流出式自动干油集中润滑系统，用来给上述板坯连铸机的滚动轴承进行润滑是可行的。在此拟用系统中设置 2 台 DR136-M235Z 型电动干油泵，正常工作时一台运行、一台备用，每台泵用电动机功率为 1.5kW，供脂压力为 40MPa，流量为 585mL/min；储脂桶容积为 90L，一级分配器用 DL-4 型，二级分配器用 DM-4 型与 DM-6 型。依润滑点轴承尺寸、转动速度、工作载荷、密封状况及所用润滑脂特性，确定供脂周期为 4h，即每隔 4h 开动干油泵一次，每次运行 3 ~ 6min，就可对连铸机全部轴承润滑点完成一次供脂动作。

设计润滑系统时，将轴承润滑点按相邻距离尽量小、支线管道尽量短的要求划分区域，每个区域配置一个一级分配器，再将区域内的润滑点分为若干组，每组设1个二级分配器，即若干个二级分配器共用1个一级分配器。每个分配器由若干个单片叠装构成。单个分配器所有出脂口出脂一次算一次“全动作”。用PLC可编程序控制器分区域控制整个润滑系统，按一级分配器预定全动作次数开启、关闭二位三通换向阀，用计数继电器监控一级分配器全动作次数，以实现定时定量供脂，满足全部润滑点所需用脂量。例如，可将图10-7所示某区域内18个轴承润滑点分成4组。该区域内有滚动轴承6个，其内径 $D=90\text{mm}$，列数 $u=2$，每个轴承在4h内耗脂量为 $q=0.00004D^2u=0.648\text{mL}$（式中0.00004为轴承耗脂量常数）。

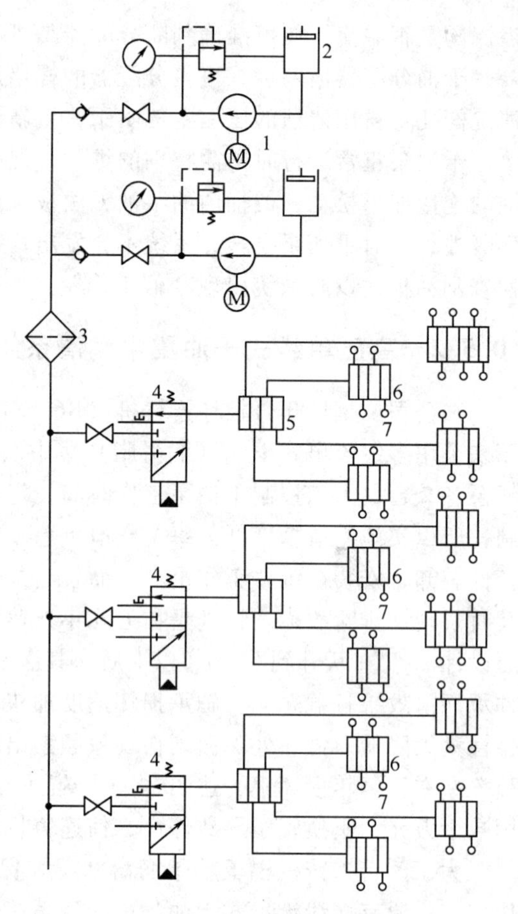

图10-6　高压单线流出式自动干油集中润滑系统

1—电动干油泵　2—储脂桶　3—润滑脂过滤器　4—换向阀　5—一级分配器　6—二级分配器　7—润滑油

该区域18个轴承润滑点在4h内耗脂量共计为15.504mL，DL-4（20T，10S，15S）型一级分配器1次全动作的最大出脂量为 $Q=0.0328\times(20+10+15)\text{mL}=1.476\text{mL}$（式中0.0328为分配器出脂量常数）。

用同样方法可算得1号~4号二级分配器1次全动作的最大出脂量分别为1.968mL、1.804mL、2.624mL、1.968mL。

一级分配器1次全动作时第一片出脂量为 $Q_1=0.0328\times20\text{mL}=0.656\text{mL}$。

该出脂量的润滑脂要同时送入1号、4号二级分配器中，故这两个二级分配器各得供脂量0.328mL。同理可求得一级分配器完成1次全动作时第二片出脂量 $Q_2=0.328\text{mL}$，第三片出脂量 $Q_3=0.492\text{mL}$，分别全数供给2号、3号二级分配器。

为保证可靠供脂，初定此18个轴承在4h需脂量为26mL（大于耗脂量计算值15.504mL），需一级分配器全动作次数为 $N=26/1.476=17.62$，以 $N=18$ 次计。4h内一级分配器全动作18次出脂量为26.568mL，需1台电动干油泵相应运转时间为0.0454min，由一级分配器4个出口的出脂量比值得1号~4号二级分配器在4h内出脂量分别为5.904mL、

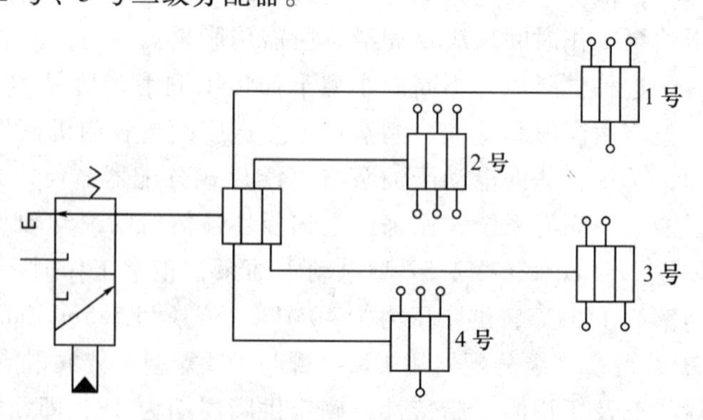

图10-7　某区域内润滑点分组计算例图

5.904mL、8.856mL、5.904mL，需 4 个二级分配器各自全动作 3～4 次。某区域润滑点耗脂量与分配器出脂量计算结果列于表 10-29 中。

表 10-29　某区域润滑点耗脂量与分配器出脂量计算结果

二级分配器编号	1 号	2 号	3 号	4 号	合计
所在区域润滑点数量	4	6	4	4	18
二级分配器型号	DM-4	DM-6	DM-4	DM-4	
一级分配器 1 次全动作最大出脂量/mL	0.328	0.328	0.492	0.328	1.476
4h 内一级分配器 8 次全动作供脂量/mL	5.904	5.904	8.856	5.904	26.57
二级分配器 1 次全动作最大出脂量/mL	1.968	1.804	2.624	1.968	8.361
4h 内二级分配器需要全动作次数	3	4	4	3	

计算分析结果表明，本区域设计可满足供应 18 个润滑点所需供脂量，所定设计方案可行。

2. 高压单线式干油集中润滑系统的应用效果

板坯连铸机扇形段夹辊、拉矫辊轴承处于高温、重载工况下，局部作业面温度可达 600～800℃，经淋水冷却散热后，不少区域温度仍有 50～80℃。连铸机工作时，轴承中只有一部分润滑脂会保持原有流体状态驻留在润滑部位，另有一些润滑脂可能在高温、重载作用下汽化分解，在原有润滑脂的运动副两表面之间形成气垫，这种带有气体的润滑剂可使运动副摩擦力比原来流体润滑状态时还小，但这种气体外逸会污染环境；还有一些润滑脂则可能燃烧，变成残炭存留于运动副中，影响润滑效果，尽管残炭的存在可使运动副摩擦力仍小于无润滑脂时的干摩擦力。

为保证所有润滑点始终处于良好润滑状态，要求选用稠度变化小、离油度小、吸附能力强、润滑性好、承载能力强、具有较高熔点、氧化稳定性好、受热分解稳定性好、燃烧生成气体少、燃烧生成物无毒、对环境污染小、压送性好、流动阻力小、易于运输的润滑脂，要求润滑脂进入轴承中不仅能降低摩擦力，还应能减少摩擦面磨损。连铸机轴承润滑选用在使用温度下锥入度为 300 以上的聚脲脂。应用结果表明，这种以有机化合物聚脲做稠化剂的润滑脂具有良好的胶体稳定性、机械稳定性与抗水蚀、抗辐射、抗漏失性能，尤其是具有良好的热稳定性、氧化稳定性，使用温度可高达 200℃，不易燃烧，能较好地满足前述使用要求。

图 10-6 所示高压单线流出式自动干油集中润滑系统自投入使用以来，一直处于良好运行状态，应用效果良好，具有以下优点：

1）润滑系统工作稳定可靠，润滑点堵塞时易查找故障处理。系统中设置双泵，可在一泵出故障后另一泵立即起动投入工作；PLC 可编程序控制器分区域控制整个润滑系统，可进行不同工作方式与控制方式的转换，定时定量供脂，投入使用以来未出过故障，如润滑点堵塞时会自动报警并显示出事地点，让操作人员及时排除故障，保证系统无故障运行。

2）润滑效果好，轴承寿命长。自动控制能保证供脂周期短，润滑精度高、供脂连续性好，全部润滑点都能得到充分润滑，系统具有的保压功能还能起到一定的密封作用，可防止水淋状态下润滑点零部件受到腐蚀，大大降低轴承磨损及热疲劳损伤，轴承使用寿命可延长 30% 以上。

3）操作简便，维修方便，使用成本低。系统中主管道只有一根，支线管道长度不超过4m，配管简单紧凑，安装精度要求不高，投资费用少且维修方便；供脂量按各个润滑点使用耗脂量进行设计预定，加上自动控制，使供脂量恰好满足需要，无多余脂浪费；操作简便，只需监视一级分配器动作即可实现全系统监视；系统运行良好，使设备备件费用与维修人工费用每年减少约50万元。

4）连铸机作业率提高，铸坯表面质量提高。润滑系统保持正常运行，使连铸机未出现因润滑不良造成的停产情况，连铸机作业率提高到93%以上，铸坯一次合格率相应提高，已极少出现外弧面划伤现象，后续工作量大为减少。

5）改善工作环境。定时定量供脂，润滑脂得到有效利用，无多余润滑脂排入周围环境中，工作环境得到改善。

该润滑系统的缺点是使用压力高，需要相关管道与元器件耐压强度高，并要求有适当高压防漏及防爆安全措施。

10.5.3 方坯连铸机干油集中润滑系统改造

目前，我国的润滑技术与国际先进水平之间有较大差距，推广和应用新技术有助于缩小这种差距，推动我国连铸机整体技术水平的提高。

1. 钢铁冶金设备干油润滑的发展趋势

现阶段国内各钢铁企业干油润滑系统的设计、应用和发展主要有以下特点；

（1）系统压力向高压方向发展　国外的干油集中润滑系统普遍压力较高，20世纪80年代后，美、德、意、法等国的干油集中润滑系统的压力等级均在40MPa左右。对于同一套设备，工作压力不同，其工作状态也不同。高压系统与低压系统相比具有以下特点：①提高了系统的工作可靠性；②缩小了管道直径，节省投资；③扩大了供脂范围；④减少了管道内的油脂存量，缩短了油脂在管道内的滞留时间。

（2）选用新型润滑脂　要求润滑脂滴点高、极压抗磨性好，具有抗水淋性，锥入度（0.1mm）要求为280～290，泵送性好，不同温度下性能稳定，各项指标变化小。

（3）采用自润滑复合材料，实现自润滑或无油润滑　自润滑复合材料应具有高机械强度、低摩擦、耐磨损和自润滑性能。它是由两种或多种材料经过一定工艺合成的整体材料。随着固定润滑剂混入量的增加，其布氏硬度、机械强度、动静摩擦因数与磨损率均下降。怎样找到这些材料与固定润滑剂的最佳配比，使其既提高性能又经济实用，是自润滑复合材料能否在连铸机上大面积推广应用的关键。目前，自润滑复合材料仅使用在条件恶劣、人工加脂不易接近的润滑部位。

（4）采用润滑新技术　油气涡流集中润滑技术是从国外引进的先进技术，最早应用在高速线材机上，近年开始在连铸机上推广。油气涡流集中润滑是采用油气集中润滑站和油气卫星站组合的方式，利用大功率油泵将高粘度润滑油用压缩空气吹散成油粒状，用涡流输送法定量供给轴承部位。此项技术耗油量少，润滑性能可靠，输送效率高。

2. 润滑系统的改进

研究了上述干油润滑发展特点及现存问题后，某公司确定对1号方坯连铸机的干油集中润滑系统采取以下改造方案：

（1）重新选用润滑脂　由钙基润滑脂改为工业锂基润滑脂。钙基润滑脂虽抗水性强、

不溶解于水、不乳化，但在高温条件下水分易蒸发，水化物分解使钙基润滑脂结构遭到破坏，变为油皂分离，影响使用性能。工业锂基润滑脂机械稳定性好，抗水性强，滴点较高（一般大于160℃），压送性能好，且能在宽温差范围内使用，使用寿命较长。

（2）辊道干油集中润滑系统改造　原干油集中润滑系统为双线流出式干油集中润滑系统，其缺点为：①配有近60个给油器，易堵塞；②给油器不易检修；③如有漏油点，将导致其后的润滑脂供油不足甚至无油，同时末端压力不足导致给油器不换向；④该处高温水淋氧化皮多，增加了润滑油管及给油器的堵塞几率。

改造仍以原电动干油站作为动力源，取消给油器，采用无缝钢管、不锈钢球阀、胶管直接接到润滑点上。每个球阀控制3个润滑点，给该控制点供油时，其余球阀全部关闭，供油完毕则关闭该球阀，打开下一个球阀，依此类推，直至供油完毕。一次供油约需20min完成。该系统简单可靠，故障点少，改造后下线修理的辊子轴承均润滑良好，无变质，管线无结焦、无炭化，润滑系统运行正常。

（3）结晶器振动装置、拉矫机润滑系统改造　结晶器振动装置干油润滑系统采用手动干油站单机干油润滑。投产初期，由于给油器堵塞、干油管布置不合理被烧坏，手动干油站操作不方便等原因，三个手动干油集中润滑系统先后停用，基本上采用手工单点润滑，劳动强度大，润滑效果差。考虑到润滑点数不多，改造中取消了手动干油站，以电动多点干油泵为动力源，经输脂管线直接与润滑点连接。因输出管路较短，沿途压力损失较小，经验证完全能满足使用要求。

原拉矫机润滑与辊道共用电动干油站，其润滑系统改造方案与结晶器振动装置相同，以电动多点干油泵为动力源。因环境温度比辊道高，拉矫机辊子冷却采用的旋转接头常因水质不好而堵塞，甚至出现无冷却水状态。此时，将导致辊子轴承润滑脂在高温下氧化变质或者烤焦，堵塞油管，辊子经常出现润滑故障。为此，增加了拉矫机开放式冷却喷淋水，以加强冷却，解决因油路油孔堵塞而阻碍进油的问题。

3. 投资与效果

整套润滑系统改造投资约9万元。改造后连铸机各润滑点润滑良好，转动灵活，轴承寿命明显提高，拉坯阻力明显减小，故障停机和检修时间大幅下降，节约了大量备件和检修费用，减轻了劳动强度，提高了生产作业率。仅节约备件一项，一个月即可收回投资。

10.5.4　连铸拉矫机油气润滑系统

1. 问题的提出

某钢厂大方坯连铸生产线生产的产品最大断面为380mm×380mm，拉矫机的拉坯速度为1m/min。该生产线由4流连铸线组成，流与流的间距为1.5m，每流连铸线上，有1台两辊矫直机和3台两辊拉矫机组成拉矫机组，位于弧形段下方，完成对弧形段冷却后连铸坯的矫直任务。在两台矫直机或拉矫机之间有过渡辊，对连铸坯起支撑作用。矫直机的驱动由位于矫直机架上的变频电动机经垂直出轴减速器，再经3条链条传至矫直机的上辊完成。图10-8所示为该连铸机结构布置简图。

由于该连铸机流与流间的距离较小，铸坯的断面较大，拉坯速度低，其拉矫机的轴承和传动部分的工作环境具有以下特点：

1）环境温度高。由于拉矫机位于连铸机弧形段下方，连铸坯在拉矫机段进行液芯矫直，此时铸坯表面温度高达900℃，矫直辊和过渡辊的表面直接与连铸坯表面接触，辊子轴承受热辐射和热传导的共同作用，其工作温度可达120℃以上。在此温度下轴承连续工作，其使用寿命明显降低。

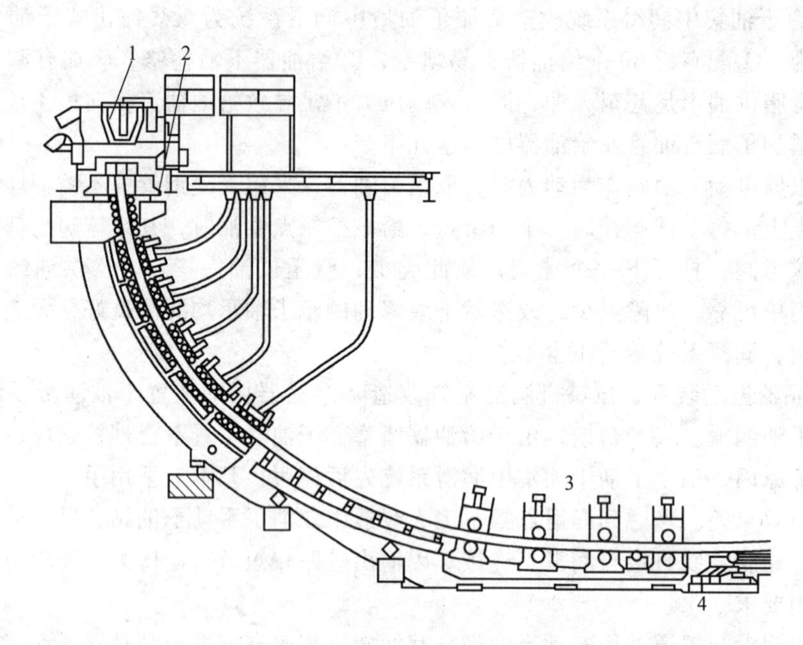

图10-8 大方坯连铸机结构布置简图

1—中间包 2—结晶器及振动装置 3—拉矫机 4—脱引锭装置

2）环境杂质和水分较多。铸坯在弧形段需要水冷却，且拉矫机的一些部件也采用通水冷却，由于密封的问题，经常发生冷却水四处喷洒现象。在冷却同时，铸坯表面有氧化皮产生。如果轴承座的密封条件不好，将有水和氧化皮等杂质进入轴承座内部，水的送入导致轴承润滑效果明显降低，轴承的使用寿命明显下降；杂质的进入将导致轴承发生磨粒磨损，因此要求轴承座的密封性能要好。

3）减速器高速轴轴承的转速较高，为了节省空间，减速器采用垂直出轴形式，因而不能实现减速器高速轴轴承靠减速器自身甩油润滑，需要采用强迫润滑方式。

4）传动链条处于高温、杂质和水及水蒸气较多的环境，润滑困难，导致链条锈蚀和磨损，使用寿命缩短。

针对上述情况，改善轴承及传动部分的润滑状态以提高使用寿命，成为降低设备事故率、提高连铸机作业效率的关键。

2. 连铸拉矫机的传统润滑方式及其问题

对于连铸拉矫机的润滑，传动方式一直采用油脂润滑方式，该润滑方式存在许多问题。

首先，采用油脂润滑时，由于润滑脂停留在轴承座内，导致由外界引起轴承发热的热量不能被带走；同时润滑脂在轴承座内的大量充填，使轴承工作时搅油损失加大，进一步导致轴承升温，轴承工作温度提高，大大降低了其使用寿命。

其次，采用油脂润滑时，由于润滑脂停留在轴承座内的时间较长，且轴承座内温度较高，易使润滑脂氧化，氧化的润滑脂不能及时排出轴承座，在轴承座内结为颗粒块，颗粒块

的硬度较高，会加剧辊子和轴承内、外圈的磨损。

第三，由于冷却水进入轴承座内，润滑剂随水流失的同时，润滑剂中水的含量会增加，这会导致贫油润滑，使辊子等部件产生锈蚀。另外，水中杂质颗粒也会随水一同进入轴承座内，引起轴承的磨损。

对于链传动部分，采用油脂润滑会引起传动装置的润滑不良或不到位，导致链条的锈蚀，加速链条的磨损。

3. 油气润滑技术

设备的润滑方式，除油脂润滑外，还有稀油循环润滑、油雾润滑和油气润滑方式，但对连铸拉矫机来说，前两种方式均不适用。这是因为采用稀油循环润滑时，一方面需要对拉矫机设备结构进行较大变动，如轴承的密封等，导致设备空间加大，安装和维修困难；另一方面，在连铸机生产时，有时会有漏钢等事故出现，这将引起火灾等重大事故。而采用油雾润滑方式时，会因油雾漂浮于空中造成环境污染，且当油雾达到一定浓度时，遇明火还会引起爆炸事故。针对以上问题，人们考虑将油气润滑系统应用在连铸拉矫机上。

（1）油气润滑的工作原理　油气润滑技术是继油雾润滑之后，20 世纪 80 年代在工业发达国家首先发展起来的一种新的润滑方法。

油气润滑的工作原理为：利用压缩空气在管道内的流动，带动润滑油沿管道内壁不断流动，把油气混合体输送到润滑点。压缩空气以恒定的压力连续不断地供给，而润滑油则是根据各个不同摩擦点的消耗量定量供给。这里使用油泵作为输油的动力源，采用步进式给油器分别对各个润滑点供给所需的油量；油和气在进入润滑点前先进入油气混合器。在油气混合器里，流动的压缩气把油吹成油滴，附着在管壁上形成油膜。油膜随着气流方向沿管壁流动，在流动过程中油膜层的厚度逐渐减薄，并不凝聚而间断地供油。它的间隔时间和每次的供油量都可以根据实际消耗的需要量进行调节。图 10-9 所示为油气润滑的工作原理图。

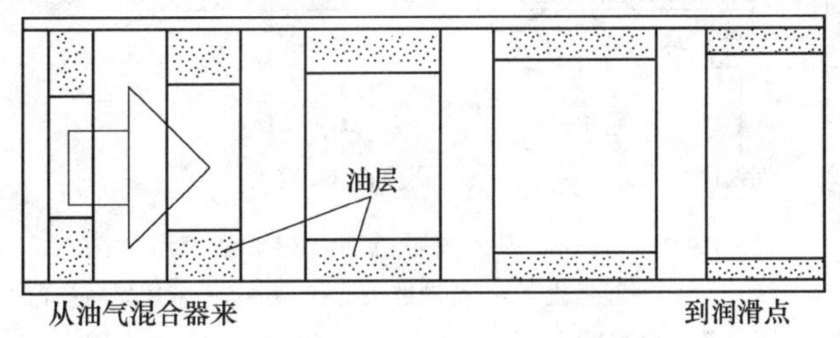

图 10-9　油气润滑的工作原理图

（2）油气润滑系统的组成　油气润滑系统大体上可划分为三部分，即供油部分、供气部分和油气混合部分。

1）供油部分。供油部分主要由油箱、油泵和步进式给油器等主要元件组成，都是根据系统的供油量选定的。

2）供气部分。供气部分为系统提供清洁而干燥的压缩空气，必须先经过油水分离及过滤。在排气管线上装有压力检测器，以保证工作中有足够的气压。

3）油气混合部分。油和气在混合器中要使油能很好地分散成油滴，均匀地分散在管道内表面。油气混合器有多种规格的供给量可供选用。

4. 大方坯连铸拉矫机油气润滑系统

根据现场实际情况和使用要求，经过大量的试验和研究，该钢厂开发设计了大方坯连铸

拉矫机的油气润滑系统。

（1）大方坯连铸拉矫机油气润滑系统工作方案　连铸拉矫机油气润滑系统的具体工作方案如图10-10所示。该系统主要对矫直机轴承，拉矫机轴承，减速机高、低速轴承，以及链传动部分进行润滑和冷却。系统将油泵提供的润滑油和来自空压站、并经冷却干燥机处理的压缩空气在油气混合器内混合后送入油气分配器，最后按设定量送入各润滑点。

系统采用双泵供油，一备一用。由于矫直机是连铸生产的关键设备，润滑系统必须保证润滑需要。采用双泵供油，能够保证当工作泵出现故障时，备用泵能及时启用，保证了润滑系统的连续正常工作。

在系统供气部分采用冷却干燥机，可以去除原压缩空气中的水分和杂质，以保证空气的质量。另外，与冷却干燥机并排安装了空气过滤管道，这样即使冷却干燥机发生故障，也可以通过空气过滤管道向油气混合器提供洁净压缩空气，以保证供气系统连续正常工作。

系统的输送管道采用了隔热和保温措施。由于当油气输送管道进入轴承座时，受到连铸坯的直接辐射，在连续生产时，管道表面温度可达200℃以上，管道的过高温度导致油膜发生氧化，使其润滑失效。另外，该连铸机在冬季的环境气温一般在－20℃，在此温度下，润滑油的粘度几十倍地增加，必然引起输送的困难，为保证冬季输送设备的负荷不致过大，必须对输送管道采取保温措施。

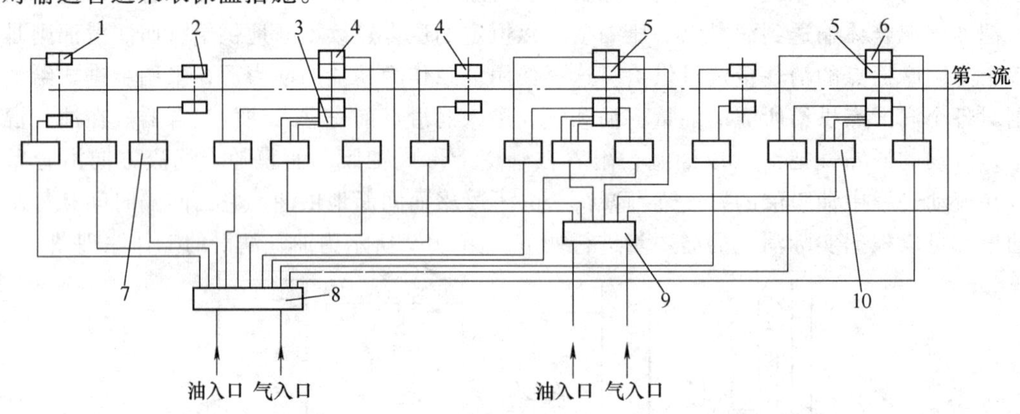

图10-10　大方坯连铸拉矫机油气润滑系统示意图

1—矫直机　2—过渡辊　3—传动链条　4—辊　5—减速器高速轴
6—第三台拉矫机　7—二点分配器　8—1号油气混合器
9—2号油气混合器　10—三点分配器

由于传动链条不能实现密封传动，故采用油气润滑时，应设法避免润滑油在喷向链条的过程中喷向其他方位。为此，专门开发了链条润滑用的喷嘴。链条专用喷嘴的基本原理是：利用油的吸附性，在油气到达喷嘴时，气体与油分离，油吸附于喷嘴壁上，积聚成油滴，当油滴积聚到一定程度时，由于重力的作用，油滴会滴于链条上，油的连续积聚形成油滴，油滴就间断地滴于链条完成对链条的润滑。

该油气润滑系统的运行与拉矫机运行联锁，即油气润滑系统没有投入运行时，拉矫机不能进行运转；拉矫机没有停止运转时，油气润滑系统不能停止工作。各部分的供油量采用计算机来控制，可根据不同部位所需润滑介质量的多少进行调整。四流生产线既可手动操作，又可自动操作；整条生产线还可实现远程自动和手动操作。另外，根据连铸生产工艺的要求，每流连铸生产线还可实现单独运行。

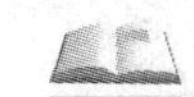

（2）大方坯连铸拉矫机油气润滑系统的特点　大方坯连铸拉矫机采用的油气润滑方式具有以下特点：

1）油气润滑不会像油雾润滑那样有引起污染和爆炸的危险。油气润滑时，润滑油在输送时以液膜的形式随气流向前运动，润滑剂不需雾化。润滑油到达润滑点时，以油滴的形式随气流射向润滑点，油滴当量直径为0.1～1mm。润滑剂不会随空气排入大气中造成污染，更不会引起爆炸。

2）油气润滑不会像稀油循环润滑那有引起火灾的危险。油气润滑属于少油润滑，其供油量只供形成润滑油膜，没有像稀油循环润滑那样存在很多不起润滑作用、只起冷却作用的润滑剂，所以油气润滑不具有引起火灾的条件。

3）轴承的冷却效果好。油气润滑时，大量的常温空气连续不断地流过轴承内环、外环和滚珠间所形成的空间，起到强迫对流冷却的作用，带走了轴承内部的热量，直接冷却了轴承的滚珠和内环、外环，使轴承工作环境温度降低，延长了轴承的使用寿命。

4）轴承的密封效果好。油气润滑时，空气在轴承座内形成正压，阻止水和杂质进入轴承座内，减少了轴承的磨损。

5）油气润滑适用于高速和低速情况。由于润滑油直接喷向润滑点，有利于润滑油膜的形成，满足润滑需要。

6）能满足传动装置润滑的需要。在润滑传动链时，润滑油能连续地从喷嘴滴下，保证了润滑的连续和相对的均匀。

（3）油气润滑系统使用效果　拉矫机轴承采用油气润滑后，克服了油脂润滑所有的缺点，满足了拉矫机轴承润滑的需要，明显地提高了轴承的使用寿命。现场实际使用情况表明，使用油脂润滑时，轴承的平均使用寿命为15～20天；使用油气润滑时，轴承的平均使用寿命为60天以上。减速器高速轴轴承使用近一年，没有发生损坏现象。传动链条采用油气润滑后，没有发现链条锈蚀现象，更没有发生由磨损导致的链条断裂现象。

10.5.5　固体自润滑轴承在小方坯连铸机上的应用

某炼钢厂小方坯连铸机引进德国德马克机型，其弧度为5.25m，两台8流，能满足截面70mm×70mm、90mm×90mm、120mm×120mm、150mm×150mm，定尺长度2.8～3.3m的铸坯的生产。两台连铸机经1996年改造后，定尺长度满足9m，截面135mm×135mm与高线厂配套。提高连铸机的作业率、延长连铸机上所用零部件的使用寿命至关重要。

该炼钢厂小方坯连铸机许多部位使用大量油脂润滑的转动或滑动摩擦件，由于连铸机作业温度高，润滑脂常常不到位，或过早干涉与炭化，使这些零部件失效损坏，严重影响连铸机作业率。针对上述问题，经过研究开发出一类耐热、耐磨固体自润滑材料及制品并结合这类材料的特性，改进使用结构，研制成耐热、耐磨固体自润滑轴承，在小方坯连铸机的几个部位使用效果良好。

1. 应用部位

F2-0.5材料所制轴承用于小方坯连铸机的输送铸坯的辊道系统，将原单辊单动机构改为多辊联动机构，用F2-0.5材料制成的自润滑轴承取代原油脂润滑的滚动轴承。经多年工业试验，证明F2-0.5材料轴承性能可靠，安装可靠，节省维修工时，减轻工人劳动强度，不会因为辊道系统出现故障而影响整机作业。

2. 改造前后的润滑情况

该炼钢厂两台小方坯连铸机从拉矫机至冷床的整个辊道系统，共计254个辊，这种单辊单动机构是由一台电动机经过三级齿轮减速，带动一个辊子回转，驱动电动机功率为0.75kW，辊子支撑为滚动轴承，用油脂润滑。由于铸坯在辊道温度高达800~1050℃，而轴承距铸坯只有200mm，每班安排定人定量加油，有时轴承还时常卡死、损坏，导致电动机烧毁，使投入维修量较大。尽管过去在改变机械机构、电动机保护方面做过一些工作，但往往带来机构复杂与维修困难等新问题，而且滚动轴承及电动机过早损坏仍得不到解决，成为该炼钢厂一大难题。

该炼钢厂根据以上情况，与钢铁研究所联系并结合外厂经验，率先在两台小方坯连铸机剪后8组高温区辊道上进行改造，将原单机单动辊改为集中链传动辊，使原一机一辊改为一机四辊传动形式。原0.75kW电动机改为5.5kW电动机，电动机且与铸坯较远，从而解决了热辐射给电动机带来的损害。实施时一次性成功，并取得预期效果。两个月后又将小方坯连铸机冷床部位40个单辊全部改造成集中链传动。在剪后及冷床辊道取得经验的基础上，又将两台运输辊道共计76个单辊全部改成集中链传动，即一机四辊联动式，由一台5.5kW电动机经行星摆线减速器同时带动4个流的4个辊。此后基本上将两台小方坯连铸机单传动辊都改成自润滑形式，并在使用中不断改进，将过去的整瓦改为半瓦形式，增加品种，使轴承更换更加方便，便于维修。

经多年使用，不论是集中链传动辊，还是集中传动辊，在使用F2-0.5材料制成的自润滑轴承后，既不需要油脂润滑也不需要冷却，剪后及冷床辊道轴承寿命可达半年以上，运输辊道轴承寿命可达3年以上。同时在使用中基本不需维修，减小了现场操作工和维修工的劳动量。

3. 综合效果分析

固体自润滑轴承在小方坯连铸机上应用后，综合效果明显：

1）经济效益十分显著。小方坯连铸机的输送铸坯的辊道系统，改造前因润滑不到位、轴承卡死及热辐射等造成平均每天需换4~5台0.5kW电动机，每年按300天计算更换0.5kW电动机1250台，每台500元，共计625000元。更换一台电动机需用15min，全年换电动机1250台需用18750min，以连铸机作业率75%计，一年少产钢7837t。另外，平均每天需换整机一台，每年300台。改造后每年平均更换20台5.5kW电动机，每台1000元，共计20000元，一年可节省605000元（这还不包括整机报废及润滑油费用）。

2）节省维修工时，减轻工人劳动强度。两台小方坯连铸机的辊道系统，改造前每班都要更换电动机、减速器，每班定员、定时加油，当辊子因轴承或电动机损坏时，不得不用人工钳夹、撬棍移动铸坯，工作条件十分恶劣，同时也极不安全。改造后基本上不需维修，不用加油，年度大修时更换轴承也十分方便。

10.6 轧钢设备润滑技术的应用

轧钢机械处于高负荷、高速度、潮湿、高温的运行环境，良好的润滑是其正常运行的必要条件。轧钢机械润滑越来越为人们所关注，因为其与钢厂生产秩序、维修成本、经济效益密切相关。下面通过典型实例系统介绍各类轧钢机械润滑系统故障分析、技术改进、泄露与

污染治理的原则、策略与方法。

10.6.1　轧制设备润滑故障的分析

润滑故障是影响设备正常运转的一大问题，越来越引起管理者或工程技术人员的重视。

润滑是将一种具有润滑性能的物质（可以是液体、脂体或气体）加入到相对运动的摩擦副表面，以达到抗摩、减磨的目的。在轧钢机械的高速运转中，轴与轴承的回转运动是通过某种润滑油去降低摩擦面间的摩擦、磨损，并通过润滑油及其产生的动压油膜，起到承载、吸振、降噪、散热和防锈的作用。对于轧钢设备而言，润滑具有十分重要的意义。良好的润滑，可以保障设备使用中的正常运转，并能延长寿命，提高生产率；反之，一旦发生了润滑故障，轻则“卡机”、“烧瓦”、污染环境，重则损坏设备，引发安全事故。

1. 润滑故障的剖析

轧钢机械润滑故障的表现形式为：机器运转不灵；振动大，噪声大；油温过高，热变形大；运动副表面发生干摩擦，导致零部件的严重磨损等。

尽管润滑故障的形式多种多样，但引发的原因大致为两个方面：一是润滑问题，二是密封问题。有时这两方面又互为因果，互相影响。

因为润滑问题（如油品不适，润滑方式不当，油膜不能形成或遭到破坏等）有可能引起密封加剧磨损，直至失效；反过来，失效后的密封犹如防线崩溃，在润滑油泄露的同时，使灰尘水分侵入，加速油质的恶化，严重破坏摩擦面、啮合面的润滑状态，形成了机械故障频发的恶性循环。因此，要减少这些故障的发生，关键是要分析润滑故障的成因。

（1）润滑油品的选配　合适的润滑剂，可以抗摩、减磨和减振、降温。但是，如果油品选择或使用不当，即使有好的润滑方案，也不能使机器达到预期的要求。相反，还可能造成严重事故。对于引进设备，如果忽视了润滑问题，忽视了国产代用油的匹配问题，那么最好的引进设备也无法正常运转和发挥其作用。

长期以来，我国轧钢机械行业普遍存在重维修、轻润滑的现象，对设备出现的润滑问题，不能引起足够的重视。在油品的选择上也往往是根据经验，在原机的润滑技术资料不完整或缺乏的情况下，就误认为润滑就是给机器加油，因此有什么油就加什么油。特别是机械润滑油成本低，货源充足，一般场合下，都把机械润滑油当做润滑油来使用。恰恰是由于这种技术盲点，使用了不当的油品，增加了肉眼看不到的非正常磨损，增大了摩擦阻力。同时，油量不当，也会加速油品变质，缩短油料寿命，增加能耗。

（2）润滑油的粘度和粘温特性　粘度是液体润滑剂最重要的性能和质量指标，也是润滑油分类的依据。高粘度的润滑油易形成动压油膜，能承受较大载荷，且摩擦面间磨损小；低粘度的润滑油则刚好相反。粘度合适的润滑油对润滑状态、承载能力和功率消耗都有重要的影响。

润滑油在设备的运转过程中，其粘度将随温度的变化而变化。当温度升高时，粘度则降低，这种粘度随温度变化的规律，成为粘温特性。环境温度的变化，正是通过对油质粘度的影响而改变其油膜厚度，从而引发设备的润滑故障。在我国由于南、北方地域而形成的温度差，以及高温酷暑和寒冷严冬的季节差，都是选择润滑油粘度和粘温特性要着重考虑的问题。

（3）润滑油的管理和使用　生产实践中，润滑油的管理、使用不当，也是引发润滑故障的重要原因。

作为成品，润滑油从出厂到投入使用，需要历经多道中间环节。在经过容器灌装、运输、储存和分发等过程中，润滑油都有可能受到水分、灰尘和杂质的污染，引起油料变质。

另外，润滑油在实际使用中也存在许多问题。如：设备开机不按润滑先行的规则进行；日常维护不严谨；加油口不紧或者无密封装置，以致出现“跑、冒、滴、漏”现象，换油周期不符合规定等。

（4）密封失效引起润滑油泄露　密封装置和润滑系统是保证设备正常运转相辅相成、互为因果的两个重要方面。一个有效、可靠的密封装置，有利于润滑系统的正常工作。

但是，密封装置难免会产生泄露，特别是在液压系统中的密封，当液压系统压力超过35MPa以上时，泄露就更为严重。其原因主要是：密封件质量不合格（从材料到成品）；管接头和堵头螺纹加工精度低；元件组装不正确（安装偏心、螺钉不均匀等），系统设计不合理（无防止外漏和减少管路振动、冲击的措施）以及缺少规范的预防、检修制度等。

实践证明，发生在机械设备中的润滑故障是普遍存在的。在提高对润滑故障危害性认识的基础上，如何从系统工程的角度对症下药，采取积极、有效的方法加以排治，使润滑系统得以正常工作，确保产品的使用和功能发挥，是迫切需要研究解决的课题。

首先应当在产品研发的总体设计阶段，就必须同步、认真地考虑产品的润滑方案及必要的密封形式和装置。

在产品制造过程中，零件的加工精度、表面粗糙度、工艺规程、装配顺序等各个环节，特别是有关啮合面、支承面和各摩擦副作用面上，要易于形成润滑油膜以达到良好的润滑状态，使相对运动作用面上的摩擦、磨损降低到最低程度。

2. 维护管理的措施

润滑系统的正常工作，还有赖于合理使用，规范维护和科学管理。具体的措施有以下几点：

1）正确认识润滑在设备中的作用与地位，加强润滑知识和密封技术的普及与提高，对于大型机械设备，必须建立详细的润滑系统工作档案。

2）重视润滑系统的适时检测和故障诊断、预报工作，发现故障症状，应及时予以排除，以免更大事故发生。

3）在机器使用过程中，应定期换油。油品一旦质量恶化，务必及时更换。在更换润滑油时，应对整个润滑系统进行清洗，以保证过滤通畅，新油清洁无杂质。

4）润滑油的保管有专人负责。油品存放地不得暴晒和雨淋；盛装油品的容器、输油设备、量具切忌混用，否则会加速润滑油的氧化变质。

近年来，基于仿生学原理而发展起来的润滑油肾型净油技术，是把设备的润滑油看做人体的“血液”，通过肾型净油装置，可将润滑油中的杂质加以清除、净化，并补充损失的成分，因而使润滑油能永久或半永久的使用。通过肾型净油处理后的润滑油，其净化程度可达次微米级，并可有效地分离水分，使其自动排出。

轧钢机械中润滑故障问题越来越成为人们关注的问题，减少润滑故障，就意味着提高经济效益，要把分析和防治润滑故障作为工作中的重要任务。

10.6.2　轧钢机油膜轴承用润滑油的使用与维护

油膜轴承以承载能力大、使用寿命长、摩擦因数低等诸多优点，而广泛地用于大型轧钢

机上，其油膜厚度均在10～40μm之间，特别是低速重载运转时，油膜会更薄。因此要求润滑油粘度大，粘度指数高，无酸、无硫、无其他杂质和污物，不仅具有高的抗氧化、抗剪切、抗腐蚀性能，而且极易与水和其他杂质分离。但是，要使轧钢机油膜轴承能够正常运转，仅有高质量的润滑油还不够，必须严格管理，合理使用与正确维护，才能更好地发挥其技术特性。

1. 严格控制润滑油的品种

轧钢机油膜轴承用润滑油的品种是在轴承设计时就已确定的，与轴承承受的载荷、转速等参数是互相匹配的。如果在使用时改换润滑油的品种，那就使轴承各个参数间的配合关系失去了平衡，从而导致轴承的承载能力下降甚至失效。

2. 润滑油的使用与维护

轧钢机油膜轴承用润滑油的使用与维护包括以下内容：

1）润滑油使用前一定要进行性能指标的全面检验。同一种牌号的润滑油，生产厂家不同，其性能指标可能有较大差异，即使是同一生产厂家，不同时期的产品也可能出现性能指标的差异。因此，尽管各厂家生产的油出厂前都做质量检查，并有合格证书，但在使用前一定要进行该牌号润滑油的性能指标的全面检验，至少是几项主要性能指标（粘度、粘度指数、抗乳化性、酸值）合格后，才能使用。

新油注入油箱时应先进行离心去水，再用带有过滤器的加油小车加注。

2）严格控制润滑油的使用温度。油膜轴承的润滑油的工作温度范围在38～42℃之间，其温度通过润滑系统的冷却器和检测温度控制仪表自动调节。操作工人应经常检查温度控制仪表的运行情况，以防止仪表失灵，造成温度失控。润滑油低温加热时，必须首先起动油泵使油循环，防止靠近油箱加热器的油高温变质，影响其性能。

3）经常排放沉积在油箱底部的积水。油箱积水的排放通过设在油箱底部的排放阀进行。常检查轧辊密封胶圈和蒸气加热油箱所用蛇形管加热器的渗透情况，一旦发现问题及时处理。油膜轴承用润滑油有极强的分水性，即使在偶尔大量进水的情况下及时排放仍可继续使用。

4）润滑油使用中要定期取样化验。润滑油在现场经过较长一段时间使用之后，油里不可避免地混进了水、杂质等污物，其性能会发生变化。为了防止划伤和烧毁轴承，要对润滑油定期取样化验，建议每月取样一次，其主要检测指标应满足：粘度变化应小于20mm^2/s（40℃），含水量小于3%，机械杂质粒度小于0.02～0.004mm，酸值不大于0.5，不应有水溶性酸和碱，不应腐蚀钢片和铜片。检测后其性能若不能满足以上指标，系统启用备用油箱，对更换下来的油箱里的污油施行恢复性措施，如用水油分离器将油中的水和其他杂质分离出来，加强油的循环过滤等方法。

5）制定油膜轴承用润滑油的专用操作规程及维护制度。对专业技术人员及操作工进行培训和考试。设置交接班运行记录本、油箱防水专用记录本，以便维修和查找故障。

要制定严格的润滑油报废标准。对实施恢复性措施仍达不到性能指标的润滑油必须报废。因为劣化变质的润滑油会使轴承烧毁，整条轧线将被迫停产，从而造成更大的经济损失。在更换旧油注入新油前，要把油箱、过滤器及其他液压元件清理干净，检修好，为保证轧机的连续工作做好准备。

3. 岗位人员培训

油膜轴承正常运转不仅取决于油的品种和质量，与油的管理、维护以及润滑系统的运转情况等都密切相关。为了保证油膜轴承的正常使用，首先，要使所有现场的技术人员、操作工人以及技术负责人充分认识润滑油的严格管理和合理使用，是轧钢机油膜轴承成功使用的重要条件之一。其次，要培养一批了解油膜轴承的基本原理，熟悉掌握油膜轴承润滑系统的安装、维护及操作技能的专业队伍。对负责润滑系统的技术负责人、专业技术人员及操作工人应进行严格的技术、岗位培训。第三，应建立一套从设计、制造，到安装、使用、维护一体化的科学管理体系。总之，只要充分认识油膜轴承用润滑油的重要性，严格管理与精心维护，润滑油可以长期使用而不需经常更换。

10.6.3 线材轧钢设备的泄露与治理

1. 轧钢车间主机设备润滑与泄露概况

某厂线材车间轧制 Q235 线材 18 万 t，7 个主机架是轧材关键设备，各机架的减速器、分配箱、人字齿轮座都采用稀油循环润滑。由于该主机设备是 20 世纪 70 年代的产品，制造精度不高，密封设计也有不足之处，存在着不同程度的漏油。油气转轴伸出端，及上、下箱体分型面漏油最为严重。泄露的存在，不但增加了吨材成本，而且废水排放含油量超过考核指标，造成环境污染。因此，治理主机设备的漏油，是设备管理人员、技术人员的重要工作任务。

治理轧钢设备润滑油的泄露，长期以来被视为难题。要彻底防止润滑油的泄露，首先要确定漏油的位置，区别漏油的类型，分析漏油的原因。然后，根据漏油的类型制定可行的密封方案，分期分批进行治理，才能达到彻底防止漏油的目的。

2. 漏油原因的分析及密封的措施

系统漏油主要是轴伸出端漏油，包括减速器、分配箱、人字齿轮座的轴伸出端漏油；箱体分型面漏油，包括减速器、分配箱、人字齿轮座的上、下箱体的分型面的漏油；轴瓦间隙对密封的影响；减速器、分配箱内外压力差产生的漏油；工作失误引起的漏油等。相应的漏油原因分析和治理措施如下：

（1）轴伸出端漏油的治理　减速器、分配箱和人字齿轮座的轴伸出端密封结构，在滚动轴承或轴瓦与箱体端盖之间设有甩油环。它只能挡住一部分从轴承处飞溅出来的润滑油，另一部分的润滑油飞溅到通盖内侧，并随着轴的转动，顺着通盖的间隙，往外渗漏。而通盖上的 J 型胶圈只能减慢润滑油外漏的速度，特别是当 J 型胶圈被磨损时，漏油更为严重。通过分析，改进甩油环和通盖的结构，采用非接触式密封结构，如图 10-11 所示。改甩油环为甩油盘，改通盖内侧为回油槽内侧，当轴承转动时飞溅出来的润滑油大部分被甩到油箱内，少部分润滑油飞溅到通盖内侧，可顺着回油槽流入箱内，有效地阻止了润滑油的外漏，通盖内侧的 J 型胶圈主要起阻止杂物（水、灰尘）进入油箱内的作用。实践证明，甩油盘与通盖回油槽结构的非接触密封，是治理轴伸出端漏油有效的方法。

（2）减速器、分配箱、人字齿轮座箱体分型面漏油的治理　减速器、分配箱、人字齿轮座箱体分型面，一般机加工表面粗糙度为 3.2μm，没有经过研刮的表面加工刀痕肉眼可见。装配时，上、下箱体分型面需要填充密封材料，否则箱内的润滑油就会从分型面渗漏出来，这就是常见的漏油现象。对有装配精度要求的分型面有两个要求：一是在分型面填充密封材料后，不产生垫厚；二是填充的密封材料能长久有效地阻止润滑油渗漏到箱外来。通常是在

分型面填充漆胶或7903润滑密封胶。当使用漆胶时，能迅速将上、下箱体的分型面胶合在一起，又不起垫厚作用。缺点是在轧钢冲击力的作用下，分型面的联接螺栓预紧力不足时，分型面产生微小的分离和振动。此时，固化漆胶产生裂纹，脱离分型面，失去密封效果，油就会渗漏出来。而7903润滑密封胶因质软，虽然也不产生垫厚，但是在箱内的润滑油的冲击下，逐渐溶化，特别是箱体分型面的凹凸不平处溶化速度更快，过一段时间使用，箱内的润滑油就渗透到箱外来。

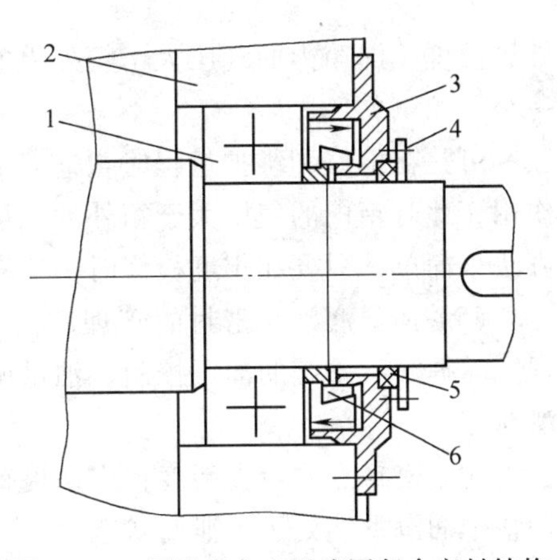

图10-11 甩油盘与J型胶圈复合密封结构

1—轴承 2—箱体 3—通盖
4—压盖 5—J型胶圈 6—甩油盘

针对泄露，比较有效的密封方法是在下箱体的分型面铣一条矩形凹槽，矩形凹槽的尺寸由耐油O形胶带的规格来确定。O形胶带尺寸一般为$\phi5\sim8$mm，当箱体尺寸大时，取较大规格的O形胶带；反之，取小规格的O形胶带。在装配时，只需将耐油O形胶带放入凹槽中即可合箱。在上、下箱体的拔紧力作用下，该带产生弹性变形，弹性力作用于上、下箱体，有效地阻止箱内的润滑油从分型面向外渗漏。这种方法也可以应用于其他平面的密封。其结构如图10-12和图10-13所示。

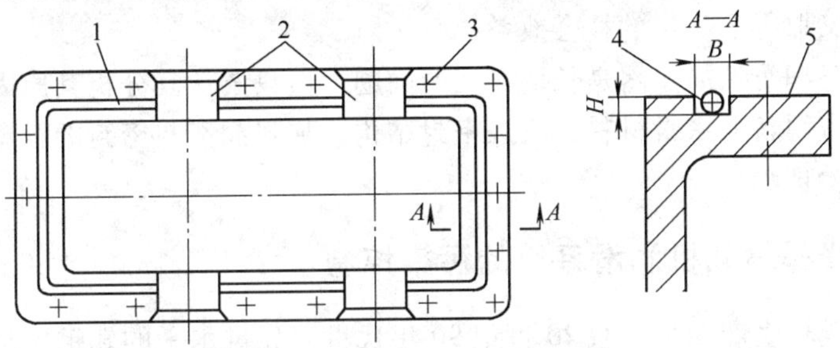

图10-12 下箱体分型面铣O形胶带嵌入槽

1—O形胶带嵌入槽 2—轴承位置 3—上、下箱体联接螺栓
4—耐油O形胶带 5—下箱体分型箱

(3) 轴瓦间隙对密封的影响及治理 粗轧、中轧机组的人字齿齿轮座的轴承一般为合金瓦，轴瓦的间隙对密封有着较大的影响。新安装的轴瓦经过一段时间的使用后，轴与瓦产生磨损。当轴和瓦的顶间隙变大到大于$2d/1000$mm（d为轴径）时，转轴就会在瓦中产生跳动，间隙越大，跳动就越明显。转轴跳动使伸出端的密封产生瞬间间隙，此时箱内的润滑油就会顺着间隙渗漏到箱外。出现这种情况时就要开箱调整轴瓦间隙，使轴和瓦的间隙控制在$(1.5d\sim1.8d)/1000$mm范围内，轴跳动即可消除，渗漏自然消失。

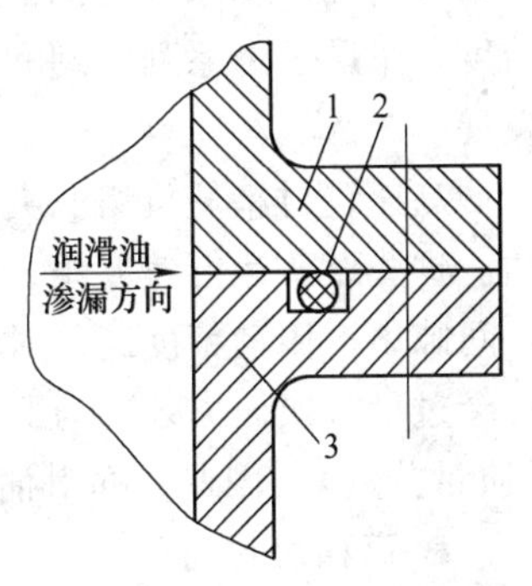

图10-13 耐油O形胶带用在箱体分型面密封

1—上箱体 2—耐油O形胶带
3—下箱体

(4) 减速器、分配箱内外压力差产生的漏油及治理。减速器、分配箱在运转过程中，齿轮搅拌箱内的润滑油的油温升高，此外齿轮的啮合过程的摩擦也使油温上升，使箱内的温度高于

外界温度，即箱内的气压大于箱外界的气压。为了平衡这个压差，设计时在上箱盖上设置了一个“透气帽”。

可是在检修和维护过程时常忘记对“透气帽”的清洗，被油泥堵塞，没有起到透气的作用，此时箱内的气压大于箱外的气压，润滑油就会从密封最薄弱的地方渗漏到箱外。解决方法很简单，只要在年度检修时不要忘记清洗“透气帽”，使之正常透气即可。

（5）加强润滑与密封的管理，杜绝不必要的漏油　组织油泵工学习润滑知识和操作规程，掌握润滑系统的油压控制、油量调节、油温控制、油质检查等基本方法，杜绝人为的润滑泄露。

建立密封点的检查制度，定期检查密封情况，发现渗漏现象及时调整或更换密封件，保持整个润滑系统处于无泄漏状态。

经过以上五个方面的分析和治理，车间设备的漏油得到了根治，取得了一定效益。

3. 取得的效益与经验总结

治理泄露，取得了显著的成效：

（1）降低润滑油的消耗　油耗0.267kg/t，比以前用油减少一半，节省开支15万元。

（2）造就文明生产的环境　原来由于漏油的存在，设备周围都是油污，当遇到红钢时会着火，同时也给操作工人带来不安全的因素。漏油得到解决，生产环境也得到改善。

（3）实现污水排放含油量达标　经厂环保部门定期抽检，污水含油量达到排放标准，既保护自然环境，又取得了一定的社会效益。

虽然轧钢设备润滑油的泄露是长期存在的问题，但只要认真分析其原因，采取切实可行的密封方法——应用新的密封材料，改进密封结构，加强润滑与密封的管理，漏油的问题就可以得到较好的治理。

10.6.4　高速线材精轧机润滑系统的污染控制

某公司高速线材生产线是具有20世纪90年代世界先进水平的轧钢生产线，它的主体关键设备包括精轧机组、夹送辊、吐丝机等要保证上述调整设备的正常运行，其润滑系统污染控制非常重要。由于轧钢工况环境差，各种污染物易通过不同途径进入润滑系统中。为了防止污染物和冷却水进入润滑系统中，有效清除已进入的污染物，控制润滑系统中润滑油的清洁度，采取了一系列管理和技术上的措施，保证了轧钢生产线的正常运行，促进了生产持续发展。

高速线材精轧机组、夹送辊、吐丝机共用一个集中稀油润滑系统，由润滑泵站集中供油。这些设备运行速度快，制造精度高，大多数采用油膜轴承和高速齿轮传动。油膜轴承配合间隙小，传动精度高，对润滑油污染非常敏感。若润滑油液清洁度达不到要求，油膜轴承将会过早磨损而失效，为此必须保证润滑油液清洁度最低达NAS8级，水分含量不超过2%（质量分数）。因此，润滑油系统管理维护技术工作十分重要。

1. 高精度过滤

润滑系统采用一级过滤，主过滤器滤芯是从国外引进的精度为10μm的一次性滤芯。过滤系统运行一段时间后，过滤性能变差，尤其在润滑系统进水较多时，滤芯使用寿命大大缩短。这就需要频繁更换滤芯，滤芯消耗量增大，费用高，也增加了劳动强度。

对进口滤芯的检测表明精度能达到要求，但由于滤材是纸质的，为平面过滤，纸质滤材

纤维粗短不均匀，孔隙少而不均一并含有粘结剂，透气性差，过滤阻力大，纳污量低。当润滑油含有较多水分时，其过滤能力和纳污量也将进一步降低。为了解决这一问题，试用国内研制的过滤材料制成的滤芯。这种滤芯不仅过滤精度达到进口滤芯的水平，而且使用寿命超过 700h，大大超过引进滤芯的使用寿命。

FT 滤材纤维的孔隙易控制，滤材中不含任何添加剂，与油液有很好的相容性，根据需要可制成深层梯度过滤结构。因此，纳污量大，压降小，寿命长；纯纤维滤芯孔隙率高，不含胶质等添加剂，阻力小，过滤能力强；纤维编织精度可控，可制成高粘度（大于 $92mm^2/s$）、大流量、高精度过滤工况的滤芯。

2. 双油箱设置

由于精轧机运行时需要大量高压冷却水，因而润滑系统易进入冷却水。消除由水污染造成的故障，关键是减少进水量，并及时有效地消除进水的故障渠道，同时要把已进入润滑油中的水尽快滤除掉，这是维护技术中应解决的核心问题。

润滑系统配备了两台体积为 $68m^3$ 的油箱，单个油箱容量为润滑系统供油泵额定流量的 43.5 倍，运行时一个油箱接入润滑系统，另一个油箱的润滑油就有足够的“休息”时间，一方面能自行恢复润滑油抗磨、耐热、抗氧化、抗泡沫、防锈等添加剂的稳定性；另一方面为沉降分离润滑油中的水分及杂质提供充分必要的静置时间条件。几年的实践证明，这是除去大量混入的冷却水的主要渠道。如果长时间使用一个油箱而不及时排除水分，由于润滑泵的搅动、齿轮啮合与轴承的挤压，水与油将会形成难分离的乳化液，进而使润滑油老化变质，最终丧失使用性能。

3. 采用油水分离机除水

油水分离机采用离心结构，由于污油中水、机械杂质及油的密度不同，离心机高速旋转产生的离心力，将水、机械杂质与油分离开。密度大于油的水和机械杂质被抛向转筒壁面，水沿一定的通道排出，杂质贴浮在转筒壁面上，密度小的油集中于分离机中部，经输油管流向集油器，最后流回油箱。

从现场使用情况看，当水为游离状态时，油水分离机除水效果较好；但当油乳化程度严重时，分离效果不理想。此时，采用加热真空式油水分离设备是一种更有效的除水方法。

4. 润滑系统油液清洁度的监控

对润滑系统油液清洁度的监控包括以下内容：

（1）跟踪运行与点检　要有专职技术人员负责，记录主过滤器的消耗、回油过滤器杂质状况及设备润滑点的油压等。查看各班运行记录，观测系统进水情况，安排维护人员排除沉淀水，适时切换工作油箱，保证向润滑系统提供清洁油液。

（2）定期检测油样　定期检测油样，随时掌握油液污染情况，是保证润滑系统有效工作、避免重大污染故障发生的首要措施。

取油样要符合规范，以防二次污染。否则，所测污染度不反映系统实际情况，易造成误判断。应在油箱中部、主过滤器之后、回油管等处分别取油样，以了解各处的污染状况和过滤效果。时间以每星期取油样检测一次为宜。污染度超出规定范围时，要分析原因，排除故障，对油液采取净化措施。

每 3 个月送一次油样到具有油液综合性能检测条件的单位，化验油液各项理化指标，分析润滑油的性能状况，监控其发展趋势，采取切实有效的净化措施，以保持优良的润滑性能，防止油液急剧老化变质而造成巨大的经济损失。

(3) 集中循环过滤　利用停机检修期，对润滑系统进行循环过滤，再用净油机进一步除去水和杂质，由此提高油品的清洁度与技术性能。

(4) 严格执行检修操作工艺　制定并实施严格的检修规程，参加精轧机检修的各个工种严格按规定的检修操作工艺进行工作，避免在查找与处理污染源的过程中造成二次污染。

(5) 补充合格的新油　补充新油时，要用精度为10μm 的滤油车过滤后加入油箱，严防各类异物混入，保证加入的油液清洁度高于 NAS8 级。

5. 监控进水污染源

进水污染源主要包括密封磨损、气动三通阀动作失灵、精轧机回水不畅、箱体变形等。

(1) 密封磨损　对密封件一定要检测其质量状况，监控实际可靠的使用周期。视实际磨损情况实时更换，以避免因磨损失效而使大量冷却水进入润滑系统。

(2) 气动三通阀动作失灵　由于轧辊采用动密封，按规定，精轧机起动速度升到 20% 时，冷却水系统开始工作；停机速度降至 2% 时，冷却水系统停止工作。但有时出现停机不停水的异常现象，这就造成冷却水进入润滑系统。这种异常现象的原因主要是控制冷却水开闭的气动三通阀动作失灵。气动三通阀动作失灵有四种原因：①气动阀电磁铁潮湿而失效；②高压冷却水压力调得过高，超出阀的稳定工作压力；③控制仪表中空气含水量过多，控制三通阀动作的喷嘴被堵塞；④控制精轧机的编码器出现故障，无信号输送至三通阀。

(3) 精轧机回水不畅　由于污物堵住回水格栅板，造成回水不畅，使双唇密封和抛油环浸没于水中，失去密封效果，使冷却水进入润滑系统中。因此，随时观察回水格栅板，去除污物，并分析其来源，及时清除，是不可忽视的环节。

(4) 箱体变形　夹送辊箱体变形造成密封失灵，使冷却水进入润滑油中。因此，监控并有效防止夹送辊箱体变形也是需特别重视的环节。

10.7　无缝钢管轧制芯棒石墨润滑系统的国产化改进

石墨润滑属固体润滑技术范畴，在型钢轧制方面有较普遍的应用。20 世纪 80 年代中期，瑞士首先在钢管轧制生产中采用石墨对芯棒润滑。

在国内，某钢管公司第一轧管生产线芯棒采用石墨润滑，该装置是 20 世纪 80 年代末期从国外引进的，目前技术相对落后。为此引进了第二轧管生产线芯棒润滑系统。

10.7.1　系统原理与组成

1. 系统工作原理与整体状况

系统包括芯棒预穿和预热处的石墨润滑装置。该装置将润滑剂喷涂在芯棒的表面，在轧制时能降低磨损，防止损伤管子的内表面并能使芯棒在轧制后容易与管脱离。芯棒在润滑系统中的润滑箱内喷涂特制的润滑剂。

系统组成如图 10-14 所示。系统包括 2 台芯棒润滑箱及 1 套润滑介质循环装置。润滑介质采用液体石墨。

两台润滑箱布置在车间内，分别位于在芯棒预热炉出口及芯棒冷却返回辊道上。润滑箱交替使用，不会同时工作。喷射环工作高度可根据芯棒规格进行调整。芯棒预热炉出口处的

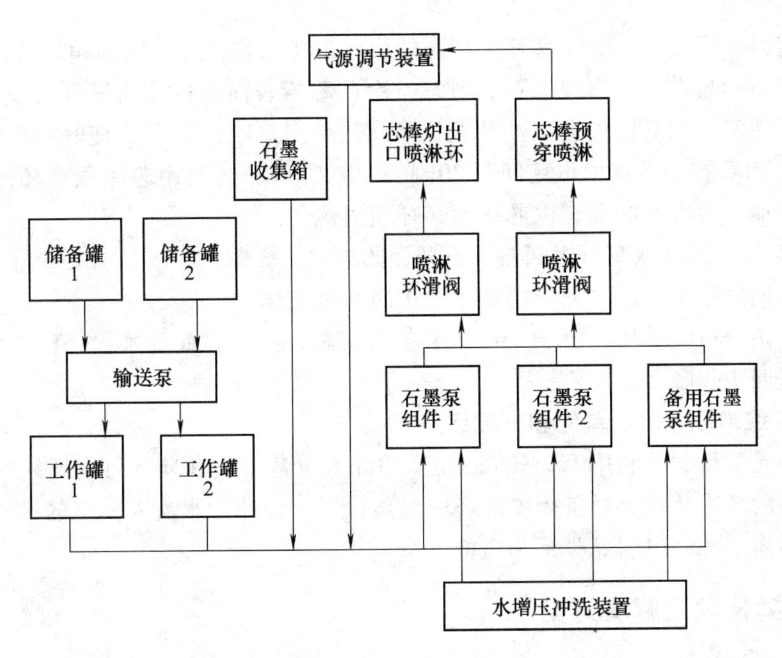

图10-14 系统组成

润滑箱设置一个喷射环，为间断工作制，要求间断4h后仍可正常工作。芯棒冷却返回辊道处的润滑箱设置两个喷射环，一用一备，可快速更换。润滑系统设储料罐、工作罐各两个，均设置搅拌装置，储料罐通过泵组与工作罐相连。芯棒外径为ϕ141.8～176.4mm。

2. 石墨储存单元（石墨罐系统）

石墨储存单元包括两个石墨储备罐和两个石墨工作罐单元。

石墨储备罐采用抗腐材料1Cr18Ni9Ti焊接。为了使储备罐内石墨处于悬浮状态，防止乳状液离析，罐体内设搅拌器。搅拌器安装在罐体的盖上，采用德国SEW公司的成套电动机减速器驱动。为了有效控制罐体内的液位，在罐体上盖安装一套超声波传感器，该传感器将超声波发射至石墨液面，并将液位高度转换为模拟电量传输给就地及远端显示仪表和控制器。显示仪表可直观显示液位数字，传感器检测液位与实际液位误差不大于±0.5m。超声波传感器、控制器及显示仪表具有很高的可靠性。

石墨工作罐单元由两台隔膜泵（隔膜泵选用GRACO公司Husky1040）和两个不锈钢罐组成，单罐容积为3000L，罐体构造与石墨储备罐相同，包括超声波液位控制及显示仪表、电动机减速器、搅拌器等。

在两个罐体之间设联络球阀，既可将两个罐体合二为一，也可将任意一个罐体排空进行清洗、维护。两个罐体内的搅拌器不停运转，可有效防止石墨沉淀。

3. 石墨柱塞泵单元（石墨泵站组）

石墨柱塞泵单元用于形成高压石墨液体。

石墨柱塞泵单元由三个石墨柱塞泵组成，用二备一，轮流投入工作。该单元包括球阀、蓄能器、GRACO公司的柱塞泵、压力继电器和压力表、电动回转过滤器，以及气动控制器件。

4. 石墨喷淋单元（石墨喷涂系统）

在芯棒润滑链一侧（芯棒预热炉出口）设有一套喷淋环及相应喷淋箱的控制板等设备。

在芯棒润滑链另一侧设有一套喷淋环及相同的设备。考虑到该环使用的频繁性，在其旁边的滑轨上设一套备用喷淋环。为确保石墨均匀喷涂在芯棒表面，每套喷淋环均设置 6 个喷嘴。石墨喷嘴、石墨滑阀均从国外进口。对于芯棒预热炉出口喷淋环，为使其在间断 4h 后仍能继续工作，在 PLC 控制系统中设定间隔 20min ~ 2h（可调），利用芯棒预穿环的喷射间隙使喷嘴喷一次，如二者发生冲突，以芯棒预穿环喷射优先。

5. 石墨回收单元（双车石墨回收、石墨回收罐）

双车石墨回收指将需回收的石墨直接输送回两个工作罐。

芯棒预热炉出口喷淋环处由于一直处于备用状态，所以在此处加设一个小型的回收罐，用泵将其输送回工作罐。

6. 石墨管线增压水冲洗单元和气控回路

设置该单元的目的是利用 1.2MPa 的高压冲洗水对备用喷淋环进行定期线外冲洗，使其一直处于良好的备用状态，对备用喷淋环应加防护罩，使冲洗水流入固定的排水沟中。

气控回路用于控制电动隔膜泵和喷枪。

10.7.2 关键技术及解决方案

1. 系统可靠性问题的解决

钢管生产线是结构复杂、连续运行的自动化生产线，可靠性问题十分重要。系统在以下方面采取了有力措施以保证系统的可靠性。

（1）关键部件采用进口产品。

（2）采用冗余设计方法　芯棒冷却返回辊道处的润滑箱设置两个喷射环，一用一备，可快速更换。石墨柱塞泵单元由三个石墨柱塞泵组成，用二备一，轮流投入工作。设置电控气动球阀，系统发生故障时，可自动将备用泵投入使用。三台旋转过滤器中，两台工作，一台备用。

2. 自动化程度的提高

系统主要由西门子 PLC 及相关的电器、传感器组成，实现人性化的设计、现代化的配置和良好的质量；可实现就地操作、监控室监控操作。

第一钢管生产线采用浮子式液位传感器，容易失效、卡死。为了有效控制罐体内的液位，新系统在罐体上盖安装一套超声波传感器，将超声波发射至石墨液面，并将液面高度转换为模拟电量传输给就地及远端显示仪表和控制器。高位、低位和空位三个液位输出并直接在仪表上显示液位高度，同时与报警器连接。

压力传感器采用德国 Tulk 公司的非接触式传感器，压力输出可用数字显示。

工作方式选择开关 3SK 分为手动、自动和强喷三种方式。当系统需要检修或调试时，放在“手动”位，维修人员可在润滑站电控柜操作面板对设备进行起、停；正常生产时放在“自动”位；在轧制中若操作人员发现因故未能喷淋，可随时将选择开关 3SK 扳至“强制”位，进行强喷。

3. 循环冲洗系统

根据用户在第一钢管轧制线的使用中发现，石墨在管道内易于沉淀，引起各类故障，为了在停机后能彻底冲洗管道，避免石墨沉积结垢堵塞管道，新系统设置了冲洗回路。这是对系统的重大改进。

10.7.3　技术水平对比分析

与美国 GRACO 公司的石墨喷射产品相比，新的系统在充分保证工艺性能的前提下，具有多方面明显的优点，其中主要为：

1）采用新型西门子控制器以及其他知名厂商提供的操作显示器与传感器，自动化程度高，控制精度高，有利于操作监测，降低了故障率和停机时间。

2）设置了冲洗系统，避免了石墨沉积结垢堵塞管道，保证了管路畅通，有效地降低了故障率。

3）国内设计制造的设备中，备件采购和使用维修容易，备件采购周期短，减少了维修时间，降低了使用维修成本。

4）造价低，仅为进口系统的 20%。

第11章 摩擦学设计

11.1 摩擦学设计概述

摩擦学是一门应用科学，许多工业设备都是基于摩擦学原理设计的。这时可靠性和耐磨性是两个最重要的设计准则。摩擦学设计以摩擦、磨损及润滑理论为基础，从系统工程观点出发，通过一系列计算与经验类比分析，预测并排除可能发生的故障，是机械设备零件设计经历了运动学设计与强度设计以后的第三阶段设计，它涉及流体学、固体力学、流变学、数学、材料科学、物理和化学等内容。

一般来说，与摩擦有关的工业部件主要用于传递动力、控制方向、机械加工及材料成形等。因此，它包括各种部件，如齿轮、轴、活塞、缸衬、轴承和密封件等。同时，实现电力、电子部件功能的小型运动部件（如打印机、扫描仪、驱动器、硬盘和卫星）也有赖于其合适的摩擦学设计。简言之，任何涉及接触和相对运动的部件的设计都要求应用摩擦学知识。摩擦部件用于各个工业部门，从航天到微电子，从制造到采掘，从汽车到铁路运输，从能源到金属成形。摩擦学已经成为现代工业的基石。

对一个给定的设计，材料、润滑剂和环境因素需要统一考虑，以得到耐用的部件。在大多数情况下，许多材料和环境要求是冲突的。机械设计首先要考虑载荷、速度和材料选择，然后考虑润滑剂和环境因素以避免腐蚀、点蚀和其他副作用。要想知道一个零部件能工作多长的时间，引起它失效的模式是什么等问题，都特别需要摩擦学的知识。许多部件如内燃机、人工关节、空间部件、打印机头、计算机硬盘等，都在力求实现免维护和永久润滑的目标，如何达到这一要求，是当今摩擦学界的一个挑战。

在摩擦学设计中有两个重要的原则，一是避免相对运动表面间的直接接触，二是将润滑介质作为机器的一个组成元件来看待。一名设计师在不太了解摩擦学时，可能认为摩擦学不过是各个摩擦副中的“摩擦+磨损+润滑”，把摩擦学问题放到设计后期处理，甚至认为到那时有很多经验可以解决这些问题。不过直到后期，仅有很少关于摩擦学的新成果能够被采用，因为设计的大局已经按照传统经验确定了。因此，将摩擦学知识转移到工业中去最有效的途径就是在设计开始阶段就并行地进行摩擦学设计。摩擦学系统是机器系统的一种抽象，它由机器中的全体摩擦副和必要的支持子系统组成。设计一个能经济而可靠地运动并保证功能的摩擦学系统就是摩擦学设计的任务，所以，摩擦学设计必须理解为摩擦学系统的设计，它不仅只是一个摩擦副或其中一个摩擦学元素的设计。目前工程中常用的摩擦学设计包括耐磨设计和润滑设计等。

11.2　耐磨设计

11.2.1　考虑因素

影响摩擦的因素十分复杂，在进行耐磨设计时，应根据给定的磨损条件，找出主要影响因素，进行分析设计。由于零件之间的工作条件或材料工艺不同而磨损率不同。造成材料流失的原因，可以归纳为以下 4 个方面。

1. 选材

要提高机器的耐磨性，最重要的问题就是要合理选择符合该工况条件的最佳性能材料，不同类型的磨损方式，选择的方向也不同。

例如，拖拉机发动机气缸套是易磨损件，当它严重磨损后，发动机的功率下降，油耗增加。通过磨损的失效分析，确定了气缸磨损的主要机制是磨料磨损和粘着磨损，因此选择材料的成分及组织均希望有利于抵抗上述两种磨损，选用中硅矾铁缸套后比用高磷铸铁缸套的寿命提高 4 倍以上，而且抗腐蚀性能良好。

2. 结构设计

磨损率受结构的影响很大，包括整机的结构和零件的形状尺寸。例如：4M3 电铲斗齿寿命较低，首钢公司迁安煤矿通过改善斗齿形状，即把斗齿上下面挖一长槽，将这部分材料放在齿尖部位，加长了斗齿长度，改变了矿石与零件表面接触时的力流状况，从而增加耐磨性。

斗轮式挖掘机斗齿角度和形状对其使用寿命有影响。如果斗齿底面与所切割的矿岩之间的夹角太小，则整个齿底面与磨料相对运动而磨损，磨损在齿面上划出长长的磨沟，只有在一最佳角度时，斗齿才能减少磨损。在这方面，仿生学设计有广阔的应用前景。

3. 工艺

即使有合理的设计和正确的选材，如果没有恰当的生产工艺和处理工艺的保证，也会使磨损件发生早期失效。

工艺问题可分为成形工艺和热处理工艺两个方面。

冶炼的成分控制、夹杂物和气体含量都影响材料的性能（如韧性、强度），这些性能与零件的耐磨性有关。铸铁质量的问题也同样影响零件的耐磨性，如铸造缩松就影响高铬白口铸铁磨球的耐磨性。粗大的铸造柱状晶易发生脆断事故。

许多零件的耐磨性与热处理工艺有密切关系。例如，高锰钢的破碎壁如果热处理后不能消除晶界碳化物，破碎矿石时，应变疲劳裂纹会沿着晶界处发展而造成整块剥落。高锰钢的组织中含有 5%（质量分数）的残留奥氏体会影响抗疲劳磨损性能，各种零件要提高耐磨性都要选择合理的热处理工艺。

4. 使用与维护

经常维护保养使用设备也是提高零件使用寿命的一种重要措施，同样的机械产品，不同技术水平的工人操作，设备也会有不同的寿命。

11.2.2 防止和减少磨损的方法

从磨损的理论研究和生产实践所获得的经验表明，可以根据以下5个方面采取措施来防止和减少机件的磨损。

1. 润滑

减少摩擦与磨损的有效方法之一就是在摩擦副中采取液体润滑。这就意味着在流体动压润滑状态下连接运转，只要摩擦副能够保持这种润滑状态，就可使磨损减少。

一般来说，润滑状态对粘着磨损值有很大影响。试验表明，流体静压润滑状态时粘着磨损值最小，其次是流体动压润滑状态，边界润滑状态时的粘着磨损值最大。在润滑油脂中加入油性和极压添加剂能提高润滑油膜的吸附能力及油膜厚度，因而能成倍提高抗粘着磨损能力。

根据弹性流体动压润滑理论，适当提高润滑的粘度，可使接触部分的压力接近平均分布，从而提高抗疲劳磨损能力。

2. 材料选择

摩擦副材料的耐磨性是重要的选材依据。耐磨性是材料的硬度、韧性、互溶性、耐热性、耐蚀性等的综合性质。不同类型的磨损，由于其磨损机理不同，可能侧重要求上述性质中的某一方面。此外，还要注意摩擦副材料配偶表面的匹配性，有时硬配硬好，如滚动轴承；有时硬配软耐磨，如滑动轴承；有时必须让磨损限制在某一零件（如活塞环）上而保证配偶零件（如缸套）的耐磨性。

(1) 磨粒磨损的摩擦副材料选配　对于磨粒磨损，纯金属和未经热处理的钢的耐磨性与自然硬度成正比。靠热处理提高硬度时，其耐磨性提高不如同样硬度的退火钢。对淬硬钢来说，硬度相同时，含碳量高的淬硬钢耐磨性优于含碳量低的淬硬钢。

耐磨性与金属的显微组织有关。马氏体耐磨性优于珠光体，珠光体优于铁素体。对珠光体的形态，片状的比球状的耐磨，细片的比粗片的耐磨。回火马氏体常常比不回火的马氏体耐磨，这是因为未回火的微组织硬而脆。

对于同样硬度的钢，含合金碳化物的比普通渗碳体耐磨，碳化物的元素原子越多就越耐磨。钢中所加合金元素若越容易形成碳化物，则越能提高耐磨性，例如Ti、Zr、Hf、V、Nb、Ta、W、Mo等元素优于Cr、Mn等元素。

对于由固体颗粒的冲击所造成的颗粒磨损来说，需要正确的硬度和韧性相配。对于小冲击角（即冲击速度方向与表面接近平行）的情况，例如犁铧运输矿砂的槽板等，在硬度和韧性的配合中更偏重于高硬度，可用淬硬钢、陶瓷、铸石、碳化钨等以防止切削性磨损；对于大冲击角的情况，则应保证适当的韧性，可用橡胶、奥氏体高锰钢、塑料等，否则碰撞的动能易使材料表面产生裂纹而剥落；对于高应力冲击，可用塑性良好且在高冲击应力下能变形硬化的奥氏体高锰钢。

对于三体磨损来说，一般是提高摩擦表面的硬度，当表面硬度约为1.4倍磨粒硬度时耐磨效果最好，再高则无效。三体磨损的颗粒粒度对磨损率也有影响。实验表明，当粒度小于100μm时，粒度越小则表面磨损率越低；当粒度大于100μm时，粒度与磨损率无关。

(2) 粘着磨损的摩擦副材料选配　摩擦热常常引起材料出现再结晶、扩散加速或表面软化现象。甚至由于接触区的局部高压、高温而导致表面熔化。因此，粘着磨损与表面材料

匹配密切相关。对于材料的匹配有以下规律：

固态互溶性低的两种材料不易粘着。一般说来，晶格类型相近、晶格常数相近的材料互溶性较大，最典型的实例是相同材料很容易粘着。

塑性材料往往比脆性材料易发生粘着现象，且塑性材料形成的粘着结点强度常大于母体金属，因而撕裂常发生于此表层，产生的磨粒较大。

材料熔点再结晶温度、临界回火温度越高，或表面能越低，越不易粘着。从金相结构上看，多相结构比单相结构粘着效应低，例如珠光体就比铁素体或奥氏体粘着效应差。金属化合物比单相固溶体粘着效应低，六方晶体结构优于立方晶体结构。金属与非金属如碳化物、陶瓷、聚合物等的配对比金属与金属的配对抗粘着能力高。聚四氟乙烯（PTFE）与钢配对抗粘着能力强，而且摩擦因数低，表面温度低。耐热的热固性塑料比热塑性塑料好。

在其他条件相似的情况下，提高材料硬度则不易产生塑性变形因而表面不易粘着。对于钢来说，硬度为 70HRC 以上可避免粘着磨损。

（3）接触疲劳磨损的摩擦副材料选配　接触疲劳磨损是由于循环应力使表面或表层内裂纹萌生和扩展的过程。由于硬度与抗接触疲劳磨损能力大体上呈正比关系，一般说来，设法提高表面层的硬度有利于抗接触疲劳磨损。

表面硬度过高，则材料太脆，抗接触疲劳磨损能力也会下降。如图 11-1 所示，轴承钢硬度为 62HRC 时抗接触疲劳磨损的能力最高，如果进一步提高硬度，反而会降低平均寿命。

对于高副接触的摩擦副，配对材料的硬度差为 50 ~ 70HBW 时，两表面易于磨合和服贴，有利于抗接触疲劳。

为控制初始裂纹和非金属夹杂物，应严格控制材料冶炼和轧制过程。因此轴承钢常采用电炉冶炼，甚至真空重熔、电渣重熔等技术。

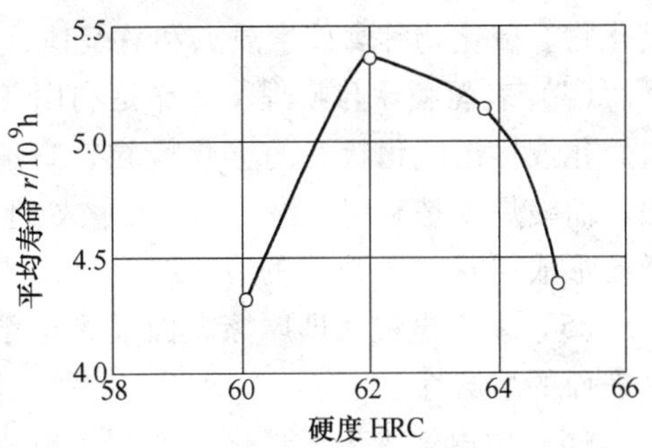

图 11-1　疲劳磨损寿命与硬度的关系

灰铸铁虽然硬度低于中碳钢，但由于石墨片不定向，而且摩擦因数低，所以有较好的抗接触疲劳性；合金铸铁、冷激铸铁抗接触疲劳能力更好；陶瓷材料通常具有高硬度和良好的抗接触疲劳能力，而且高温性能好，但多数不耐冲击，性脆。

（4）微动磨损的摩擦副材料选配　由于微动磨损是粘着磨损、氧化磨损和磨粒磨损等的复合形式，一般说来，适用于抗粘着磨损的材料配对也适用于抗微动磨损。实际上，能在微动磨损整个过程的任何一个环节起抑制作用的材料配对都是可取的，例如，抗氧化磨损或抗磨粒磨损良好的材料都能改善抗微动磨损能力。

（5）腐蚀磨损的摩擦副材料选配　应选择耐腐蚀性好的材料，尤其是在表面形成的氧化膜能与基体结合牢固，氧化膜韧性好，而且是致密的材料，具有优越的抗腐蚀磨损能力。

3. 表面耐磨处理

实践表明，对各种表面进行耐磨处理是最有效而又经济的方法。耐磨表面处理的方法很多，但按摩擦件的作用及耐磨表面处理的特点可分为：

1）以提高表面硬度为主的耐磨处理，处理工艺有表面淬火、表面化学热处理、等离子喷涂或氧乙炔喷焊、熔渗处理、复合镀层及化学沉积和物理沉积等。

2）以改变表面化学成分与组织为主的耐磨处理，即表面合金化处理，其中包括各种化学热处理及表面喷涂或喷焊、各种镀层和复合镀层、沉积等方法。

3）以改变表面应力状态为主的耐磨处理，如表面形变强化处理。

4）以加强表面润滑为主的耐磨处理，如渗硫、硫氮共渗、硅酸盐处理等。

表面耐磨处理的几个基本概念：

（1）表面形变强化　即在常温状态下，通过滚压工具（球、滚子、金刚石滚锥等）向工件的摩擦表面施加一定的压力和冲击力（喷丸），使其表面薄层产生一定的塑性形变，并产生较大的冷作硬化和宏观残余应力，从而达到提高疲劳磨损及抗磨粒磨损的能力。常用的方法有喷丸、滚压及挤压等。

（2）表面热处理　即将处理表面快速加热到相变温度后，迅速冷却，使之表面组织发生改变，从而达到提高摩擦表面耐磨性的目的。常用的方法有感应加热、火焰加热、盐浴加热、电接触加热和激光加热等。

（3）表面化学热处理　即在一定的加热条件下，向摩擦表面渗入C、N、B、Cr、S及C-N、C-N-B、Ti-N-C等单一和多元素合金元素，使表面合金化，形成各种碳化物、氮化物、硼化物、硫化物等高硬度质点和软基体，成为多相结构，使其耐磨性提高。

（4）表面喷涂与喷焊　喷涂是利用各种热源（乙炔氧火焰电弧等）将待喷涂的耐磨材料熔化或接近融化状态的雾化微粒，高速喷到处理工作表面上，形成耐磨覆盖层的一种方法。而喷焊则是利用喷涂工艺，使被处理的工作表面发生薄层熔化，同时使喷射材料的熔化微粒形成“焊接”形式的冶金结合层，即喷焊层。

（5）表面电镀　即摩擦表面通过电解或电化学方法，镀上一层耐磨金属或合金，以提高表面的耐磨性。

（6）放电熔渗表面强化　即利用电火花放电，在金属表面上形成一层高硬度、耐磨性好的熔渗强化层。

（7）硅酸盐处理　即以硅酸二氢锌和硅酸锰铁盐作溶液，在一定温度下，置入经预处理的钢铁工件。此时金属表面与溶液接触的界面上发生化学反应，生成难溶的硅酸盐膜。这种膜具有多孔的晶体结构，具有良好的润滑性和抗粘着性。

（8）气相沉积法　即有化学气相沉积与物理气相沉积两种。化学气相沉积法是通过引入某些物质（$TiCl_4$、H_2、N_2等）在高温下（900～1200℃）或中温（400～600℃）下，与金属表面起化学反应，其反应物沉积在金属表面上，形成高硬度、膜厚为6～10μm的碳化物、氮化物等。这种气相沉淀膜具有耐热、耐蚀和耐磨等优点。而物理气相沉积法是在真空条件下，通过蒸馏、溅射或离子镀渗等方式，在工作表面沉积上述高强度膜的方法，与化学气相沉积法相比，其优点是处理温度较低（500～550℃），工件变形小，且沉积速度快，缺点是沉积膜的均匀性较差。

4. 结构设计

摩擦副的结构设计要有利于摩擦副间表面保护膜的形成和恢复、压力的均匀分布、摩擦热的散逸和磨屑的排除以及防止外界磨粒、灰尘的进入等。例如在轴承结构设计中，除了要保证能形成连续稳定的油膜最佳结构参数（长径比、相对间隙、最小油膜厚度等）外，还应考虑油槽的开设位置。

此外，在结构设计中还可以应用置换原理和转移原理。置换原理是允许系统中一个零件磨损以保护另一个更重要的零件，例如铸铁活塞环的使用中，允许活塞环快速磨损，以减少气缸套的磨损。转移原理是允许摩擦副中另一个零件快速磨损而保护贵重的零件，例如内燃机曲轴与轴瓦的摩擦副中，就使用比较廉价的铜铅合金制成的轴承衬套，使价格贵而又不便更换的曲轴得到了保护；在汽车发动机的燃料供给系统中，采用空气滤清器也是同样的原理。

5. 使用维护

机器的使用寿命与使用和保养方法关系很大。因此，对任何一台机器，都应该按照产品使用说明书的要求，正确使用和操作，并进行定期的维护和保养。

11.3　典型零部件的摩擦学设计

11.3.1　齿轮传动的摩擦学设计

齿轮传动是工业部门应用最广泛的传动方式。齿轮传动的摩擦学设计需要解决的问题包括啮合材料的匹配问题，齿轮加工精度的确定，以及润滑介质、润滑方式的选择。

润滑油的油性、粘度、有无极压添加剂、齿轮的圆周速度、齿轮的粗糙度等与润滑有关的各种主要因素对齿轮的齿面强度的影响是显著的。某些齿轮强度设计标准中引入了润滑系数；有些设计标准没有把润滑的效果考虑到强度的设计中去，而是根据齿轮装置的速度或温度等选择使用的润滑油，也就间接考虑了润滑的影响。表11-1为齿轮传动润滑油粘度的选择。至于润滑油类型可参考有关资料。

齿轮传动的润滑状态可分为3种，即边界润滑、混合润滑和厚膜润滑。

当速度较低，在接触面间无法形成弹性流体动压润滑油膜时，齿轮处于边界润滑。此时，摩擦和磨损主要由润滑剂及其添加剂在表面形成的吸附膜决定，该吸附膜的厚度通常只有几个埃（$1Å=10^{-10}m$）。摩擦因数在0.1～0.2之间。

当速度足以产生动压油膜，但该油膜又不足以将接触表面完全分开时，齿轮处于混合润滑状态，齿轮粗糙峰的最高处发生直接接触，可以促进磨合，摩擦力和磨损率明显低于边界润滑时的数值。摩擦因数在0.04～0.07之间。

表11-1　齿轮传动润滑油粘度的选择

齿轮材料	强度极限 σ_0/MPa	圆周速度/$m\cdot s^{-1}$						
		<0.5	0.5～1	1～2.5	2.5～5	5～12.5	12.5～25	>25
		运动粘度 ν（40℃）/$10^{-6}m\cdot s^{-2}$						
塑料、铸铁、青铜	—	350	220	150	100	80	55	—
钢	450～1000	500	350	220	150	100	80	55
	1000～1250	500	500	350	220	150	100	80
渗碳或表面淬火的钢	1250～1580	900	500	500	350	220	150	100

当齿轮的速度达到足够高时，便会形成弹性流体动压膜，该膜能将齿轮啮合面完全分开，齿轮处于厚膜润滑状态。在此状态下，所有的摩擦阻力来自油膜间的剪切力，除了结合

量外，磨损可以忽略不计。混入油中的杂物是造成磨粒磨损和疲劳点蚀的主要原因。摩擦因数在0.01～0.04之间。

图11-2所示是齿轮传动三种润滑状态的区域图。纵坐标表示齿面载荷强度，横坐标表示节点速度。

齿轮处于边界润滑和混合润滑状态时，齿轮润滑油的物理化学性质将对齿轮的寿命和传动的可靠性起决定性作用，由于对其中的关系缺乏定量的描述，设计人员一般针对弹性流体动压润滑状态进行设计。此时，设计人员需要认真对待的齿轮转动的首要失效形式是胶合。影响胶合的因素很多，但有两点最重要：一是接触区的温度；二是隔开啮合面的油膜厚度。

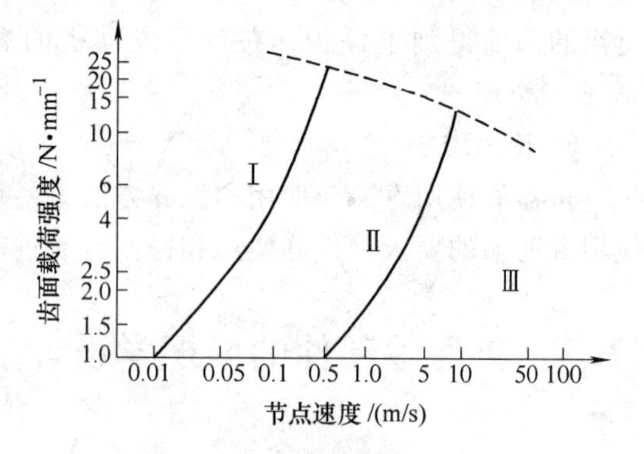

图11-2 齿轮传动三种润滑状态的区域图

一般认为，当接触区的温度超过某个临界值时，就会引起胶合。胶合严重时所伴随的是齿面严重磨损，并继而引起断齿，或加速点蚀的形成。设计时估算接触区的温度（闪温）并比较润滑油允许的温度是避免胶合的主要手段。

齿轮润滑问题的重要性和人们对这一问题的重视推动了弹流润滑理论的产生和迅速发展。自1916年Martin首先把雷诺方程用来分析齿轮润滑问题以来，经过数十年不断完善，现代润滑理论已经能够比较接近实际地处理一些齿轮润滑问题。美国齿轮制造商协会（AGMA）建议把弹流油膜厚度计算作为齿轮传动设计的一个重要部分。

节点啮合的油膜厚度对于齿轮润滑而言具有一定的代表性，这是由于节点啮合时齿面为纯滚动，计算方法简单，用等温弹流计算可以得到较高的精度。所以在齿轮传动的润滑设计中，通常以节点啮合时的油膜厚度为依据。

最小油膜厚度h_{min}的计算公式为：

（1）对于直齿圆柱齿轮和斜齿圆柱齿轮

$$h_{min} = \frac{2.65\alpha^{0.54}}{E^{-0.03}(W/L)^{0.13}}\left(\frac{\pi n_1\mu_0}{30}\right)^{0.7}\frac{(a\sin\alpha_n)^{1.13}}{\cos^{1.56}\beta}\frac{i^{0.43}}{(i\pm1)^{1.56}} \tag{11-1}$$

（2）对于锥齿轮

$$h_{min} = \frac{2.56\alpha^{0.54}}{E^{-0.03}(W/L)^{0.13}}\left(\frac{\pi n_1\mu_0}{30}\right)^{0.7}\frac{(L_m\sin\alpha_n)^{1.13}}{\cos^{1.56}\beta}\frac{i^{0.27}}{(i\pm1)^{0.43}} \tag{11-2}$$

式中 α_n——法向啮合角（℃）；

β——分度圆螺旋角（℃）；

L_m——锥齿轮齿宽中点处的节锥长（m）；

W/L——单位接触宽度上的载荷（N/m）；

μ_0——大气压下的润滑油动力粘度（Pa·s）；

a——转动中心距（m）；

i——转动比。

（3）对于圆弧齿轮

$$h_{min} = 0.8663\mu_0^{0.7}\left(\frac{2L}{F_n}\right)^{0.13}\left(\frac{2v_0}{\sin\beta}\right)^{0.7}\left[\frac{1+\cot^2\beta}{\left(\frac{1}{R_{01}^2}-\frac{1}{R_{02}^2}\right)l+\left(\frac{1}{R_{01}}+\frac{1}{R_{02}}\right)\sin\alpha_s}\sqrt{1+\left(\frac{\cos\alpha_s}{\cot\beta}\right)^2}\right]^{0.43} \tag{11-3}$$

式中　R_{01}、R_{02}——分度圆半径（m）；

α_s——端面压力角（℃）；

l——圆弧面半径（m）；

v_0——节圆的线速度（m/s）；

L——沿齿高方向的接触宽度之半（m）；

F_n——法向量（N），$F_n/(2L)$ 为单位宽度上的荷载。

11.3.2　凸轮的摩擦学设计

凸轮及其从动件是以滑动为主的点、线接触摩擦副。同时，凸轮表面的接触应力很高，例如内燃机中的凸轮其最大接触应力为0.7～1.4GPa。所以一般认为凸轮及其从动件处于混合润滑状态。

对于凸轮挺杆系统（图 11-3），油膜厚度参数 λ 可由下式计算得出，即

$$\lambda = 4.35\times10^{-3}\frac{1}{\sigma}(bSn)^{0.74}R^{0.26} \tag{11-4}$$

式中　n——凸轮轴的转速（r/min）；

S——润滑剂参数；

b——$b=|2r_1-l|$，l 为凸轮顶端到凸轮轴的距离，r_1 为凸轮顶端半径；

R——综合曲率半径，$R=\frac{1}{r}+\frac{1}{r}$，$r$ 为挺杆半径。

σ——综合表面粗糙度，$\sigma=\sqrt{\sigma_1+\sigma_2}$，$\sigma_1$、$\sigma_2$ 分别为凸轮和从动件的表面粗糙度值。

一般情况下，λ 值远小于1，凸轮和从动件间主要靠边界润滑来防止过度磨损。

然而，随着弹流润滑理论的发展，人们了解到凸轮与从动件之间能够形成弹流润滑，并把油膜厚度作为判断凸轮磨损性能的指标，以及设计凸轮轮廓曲线的依据。下面以凸轮挺杆机构的稳态弹流润滑为例，介绍凸轮及其从动件间的摩擦学设计。

Deschler 和 Wittmann 对于凸轮挺杆机构的弹流润滑进行了简化分析。根据线接触弹流润滑公式有

$$h_{min} = 1.6\times10^{-5}\sqrt{\mu_0 UR} \tag{11-5}$$

式中　U——卷吸速度（m/s）；

R——接触点处的当量曲率半径（m）；

μ_0——润滑油粘度（Pa · s）。

在图 11-4 中，挺杆表面在接触点 k 处沿水平方向的绝对速度为 0；而凸轮表面在接触点处沿水平方向的绝对速度为

$$\mu_1 = \omega(r_0+s) = \omega(l+\rho)$$

式中　ω——凸轮角速度（rad/s）；

r_0——凸轮基圆半径（m）；

s——挺杆升程（m）；

l——接触点处凸轮曲率中心 C 到中心的垂直距离（m）；

ρ——接触点处凸轮轮廓线的曲率半径（m）。

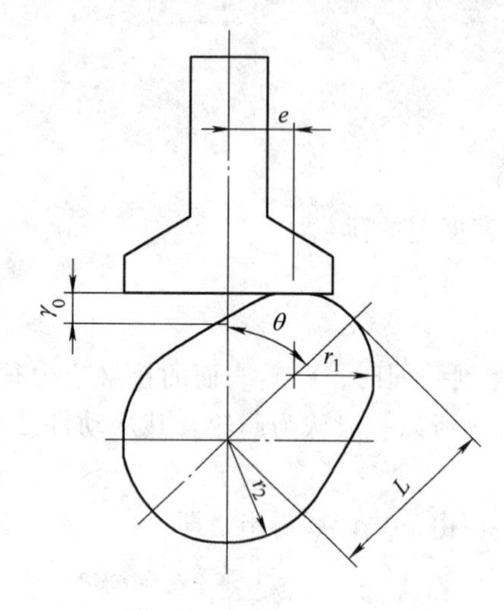

图 11-3　凸轮挺杆系统

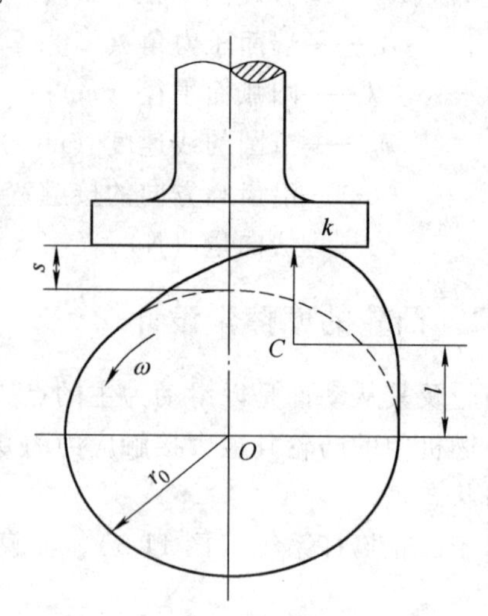

图 11-4　凸轮系统

可求得卷吸速度 U 为

$$U=\frac{1}{2}[2\rho-(r_0+s)]$$

所以，在点 k 接触时凸轮与挺杆之间的最小油膜厚度 $h_{\min}$ 为

$$h_{\min}=1.6\times10^{-5}\sqrt{\frac{\omega\mu_0}{2}(r_0+s)}\times\sqrt{\left|2\left(\frac{\rho}{r_0+s}\right)^2-\frac{\rho}{r_0+s}\right|}\tag{11-6}$$

令几何参数 $N=\rho/(r_0+s)$，它表示凸轮轮廓的几何关系，被称为凸轮弹流润滑特性数。由上式可知，当 $N=0$ 或 $N=0.5$ 时，$h_{\min}=0$；当 $N=0.25$ 时，$h_{\min}$ 得到极大值 h_r。相对膜厚 $h_{\min}/h_r$ 与 N 之间的关系如图 11-5 所示。为使凸轮的磨损量降低，就应避开 $0<N<0.5$ 的区域，即选择较大的 N 值。但是增大 N 值往往受到凸轮设计中其他因素的限制。

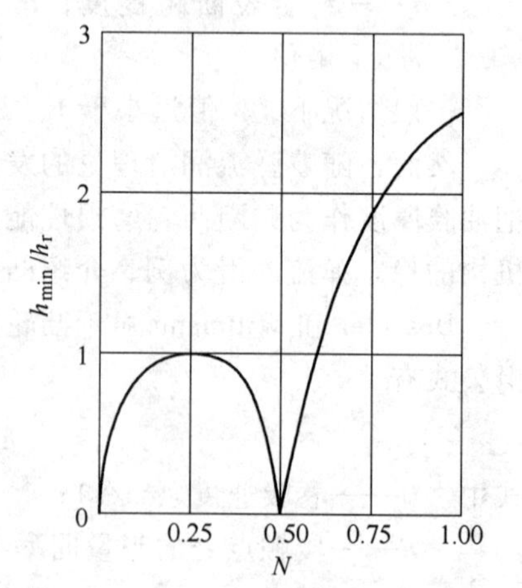

图 11-5　相对膜厚 $h_{\min}/h_r$ 与 N 之间的关系

利用最小油膜厚度计算公式，可以确定凸轮工作循环中各个转角位置时的 $h_{\min}$ 数值及其变化情况，进而分析凸轮表面的磨损分布和评价凸轮轮廓曲线。

11.3.3　滚动轴承的弹性流体动压润滑计算

实践证明，高速精密滚动轴承的滚动力与滚道之间可以保持一定厚度的弹流油膜，例如陀螺电动机轴承、航空发动机主轴轴承、精密机床主轴轴承等。同时，滚动轴承形成全膜弹流润滑时，接触疲劳寿命至少可以超过按美国减摩轴承制造商协会（AFBMA）规定的计算值的一倍。

要进行滚动轴承的弹流润滑计算，必须预先确定滚动轴承与座圈之间的运动关系和力的作用。然而，滚动轴承的动力学分析十分复杂，而且轴承内部各元件的运动情况又与所处的润滑状态密切相关。Dowson 等人对滚子轴承的分析表明，按照刚性粘度润滑理论分析时，滚子与座圈之间存在相当大的滑动。如果采用弹流润滑理论进行分析，则证明弹流动油膜可以传递滚子与座圈之间的作用力而不产生明显的滑动。所以弹流润滑下的滚动轴承内部运动关系可视为纯滚动。图 11-6 所示为滚子轴承的情况。根据几何和运动关系可推导出当量曲率半径、表面平均速度和单位接触宽度上的荷载的表达式。

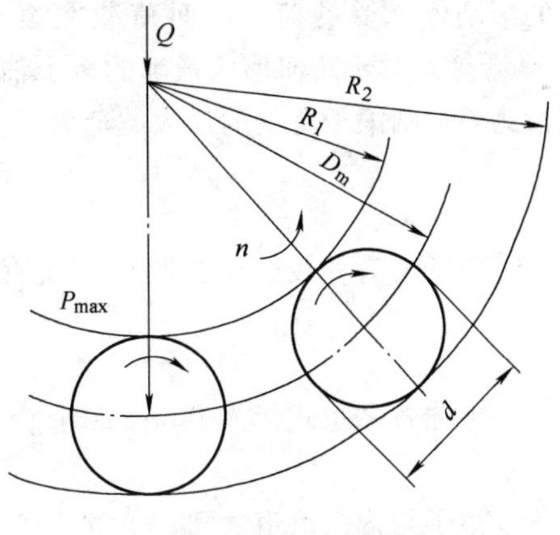

图 11-6 滚动轴承

1. 当量曲率半径 *R*

设内圈滚道的半径为 R_1、外圈滚道的半径为 R_2、滚子的直径为 $d=2r$，并令 $\lambda=d/D_m$，D_m 为滚子轴线所在圆的直径，对于滚子与内圈滚道的接触点，当量曲率半径为

$$R=\frac{R_1 r}{R_1+r}=\frac{\left(\frac{D_m}{2}-\frac{d}{2}\right)\frac{d}{2}}{\frac{D_m}{2}-\frac{d}{2}-\frac{d}{2}}=\frac{d}{2}(1-\lambda)$$

对于滚子与外圈滚道的接触点，当量曲率半径为

$$R=\frac{R_2 r}{R_2-r}=\frac{\left(\frac{D_m}{2}+\frac{d}{2}\right)\frac{d}{2}}{\frac{D_m}{2}+\frac{d}{2}-\frac{d}{2}}=\frac{d}{2}(1+\lambda)$$

2. 表面平均速度 *U*

若 n 为轴承内圈的转速，根据滚子与座圈之间作纯滚动的条件，可以推得它们的运动关系。

滚子自转转速 n_0 为

$$n_0=\frac{1+2s}{2(1+s)}n$$

滚子公转转速 n_c 为

$$n_c=\frac{1}{2(1+s)}n$$

式中 $s=\frac{r}{R}=\frac{\lambda}{1-\lambda}$。

这样，接触点的表面平均速度为

$$U=\frac{\pi}{30}(n-n_c)\left(\frac{D_m}{2}-\frac{d}{2}\right)=\frac{\pi n}{30}\frac{d}{4}\frac{1-\lambda^2}{\lambda}$$

3. 单位宽度上的载荷 W/L

滚动轴承中各个滚动体所受的载荷大小不同，为了计算最小油膜厚度，需要求出受力最大的滚动体承受的荷载。而荷载在滚动轴承中的分布规律与轴承部件的变形情况相关。Dowson 等人对于几何形状精确的滚子轴承的分析表明，如果轴承的滚子总数为 z，轴承的总载荷为 Q，则滚子所受的最大载荷为

$$P_{\max} = \frac{4Q}{z}$$

若滚子的有效接触长度为 l，于是单位接触宽度上的载荷为

$$\frac{W}{L} = \frac{4Q}{zl}$$

将上述各关系式代入 Dowson-Higginson 线接触弹流膜厚公式，即求得轴承最小油膜厚度如下：

在滚子与内圈滚道之间

$$h_{\min} = 0.336\left[\frac{d}{2}(1-\lambda)\right]^{1.13} a^{0.54}\left[\frac{\mu_0 n}{\lambda}(1+\lambda)\right]^{0.7} \frac{1}{E'^{0.03}}\left(\frac{zl}{4Q}\right)^{0.13} \tag{11-7}$$

式中　E'——当量弹性模量。

在滚子与外圈滚道之间

$$h_{\min} = 0.336\left[\frac{d}{2}(1+\lambda)\right]^{1.13} a^{0.54}\left[\frac{\mu_0 n}{\lambda}(1-\lambda)\right]^{0.7} \frac{1}{E'^{0.03}}\left(\frac{zl}{4Q}\right)^{0.13} \tag{11-8}$$

通常滚动体与外圈滚道之间的油膜厚度大于与内圈滚道之间的油膜厚度，所以一般只需要计算滚动体与内圈滚道的油膜厚度。

对于球轴承，钢球与座圈是点接触，根据轴承的几何和运动关系，采用点接触弹流油膜厚度公式也可以计算出最小油膜厚度。

应当指出，滚动轴承在实际工作中各滚动体的运动和受力状况是不断变化的，因此并不完全处于全膜润滑状态。

11.3.4　机械密封的摩擦学设计

磨损是机械密封经常发生的一种失效形式。对于接触式机械密封，掌握磨损规律，预计磨损率，设法延长磨损寿命，是机械密封设计要解决的主要摩擦学问题。

机械密封的寿命在正常情况下主要取决于密封面的磨损。通常，软密封面的承磨台高度是按照机械密封技术条件规定的磨损率，即考虑要求的密封寿命来确定的。因此，机械密封的磨损率的估算，对机械密封的设计和使用来说是具有重要的价值。

密封面材料配合的磨损系数 K_W 值见表 11-2。

表 11-2　密封面材料配合的磨损系数 K_W（介质：水）

密封副摩擦材料		磨损系数 K_W	密封副摩擦材料		磨损系数 K_W
旋转环	静止环		旋转环	静止环	
浸树脂碳油墨	耐蚀镍铸铁	10^{-6}	浸青铜碳油墨	碳化钨	10^{-8}
浸树脂碳油墨	氧化铝陶瓷	10^{-7}	碳化钨		10^{-9}
			碳化硅	碳化硅	
浸巴氏合金碳油墨			硅化石墨	硅化石墨	

密封件材料的选择还要考虑整个密封系统的情况，特别是润滑油的影响。密封件遇油收缩，将产生泄露；如过度膨胀，则增大摩擦与磨损，也将造成泄漏。一般希望润滑剂能使密封件稍有膨胀，既保证密封又不致发生过度摩擦。密封件收缩或膨胀，固然与密封件材料有关，但也与基础油的组成有关。如果基础油使密封件膨胀，则掺入密封件膨胀剂并无必要；如果基础油使密封件发生收缩，则可在油中掺入密封件膨胀剂可改善密封件与轴的接触。

密封件膨胀剂通常是芳香族化合物，如醛酮脂、有机磷酸盐等。

第12章 摩擦磨损试验和测试分析技术

要研究摩擦学的理论，确定各种因素对摩擦、磨损性能的影响，研究新的耐磨、减摩及摩阻材料和评定各种耐磨表面处理的摩擦、磨损性能，必须掌握摩擦磨损试验技术。摩擦磨损试验技术包括两个方面，即摩擦磨损试验测试装置和摩擦磨损试验方法。近年来，随着摩擦学研究工作的迅速发展，摩擦磨损试验技术有了很大的提高，已经采用了各种先进表面测试技术，使用了各种类型的试验机，还应用数理统计理论和系统工程相结合的研究方法。本章仅对摩擦磨损试验和测试分析技术作一般性介绍。

12.1 摩擦磨损试验的分类

根据试验条件和任务可将摩擦磨损试验分类如下：

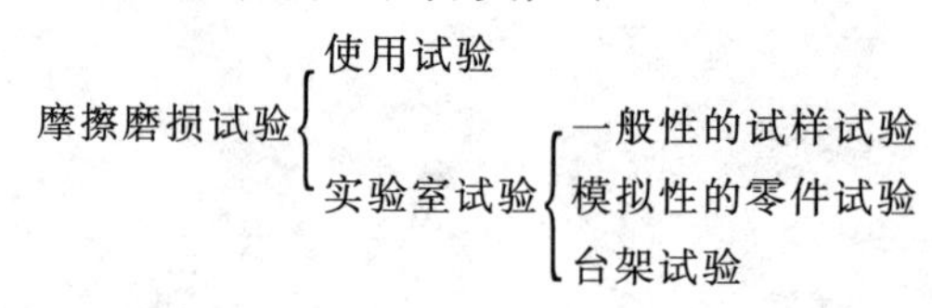

12.1.1 使用试验

使用试验是在实际运转现场条件下进行的，它的目的有两个：一是对实际使用中的机器进行监测，了解其运行可靠性和确定必需的检修；二是对新开发的机器设备或某一部分零件的耐磨性进行实机试验，以便进行优化。在实际运转条件下所进行的摩擦磨损试验所得的数据资料比较真实，因而比较可靠，它往往是最终评定的依据。但这种试验有许多缺点和困难之处：①摩擦磨损往往是多因素综合影响的结果，使用试验中无法有意改变某一参数而保持其他参数不变，以确定某个因素对摩擦磨损的影响；②一些对摩擦磨损来说很重要的参数难以测量，或者无法测量，可测量的参数所得结果精度往往也不高；③使用试验中常遇到一些偶然因素，因而所得的结果通常只说明一个具体特例，难以推测其他相似的场合；④试验周期长，消耗较大的人力和物力。

若要对一种新材料的磨损性能进行研究，使用试验法是不合适的，通常要首先进行一系列实验室试验。

12.1.2 实验室试验

试样试验是一定工况条件下，用尺寸较小、结构形状简单的试样在通用的试验机上进行的试验。它的主要优点为：①便于研究摩擦磨损的过程和规律；②适宜研究材料的摩擦磨损性能，包括润滑材料的润滑性能；③可减少和控制偶然因素，适用于研究各因素对摩擦磨损

的影响；④试验周期短，费用较低。试样试验分为一般性和模拟性两种。

一般性的试样试验不强调模拟某一零件实际工作情况，试件形状简单，主要用于研究摩擦磨损的机理、一般规律以及材料的相对耐磨性。这种试验由于试验条件理想化，其结果难以直接应用到某一具体场合。

模拟性的零件试验主要是模拟某种零件的实际工作情况，因而针对性比较强。在零件批量投产之前应做这种试验，以便对其性能进行优化。但由于影响摩擦磨损的因素的多样性和摩擦磨损过程的复杂性要做到确切的模拟比较困难，要作多方面的考虑。

属于实验室试验的还有一种为台架试验。台架试验是用真实的零部件，甚至整台机器进行的试验。这种试验的工作条件比较接近实际工况，而比实机磨损试验的优越在于能够预先给定可控制的工况条件，并能够测得各种摩擦磨损参数。常见的台架试验台有轴承试验台、齿轮试验台、凸轮挺杆试验台等。为了研究滑动轴承的摩擦磨损性能，已发展了一系列不同形式的轴承试验机，用它可以试验轴承的磨合性能、混合摩擦状况下的磨损性能、轴承缺油时的应急性能以及在液体动压润滑时的表面疲劳磨损性能等。

上述几种类型的试验各有特点。在摩擦磨损研究工作中，通常先在实验室里进行试样试验，然后再进行台架试验和使用试验，构成一个所谓“试验链”。这样容易在复杂的问题中，抓住主要矛盾进行分析比较，在较短时间内和消耗尽量低的情况下取得结果。当然根据具体情况，对于一些试验环节应该有所取舍，使试验过程有所简化。

12.2 磨损试验的模拟问题和实验参数的选择

摩擦磨损试验的模拟问题是磨损试验中的一个重要课题，这是由于摩擦磨损的模拟试验比其他试验，例如材料力学性能试验要困难得多，因为摩擦磨损是一个系统过程，它缺乏一个理论上成熟的相似准则。为了模拟，首先要对实际摩擦系统进行系统分析，确定有哪些因素（系统参数）对摩擦磨损性能有影响，做到这一点是不容易的。其次，还要考虑模拟试验中哪些参数必须与实际机器的系统参数一致，哪些可以不一致。这一点，至今也没有定论。但从一些文献的论述中，可以得出这样的见解：模拟的磨损试验系统中最多有四种参数可以与实际摩擦系统不相同，即载荷，速度，时间，试样尺寸和形状。而在其他方面，例如摩擦运动方式和摩擦状况、引起磨损的机理、组成摩擦系统的各要素及其材料性质、摩擦时的温度及摩擦温升、摩擦因数等模拟的和实际的两个系统必须相同或相似。

模拟时，试件的几何形状比较简单，尺寸也比实际的零件小。至于载荷，往往用法向力表示，它在模拟系统中通常比实际的小，但两者所引起的压强应当相同。当然，在比压相同的条件下，磨损率仍与法向力大小有密切关系，所以最好要求模拟系统中试件材料应力状态与实际的相对应。不过目前对于许多摩擦系统还缺乏计算材料应力状态的方法，这是困难之一。

除载荷外，模拟时配对副之间的相对速度也很重要。速度直接与摩擦功有关，而摩擦功会造成摩擦处的热载荷增加，从而使表面层温度上升。考虑到模拟件热容量小于实际构件的热容量，因此模拟试验中的速度宜比实际的选得小一些，以便试验时试件温度上升不要太高。为了使模拟试验的热载荷与实际摩擦系统一样，还要考虑到单位接触面积上的摩擦功率应保持不变。尽管热载荷相同，材料表面应力状况可能有很大的差别。关于这一点可说明如下：设摩擦因数 f 不变，则摩擦功率大小就决定于乘积 pv（摩擦功率 $P_R = fpv$，p 为比压，v 为速度），同样大小的乘积 pv 值，可由一个高的比压和一个低的速度相乘得到，或者相反由一个低的比压和一个高的速度相乘而得到。对于第一种情况，切应力较高，它对塑性变形和裂纹的形成起着关键性的作用；而由于速度较低，材料处于相对可塑状态。在第二种情况下，切应力较低，材料状况就不太可塑。所以，两种情况下磨屑形成的机理可能互不相同。

模拟试验的目的之一是在短的试验时间内取得结果。但是试验时间的缩短将导致磨损量会小到通常磨损试验机无法达到的测量感量，因此不能片面地强化试验条件，以求缩短试验时间。载荷加大，往往使引起磨损的机理发生改变，因此在这样强化条件下所做的试验结果不能模拟实际摩擦工程系统。另外，对于疲劳磨损往往有一个较长的孕育期，因此试验时间长是不可避免的。缩短试验时间的途径有两种：其一是采用先进的测试技术，使测量感量提高，以便在短时间内磨损的结果能较精确地得到反映；另一途径是用连续运转方式来代替实际摩擦工程系统中的间歇运转方式。例如齿轮泵的齿轮轮廓面受摩擦载荷作用的时间仅占泵运转时间的 2‰。借助一个销盘式模拟试验系统，可以将试验时间相应缩短。

综上所述，可以归纳如下几条在模拟试验时应予以充分考虑的准则：

（1）关联准则　即模拟系统应当在载荷条件、系统结构和磨损后果（损失量）方面与实际的系统相互关联。具体来说，如表 12-1 中的一部分参数应当彼此相同，使两者产生的后果是可比的。

表 12-1　磨损试验磨损时应考虑的有关参数

摩擦系统的参数		模拟系统的参数必须与实际系统相同	模拟系统的参数允许与实际系统不相同
工作条件方面	运动形式	√	
	载荷		√
	速度		√
	温度	√	
	试验时间		√
	润滑方式	√	
系统结构方面	试样的材料性质	√	
	试样的形状和尺寸		√
	周围环境介质	√	
	磨损机理	√	
损失量	磨损量	√	
	摩擦因数	√	
	摩擦温升	√	

（2）相似准则　例如在非稳定热载荷的情况下（制动机构、销与盘摩擦副），温度场是用傅里叶准数来描述的。

若试样和实际零件的材料相同，而且试验时间与长度（或直径）的平方的比例关系相同，则对于几何尺度有一定比例关系的试样具有相同的温度场。例如，试样尺寸若为原零件的 1/2，则试验时间（确切地讲是试件摩擦接触时间）应缩短至原来的 1/4。借助于这个相似准则，对制动机构进行模拟试验可取得良好效果。

(3) 极限准则　例如为了评定在润滑条件下工作的轴承材料的耐磨特性，不是让试件处于混合摩擦状况下进行，因为此时的液体动压润滑部分极不稳定，不易得到一个重现性良好的结果，而特意让试件处于较恶劣的低速下（$v=0.01\text{m/s}$）的边界磨损状况。在这种状况下，可以认为不存在液体动压润滑作用，但润滑油与轴承材料之间的相互作用仍得到反映。这种方法在轴承材料试验中被普遍应用。这种在极限情况下进行的试验，也有利于对新材料和新的表面处理工艺的评定。

(4) 磨损机理相同准则　这条准则与上面的准则是一致的。根据这个准则，应选择适当的磨损试验条件，使四种磨损机理中的某一种起支配性作用，并且它与实际零件在极限情况下的磨损机理是相同的。为了试验零件的抗粘着磨损能力，则宜将试件在真空条件下进行磨损试验，因为此时可以避免产生氧化反应层而降低粘着作用。选择合适的系统结构（例如选用表面光滑的配对件）和载荷，也可避免这个试验中同时出现磨料磨损和表面疲劳现象。若要试验零件的抗疲劳磨损能力，则可以将试件处于滚动摩擦下工作，而且载荷有一定的脉冲性（如 Amsler 试验）。抗磨料磨损试验是容易模拟的试验，此时只要让摩擦副在一定硬度的磨粒中并在一定载荷作用下进行试验即可。

至于磨损机理的相同性可以从两个系统的磨损表面的相似性来判断。所以，经常采用这个方法来检查其模拟性。例如将实际零件表面磨损轨迹在光学显微镜或者电子显微镜下拍摄得到的图形与模拟试验所得的试样表面相应图形作对比，如果两者相似，则可以判断，模拟是成功的。近年来，由于磨粒分析技术得到迅速发展，这种技术也可以用来评价模拟试验的近似程度。

12.3　摩擦、磨损、润滑试验机

12.3.1　试验机的种类

摩擦磨损试验机的种类繁多，仅在 ASLLE（美国润滑工程协会）汇编的摩擦磨损试验机目录中就列有百余种。按不同角度有如下几种分类方法。

(1) 按摩擦副的接触形式和运动方式分类　如图 12-1 所示，图 12-1a、b 所示为点接触、滑动；图 12-1c 所示为线接触、滑动和滚动；图 12-1d 所示为线接触、滑动；图 12-1e、f、g、i 所示为面接触、滑动；图 12-1h 所示为面接触、往复运动。

(2) 按摩擦副的功用分类　有齿轮磨损试验机、滑动或滚动轴承摩擦磨损试验机、制动器摩擦磨损试验机、凸轮挺杆磨损试验机等。

(3) 按摩擦条件分类　有普通磨损试验机、快速磨损试验机、高温或低温摩擦磨损试验机、高速或低速摩擦磨损试验机、真空摩擦磨损试验机、腐蚀磨损试验机等。

12.3.2　常用的摩擦磨损试验机

1. MM-200 型摩擦磨损试验机

国产的 MM-200 型摩擦磨损试验机是参考瑞士的阿姆斯勒（Amsler）摩擦磨损试验机。该试验机主要由传动机构、加载机构和摩擦力矩测量机构组成，其结构原理如图 12-2 所示。

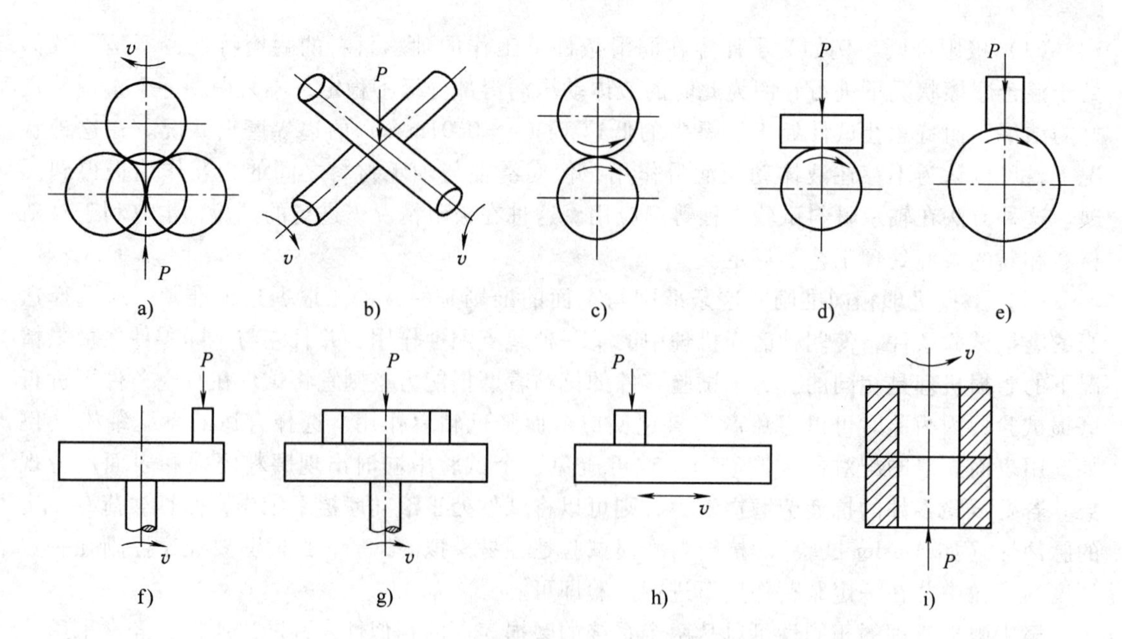

图 12-1　摩擦副的接触形式和运动形式

a）点接触、滑动　b）点接触、滑动　c）线接触、滑动和滚动　d）线接触、滑动　e）面接触、滑动　f）面接触、滑动　g）面接触、滑动　h）面接触、往复运动　i）面接触、滑动

该试验机可做金属或非金属材料（尼龙、塑料等）在滑动摩擦、滚动摩擦、滚动—滑动复合摩擦和间歇接触摩擦等各种状态下的摩擦磨损性能试验，并可改变润滑状况，使在液体摩擦、边界摩擦、干摩擦及磨料磨损条件下进行试验，评定材料的耐磨性能，也可用于测定摩擦功及材料的摩擦因数。

该试验机的摩擦副简图如图 12-3 所示。

上试件的动齿轮有三个挡位，分别使上试件处于正转、反转和固定位置。当上、下试件转动方向相同时（图 12-3a），其相对运动为滚动或滚动兼滑动。当上、下试件直径相等时，滑差量为 10%，改变两者直径值，则可以增加或减少滑差，或者使滑差等于零，变为纯滚动摩擦。当上试件处于固定位置时，为另一不同速度的相对滑动（图 12-3b、c）。当上、下试件转动方向相反时，相对滑动速度加大一倍，如图 12-3d 所示。

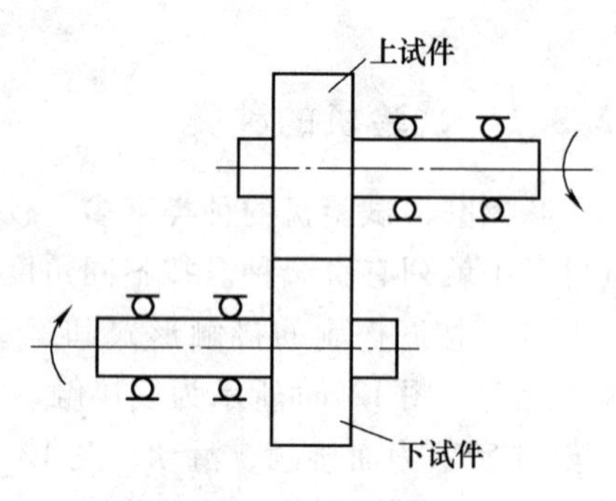

图 12-2　MM-200 型摩擦磨损试验机结构原理图

机器的主要参数如下：下圆盘试件的转速为 200r/min 或 400r/min，上圆盘试件转速相应为 180r/min 或 360r/min。转矩测量机构的测量范围分别为 1.0N·m、5.0N·m、10.0N·m 和 15.0N·m。加载弹簧的张力在 800～2000N 以及从 0～200N 两个范围内；可以通过一偏心机构，使加载呈周期性的变化。试件直径为 30～50mm，厚 10mm。

2. 四球试验机

四球试验机主要用于评定润滑油质量。其摩擦副由三个固定的球和一个与之压紧的转球组成，如图 12-4 所示。根据磨损痕迹的尺寸或者发生胶合时的载荷大小评定润滑油的质量。由于试件和工作方式都比较简单，所以四球试验机广泛得到应用，已被一些国家规定为标准

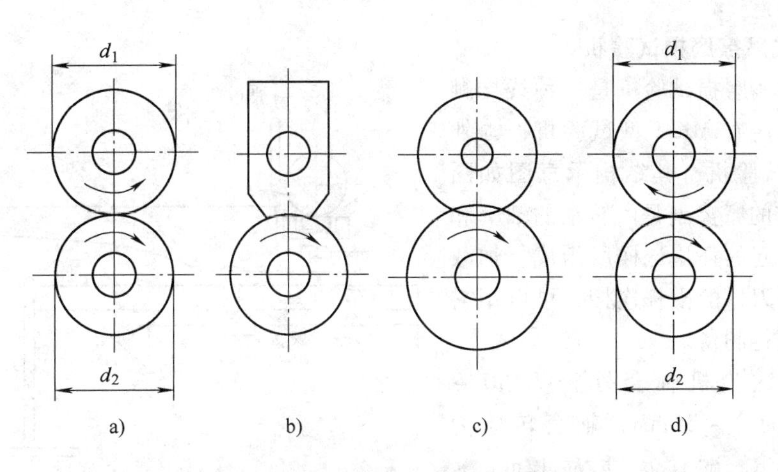

图 12-3　MM-200 型磨损试验机的摩擦副简图

试验机。

四球试验机主要机构有一根垂直驱动轴，它的下端装有一个锥形体 1，锥形体夹住转球 2，与之相压紧的有另外三个球 3，它们用一螺母和锥形体来固定住，如图 12-4 所示。固定球的座体是装在一个径向轴承上，以便使它能转动和轴向移动。载荷是用液压或杠杆机构加在固定球的座体上，转球作用在固定球上的摩擦力矩通过一杆子或软带转给测试装置。

被测试的润滑油装于放置三个固定球的油杯中，通常球直径为 12.7mm，其制造尺寸精度要很高，并有均匀的硬度和良好的表面质量。主轴有 6 个转速（600r/min、700r/min、1200r/min、1500r/min、1800r/min、3000r/min），总载荷为 60 ~ 1260N，最高温度可达 250℃。

在试验过程中，摩擦力矩的变化可自动记录下来，运转一定时间以后，要对三个固定球的磨痕大小进行测量，或者测量发生胶合时的载荷大小。

某些试验规范中规定基本的测试数据应当包括：未发生胶合的最大载荷或者初始胶合载荷，运行 2.5s 未发生胶合的最大载荷、冷焊载荷。图 12-5 所示为磨痕斑点直径 d 与所加载荷 P 之间的变化关系曲线。图中曲线 AB 段表示未发生胶合的载荷；BC 段为初始胶合载荷；CD 段为迅速发生胶合的载荷；D 是冷焊载荷。

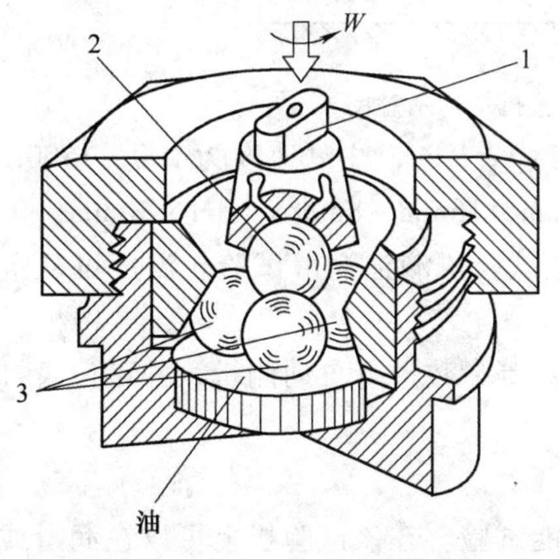

图 12-4　四球试验机的主要组件

1—锥形体　2—转球　3—球

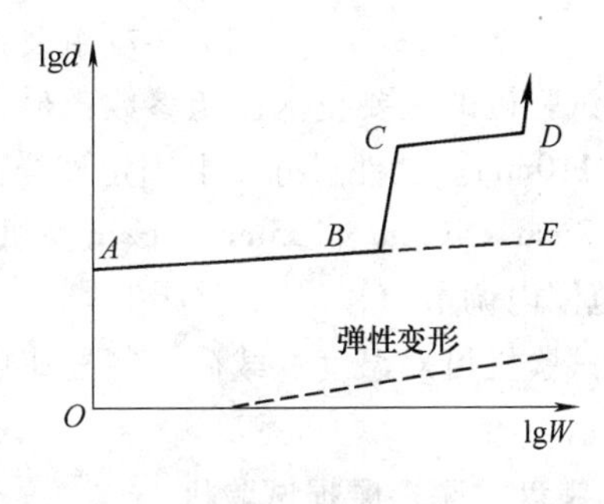

图 12-5　磨痕斑点直径与所加载荷之间的变化关系曲线

3. 环块式摩擦磨损试验机

环块式摩擦磨损试验机是一种线接触式试验机，国产有 MK-1 型试验机，国外有 Timken 型试验机，其结构示意图如图 12-6 所示。它的摩擦副是由转动的轴套和与之紧压在一起的环块试样所组成。加载机构与一个带刀口的横杆连接，可以用它对摩擦因数进行测量。

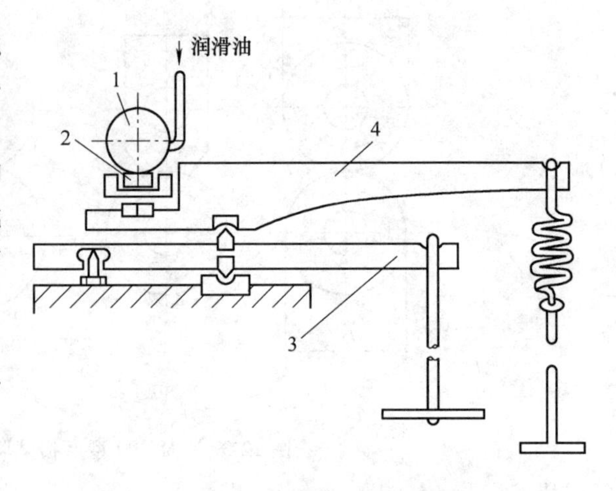

图 12-6　环块式摩擦磨损试验机结构示意图
1—轴套　2—环块　3—测摩擦力横杆　4—加载杆

MK-1 型试验机轴套外径为 30 ~ 50mm，壁厚为 2 ~ 10mm，轴套转速为 300 ~ 800r/min，试样尺寸为 12mm × 12mm × 15mm。

试验时要确定运转 10 min 而不出现胶合的最大载荷值。用读数显微镜测量磨痕宽度，计算磨损的体积。摩擦因数可用带刀口的横杆上的平衡重算出。运行时的润滑油温要保持某一规定值（例如 52℃），同样地，在做油品试验时，要对试件的材料硬度和表面处理按规定制作。

4. 往复式摩擦磨损试验机

往复式摩擦磨损试验机可对作往复运动的零件材料，如气缸套和活塞环进行试验研究。国产 WMJ-1500 是由微型计算机控制的全平衡式的高速往复式磨损试验机，结构示意图如图 12-7 所示。齿轮箱是将旋转运动变换为连杆往复运动的全平衡机构，试件装在滑块上，由连杆带动作往复运动，上试件固定在支架上，并由液压缸加载。

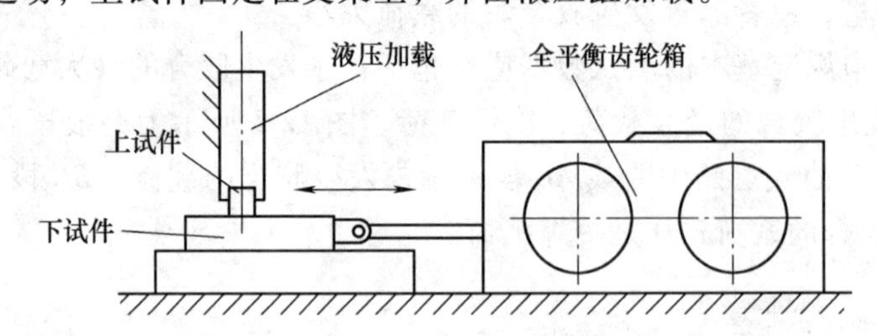

图 12-7　往复式摩擦磨损试验机结构示意图

该试验机的主要技术性能参数：最大加载压力为 12 MPa，往复速度为 200 ~ 1500r/min；行程为 110mm。试件尺寸：上固定试样为 3mm × 4mm × 16mm ~ 8mm × 4mm × 30mm，下试件尺寸为 7mm × 40mm × 125mm。该试验机可做干摩擦试验或滴油润滑试验。温度可从室温至 250℃ 范围内调节。

该试验机可对温度、载荷、往复速度、摩擦因数等参数进行自动测量，并可记录打印和数字显示。

5. 销盘式摩擦磨损试验机

销盘式摩擦磨损试验机主要是用做材料磨损性能试验。在该试验机上可以在润滑或干摩擦条件下做磨料磨损或粘着磨损试验。这种试验机的形式较多，有单销式和三销式（图 12-8）。单销式的优点是避免了摩擦过程中几个销子造成的磨痕之间相互影响，但它对试验机

的刚性要求较高。该试验机若装上非接触式位移传感器可以对试件的总磨损进行连续动态测量。

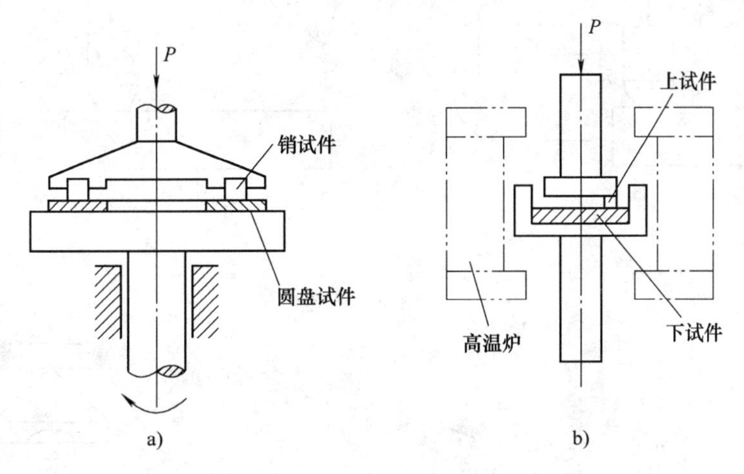

图 12-8　销盘式摩擦磨损试验机结构示意图

a）三销式　b）单销式

国产 MG-200 试验机还装有加热装置，可以在最高温度达 950℃ 下对试件进行摩擦磨损性能研究。

12.4　摩擦磨损试验中的测试

摩擦磨损过程中的参数很多，这里仅介绍摩擦温度、摩擦因数和磨损量的测量方法。

12.4.1　摩擦温度的测量

摩擦时，接触表面温度高低和分布情况对摩擦磨损性能影响很大，因此测量摩擦表面温度很重要。测量摩擦副表面温度的主要方法有热电偶和远红外辐射测温法，如图 12-9 所示。但就目前的技术水平而言，对摩擦表面的温度进行精确的测量仍很困难。

如图 12-9a 所示，原则上可以直接从摩擦界面上取得信息。但是这个信息可能受到例如由润滑油添加剂的作用所产生的界面电动势的影响，而且在多触点的循环电流可能也有影响。如图 12-9b 所示，不可能直接从摩擦界面取得温度信息。因此，有时便设法确定温度梯度，即在离界面不同距离的地方插入几个热电偶并用这些测量值来推断摩擦界面的温度。事实上，近界面处温度梯度变化很大。

远红外辐射测温法是利用物体辐射强度随温度变化的物理现象来测量温度的方法。它是一种非接触式测温方法。因为红外温度计与摩擦表面不接触，而且反应速度快，灵敏度高，有利于测量运动件表面温度及摩擦温度分布。不过这种方法只应用于摩擦副表面暴露的部分（图 12-9c）或者透明的偶件（图 12-9d）。

12.4.2　摩擦因数的测量

摩擦因数大小是表示摩擦材料特性的主要参数之一。摩擦因数 f 分为静摩擦因数 f_s 和动摩擦因数 f_k（一般直接用 f 表示）。一般情况下测定动摩擦因数比较困难，如高真空、高压

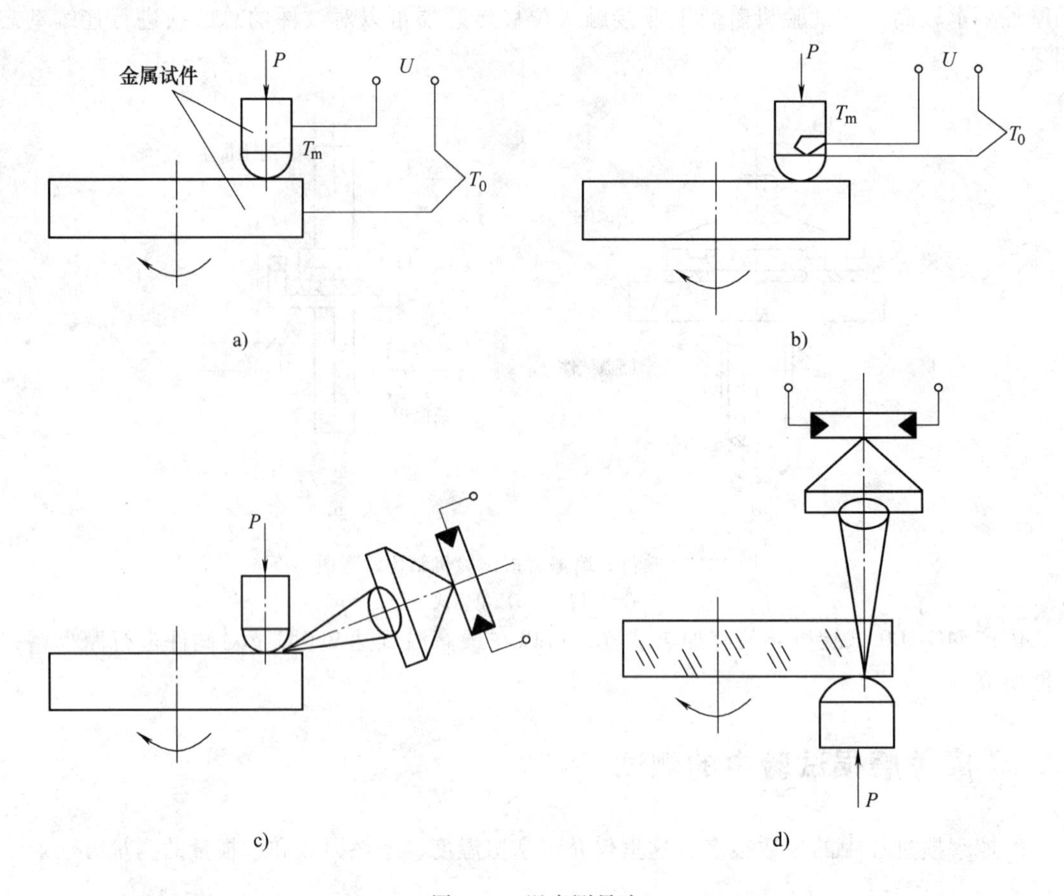

图 12-9　温度测量法

a）动态热电偶　b）热电偶　c）红外温度计　d）红外温度计

等条件下的摩擦只测定静摩擦因数。

1. 静摩擦因数的测定方法

当测定某材料在一定配对条件下的静摩擦因数时，最简单的方法是倾斜法和牵引法。

（1）倾斜法　把被测物体放在对偶材料的斜面上（图 12-10），逐渐增大斜面倾斜度，当被测物体开始滑动时其斜面的倾斜角 θ 即为摩擦角，静摩擦因数为 $f_s = \tan\theta$。

（2）牵引法　把重力为 W 的被测物体放在图 12-11 所示的对偶材料 B 的平面上。电动机通过蜗轮蜗杆减速缓慢地带动齿轮齿条机构，使对偶材料 B 平稳且缓慢向左移动，在摩擦力作用下，物体也随之移动并拉伸弹簧，当弹簧拉伸一定程度时，被测物体和 B 发生相对移动，此时应变梁上应变片的应变量通过仪表反映出的最大力 F 即为静摩擦力，则有 $f_s = \dfrac{F}{W}$。

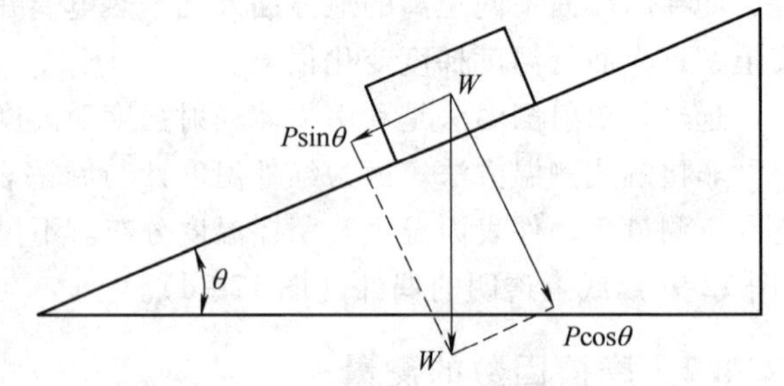

图 12-10　倾斜法测定摩擦角

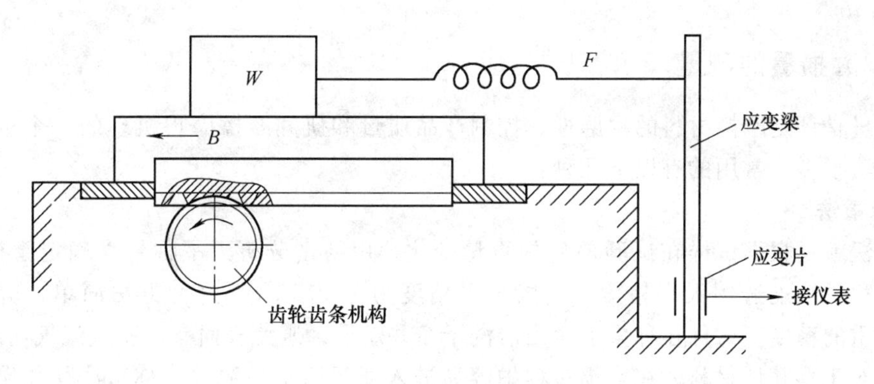

图 12-11　牵引法测定摩擦力

2. 动摩擦因数的测定方法

常用测量连续摩擦时的摩擦力变化来求得摩擦因数，主要测量方法如下：

（1）重力平衡法　Amsler 试验机或 MM-200 试验机上所采用的就是重力平衡法，如图 12-12 所示。载荷 P 通过上试件 1 加到下试件 2 上。下试件旋转，上试件固定。摩擦副之间没有摩擦时，平衡砝码杆处于铅垂位置。有摩擦时，平衡砝码杆通过齿轮测力机构产生一定的偏摆，摆角的大小从标尺 6 上读出摩擦力矩。由此摩擦力矩可以换算出试件上的摩擦力。

（2）弹簧力平衡法　如图 12-13 所示，当下试件 4 转动时，由于摩擦，上试件将会有沿着 F 方向运动的趋势，从而使弹簧 3 变形。通过测量弹簧的变形，可计算出摩擦力的大小。用杠杆加砝码的方法代替弹簧来测摩擦力（或力矩），也在许多试验机上应用，如 Timkeh 型试验机上的测量机构。

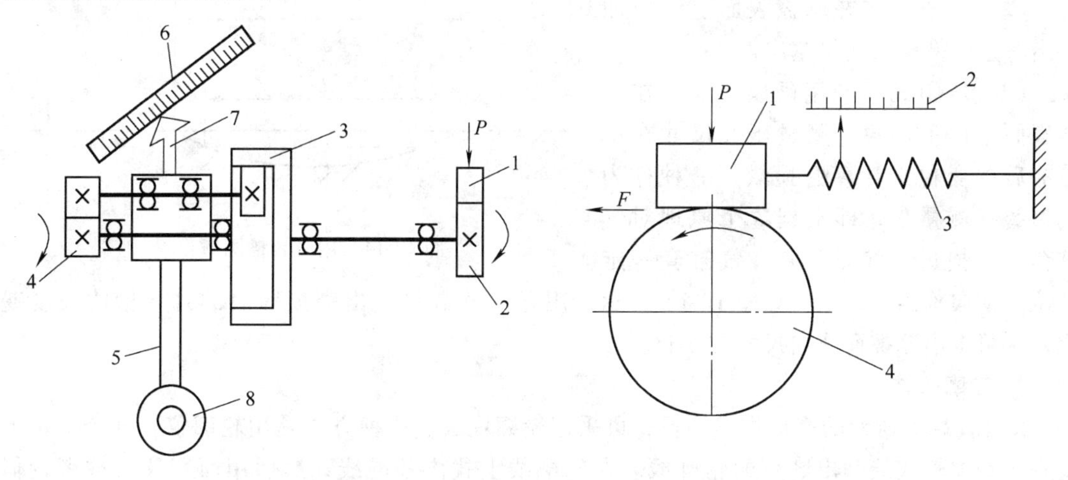

图 12-12　重力平衡法测摩擦力

1—上试件　2—下试件　3—外齿轮　4—行星齿轮

5—平衡砝码杆　6—标尺　7—指针　8—砝码

图 12-13　弹簧力平衡法测摩擦力

1—上试样　2—标尺　3—弹簧　4—下试件

（3）电测法　把压力传感器附加到测力元件上，将摩擦力（或力矩）转换成电量（电信号），输入到测量和记录仪上，自动记录下摩擦过程中摩擦力的变化。这种方法目前已普遍得到应用。

通过上述三种方法得到摩擦力，再由摩擦力与法向载荷间接求得摩擦因数。

12.4.3 磨损量的测量

磨损量是评定摩擦材料的耐磨性、控制产品质量和研究摩擦磨损机理的一个重要指标。测量的方法很多，常用的有以下几种：

1. 称重法

称重法就是根据试样在试验前后的重量变化，用精密分析天平称量来确定磨损量的方法。按照称重精度选用天平精度，一般天平精度为 1×10^{-4}g。这种方法简单，应用普遍。为保证称重的精度，试件在称重前应当清洗干净并烘干，避免表面有污物或湿气而影响重量的变化。对于多孔性材料，在磨损过程中容易进入油污而不易清洗，称重法往往误差很大。此外，若试件在摩擦过程中重量损失不大，而只发生较大的塑性变形，则也不宜用称重法，否则测量误差较大。

2. 测长法

测长法是测量摩擦表面法向尺寸在试验前后的变化来确定磨损量的方法。常用测量长度仪器有千分尺、千分表、测长仪、万能工具显微镜、读数显微镜等。较精密的电感式测微仪的测量精度可达 0.1μm。为了便于测量，往往在摩擦表面上人为地做出测量基准，然后以此测量基准来度量摩擦表面的尺寸变化。测量基准是根据试件形状和尺寸，在不影响试验结果的条件下设置的。其形式有：

(1) 台阶式　在摩擦表面边缘上专门加工出一个台阶表面作为测量基准。

(2) 切槽式　在摩擦表面上专门加工出一条凹槽作为测量基准。

(3) 压印式　利用硬度压头，在试样表面上压下凹痕，测量压痕尺寸在试验前后的变化来计算磨损量。一种称为刻痕磨损测量仪，即根据这个原理对气缸套的磨损进行测量。它在气缸套一定部位上横向刻出月牙槽，如图 12-14 所示。用显微读数仪量出磨损前后的月牙槽的长度变化，则可求出摩擦面法向尺寸的变化。

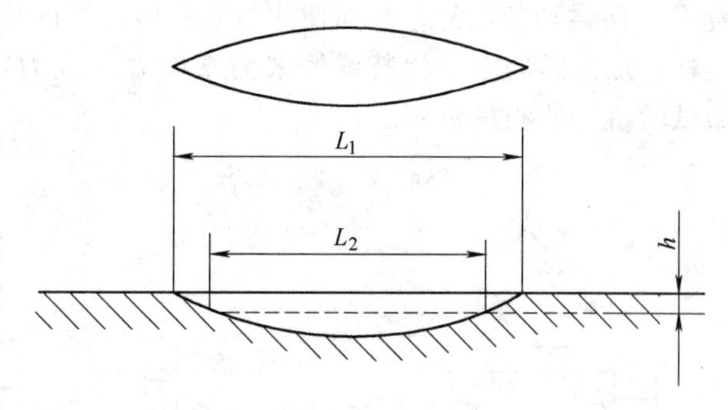

图 12-14　用月牙槽测磨损量

3. 轮廓仪法

对图 12-15 所示的磨痕进行测量，可采用轮廓仪法。这种方法是用轮廓仪在几个部位上垂直于磨损轨迹绘制出磨痕的轮廓线。在轮廓线上找出基准线，然后用面积仪（或者近似地用方格法）求得基准线和磨痕轮廓之间的面积大小。

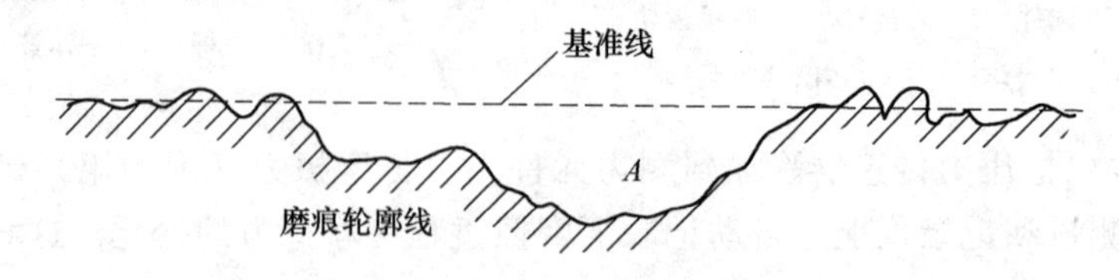

图 12-15　轮廓仪测磨损量

在一个磨痕上取若干个测量部位，然后将所测得的面积求平均值。该平均值除以相应的

放大倍数，乘上磨痕的长度，即得磨损体积，并以此推算出磨损量。

这种方法精度比较高，并且可利用磨痕轮廓线分析磨损的部分特性。但这种方法需要有一定功能的轮廓仪。对于均匀磨损的表面，由于不易找出基准线，也无法采用此方法。

4. 非接触式测量法

以上测量磨损量的方法都要拆卸部分机器零件，当重复试验时，反复拆卸会改变试件的相对位置，破坏摩擦表面的磨合性。用非接触式测量法可以避免这方面的缺陷，能测出摩擦过程中磨损变化的情况。

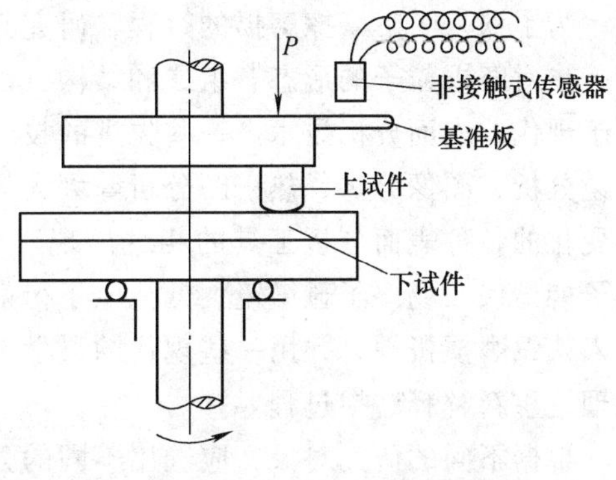

图 12-16　非接触式测量法测量磨损量的原理

非接触式测量法测量磨损量的原理如图 12-16 所示。非接触式传感器装在靠近基准板的地方。此基准板为金属材料，通常用铁板制成，它与上试件连成一体。当磨损使上试件下沉时，则传感器与基准板之间间隙增加，传感器得到此位移信号，经仪表检测放大就可以反映出磨损变化情况。

5. 放射性同位素法

先将试件进行放射性同位素活化处理，使其具有放射性，然后进行磨损试验，根据磨屑的放射计量或活化件放射性强度下降量或活化件金属转移量，换算出相应的磨损量。

这种方法测量精度很高，可达 $10^{-5} \sim 10^{-6}$g，而且可以在不停止机器运转和不拆卸机器的情况下，确定零件的磨损或单独测定个别零件的磨损，以及自动记录零件磨损量变化，随时得到磨损的测量结果。

一般放射性同位素法存在人体安全问题，因此应当做好放射性防护措施。这一点往往成为推广应用此方法的一个障碍。

放射性同位素测量技术中有一种薄层微差法。这种方法是将接受磨损试验的零件在回转加速器中，用加速质子、氘核或 α 粒子对表面进行放射性处理之后，随着磨损量的增加，放射线强度就不断减弱，从而可以确定质量损失量。由于活化深度很浅，受处理的零件的放射剂量很小，不需要采取复杂的放射性防护措施，而测量的灵敏度仍很高，这是该方法的优点。

6. 采集和分析磨屑

通过采集和分析磨屑可以对磨损进行测量。这种方法适用于测量具有循环润滑系统的机器中的某些零件的磨损。在某些情况下，仅仅通过采集磨屑就可以测定磨损。例如所谓磨屑检测器，就适用于进行这种测量。当金属磨屑进入检测器的两电极之间时就接通了电流，这表明磨损量已达到一个临界值。又如，铁磁磨屑被吸到磁体的缝隙中（图 12-17），改变了磁通，从而也改变了次级电压，其变化量作为衡量相应磨屑质量多少的一个

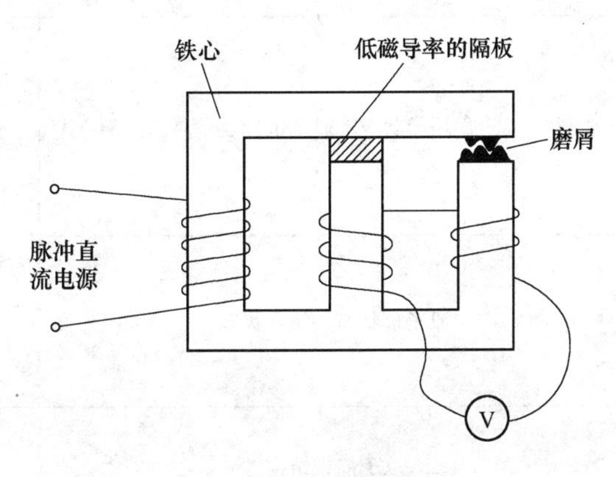

图 12-17　铁磁磨屑探测器

参数。关于磨屑的重要分析方法有光谱分析、铁谱分析等方法。

12.5 摩擦表面的近代微观分析法

为了深入了解摩擦磨损的过程，研究其机理，就不能仅满足于对磨损量的测定，而应当进一步对磨损粒子的形态、组成和结构，以及摩擦表面上的损伤本质进行分析，这就必须依赖于现代的表面分析技术。一些先进的技术，诸如光谱分析、放射性示踪原子分析、电子显微镜分析、图像分析、热谱图分析等大大促进了对磨损的研究，尤其是展示物质微观结构及其变化的各种表面分析工具的相继出现（如扫描电子显微镜、俄歇电子能谱仪、化学分析电子能谱仪、场离子显微镜、低能电子衍射、二次离子质谱仪、X 射线衍射仪等），使人们深入认识磨损机理，并用一些现代的科学理论，如能带理论、晶体结构理论、表面能和内聚能理论重新解释磨损过程。

根据不同的研究对象，应选用不同的分析方法。研究固体表面原子排列的微观结构等几何结构时，主要采用衍射技术和扫描电子显微镜分析；研究表面原子的组分、分布、电子结构等原子状态等，主要采用能谱技术（见表 12-2）。

近代微观表面分析技术种类很多，其原理大多是采用一个激发源产生一定能量的粒子，如光子、电子、离子以及中性粒子照射到试件表面上，使其与表面原子相互作用，激发表面发射出与该表面特性有关信息的粒子，根据表面受激发而发射粒子的信息，判断出表面的组织结构。

表 12-2 表面研究对象和选用分析方法

研究对象	分析方法	
表面的几何结构：表面原子排列	高能电子衍射	HEED
	低能电子衍射	LEED
	场离子显微镜	FIM
	场发射显微镜	FEM
表面微观结构缺陷	扫描电子显微镜	DEM
	低能电子衍射	LEED
	场离子显微镜	FIM
	场发射显微镜	FEM
表面原子状态：原子组分、杂质	X 射线光电子能谱	XPS
	紫外光电子能谱	UPS
	俄歇电子能谱	AES
	离子探针显微分析	LMA
	电子探针显微分析	EPMA
原子价状态、结合状态	X 射线光电子能谱	XPS
	俄歇电子能谱	AES
	电子自旋共振	ESR
	紫外光电子能谱	UPS
原子能带结构	X 射线光电子能谱	XPS
	紫外光电子能谱	UPS
	场发射显微镜	FEM

微观表面分析方法可以根据激发粒子和检测粒子种类来划分，又可以根据检测粒子特性划分，如检测粒子的动能，称为能谱法；检测粒子的光谱，称为光谱法。还可以根据检测粒子的种类细分，如测定二次粒子种类为二次电子（俄歇电子）的动能，则称为俄歇电子能谱法等。

微观表面分析方法很多，在选用时应考虑：

1）信息深度适宜。

2）提供的信息对于被检测的元素是足够的。

3）有较高的灵敏度。

4）有足够的分辨能。

5）是否要求非破坏性分析。

主要微观表面分析方法的特点见表 12-3。

表 12-3　主要微观表面分析方法的特点

分析方法	入射粒子	原理	测定对象（分析面积）	元素范围	表面破坏	分析深度	获得资料类型
扫描电子显微镜(SEM)透射电镜(TEM)	电子	利用扫描(透射)电子束进行表面薄层形貌观察	几乎是包括聚合物的所有材料(ϕ0.001～0.3mm)		一般来说，对所测的性质无破坏	50～100nm，100～数μm	表面(薄层)形貌，附能谱仪，波谱仪利用特征X射线做元素分析
离子微探针质量分析(IMMA)	Ar^+或其他粒子	检测二次离子的质量并直接成像	多晶金属半导体或绝缘体(ϕ0.001～1mm)	Li-U	有	瞬间第一层	深度函数的元素组成溅射速度每秒一单层或50nm
化学分析电子谱 ESCA(XPC)	X射线	测量光电子的能量及其相对强度	包括聚合物和各种固体	Li-U	无	0.05～0.2nm	元素组成电子状态、化学键合、核心能级宽度
低能电子衍射(LEED)	电子	由表面二维晶格引起的散射	单晶金属半导体或绝缘体(有或无吸附物)(ϕ0.4mm)	Li-U	对一些吸附层和绝缘体有，对金属和半导体无	0～1nm	表面区或吸附层内有序结构的对称性和原子的水平间距
二次离子质谱(SIMS)	Ar^+或其他粒子	检测从表面发射的二次离子的质量	多晶或单晶金属或绝缘体(ϕ0.001～1mm)	H-U	在需要深度剖析时有	一定时间内第一暴露	表面及其下层内近似的元素组成
紫外光电谱(UPS)	紫外光子	测量价电子的能量及其相对强度	多晶或单晶金属或绝缘体(ϕ0.001～0.1mm)	Li-U	无	0.5～2nm	吸附层和底材的电子状态、功函数。振动能级

（续）

分析方法	入射粒子	原理	测定对象（分析面积）	元素范围	表面破坏	分析深度	获得资料类型
电子探针显微分析（EPMA）	电子	测定形貌和特征 X 射线	单晶或多晶金属或氧化物（ϕ0.001~0.3mm）	B-U	特别是在低能部分有一些破坏	20~2000mm	表面范围内的元素组成
高能电子衍射（HEED）	电子	由薄层原子引起的散射	结晶体（有无吸附层）		一些吸附层和绝缘体有	数纳米~数微米	表面和吸附层内有序结构的对称性和原子的水平距离晶格常数
离子中和谱（INS）	He^{+}、He^{-}	由低能惰性气体离子产生的二次电子能量分布	有无吸附层的单晶或多晶	H-U	无	数	第一单层的电子状态

12.6 磨损微粒的分析技术

对磨损产物——磨粒的成分和形态的分析，不仅是研究磨损机理的主要方法之一，而且是工程上磨损预测和工程监控的重要手段。磨损微粒分析方法很多，下面着重介绍光谱分析法和铁谱分析法。

12.6.1 光谱分析法

光谱分析法是应用光谱学原理来确定物质的结构和化学成分的分析方法。

一般条件下，物质的原子处于稳定状态。若用光子能量来激发物质的原子，使其原子得到一定的能量，从基态跃迁到较高的能级，由于激发的原子不稳定，在 10^{-8}s 内便要向基态转化而跃迁到较低的能级，多余的能量则以光的形式释放出来而产生光谱。光谱分析法就是利用物质原子在一定条件下能发射出具有特征光谱的这一特性进行的。因为每种元素都有各自的特征光谱线，这样测得其物质所发射的光谱便能定性地确定其中所含的化学成分。因为每种元素所发射特征光谱线的强度都与它在物质中的含量有关，所以可通过对光谱强度的比较，确定物质中各元素含量的多少。光谱分析法具有极高的灵敏度和准确度，且分析速度快，能对运转时机器零件的磨损状态进行检测，预报机械设备的磨损状态。

进行光谱分析时，要按以下步骤进行：①抽取油样；②化学预处理；③上机作油样分析；④对数据或谱带作诊断处理，即数据释义；⑤对分析（诊断）的有效性进行证实。

光谱分析有原子发射光谱（AES）、原子吸收光谱（AAS）和原子荧光光谱等。

1. 原子发射光谱（AES）分析法

利用电能或热能使磨粒原子化，并用带电粒子撞击（一般用电火花），激发其发光，即发射出反映各元素特征的各种波长的辐射线，并用一个分光仪分离出所要求的辐射线，将所

测的辐射线与校准器相比较来进行定性，并测量其辐射光强来定量。

AES 法适用的元素范围较广，分析的浓度范围也较广（痕量、微量到少量）；近年来采用高频电感耦合等离子体光源，可同时测定十种元素，开拓了 AES 应用的新前景。

2. 原子吸收光谱（AAS）分析法

这种分析法是根据基态原子具有吸收同种原子辐射光的特性而进行分析的。当波长连续分布的光透过磨粒在高温下原子化形成的原子池，某些波长的光被该原子池所吸收，于是形成了吸收光谱，以此确定元素的种类和含量。由于原子吸收谱线较少，采用锐线光源，大大减少了光谱干扰。与 AES 法相比，AAS 法操作简便，分析精度高，因而当前应用比较广泛。

据报道，目前原子吸收光谱分析法可对润滑油中 30 多种磨损金属的痕量变化进行测定。

但应当指出，磨粒元素的光谱分析法虽然具有上述的优点，但是它所测得的只是某一时间、某一种或几种磨损元素的总浓度，所以不利于研究单个磨损面。另外，它不能识别磨损尺寸和形貌等。

12.6.2　铁谱分析法

铁谱分析是一种从润滑油试样中分离和分析磨损微粒和碎片的新技术。它还借助于各种光学或电子显微镜等来检测和分析，方便地确定磨损微粒或碎片的形状、尺寸、数量以及材料种类，从而判别零件表面磨损类型和程度，故被称为 20 世纪 80 年代摩擦学领域的先进检测技术。

铁谱分析方法如下：

1. 分离磨粒制成铁谱片

铁谱片是用铁谱仪制成的。铁谱仪由三部分组成，即抽取并输送润滑剂试样的低流量泵、使磨粒磁化沉积的强磁铁、用来沉积微粒的处理过的透明基片，其原理图如图 12-18 所示。基片下装有高梯度磁场的磁铁（专门设计的，一般是用两块磁铁材料和三块可充磁的纯铁拼凑成 V 字形，两磁极间的狭缝间隙约 1.02mm），磁铁表面上的磁场强度达 1.8T。基片安装成与水平面有小倾斜角度，使出口端的磁场比入口端强。油样沿倾斜的底片向下流时，其中磨粒受到一个连续不断增大的磁场力的作用而被磁化。磁性引力与微粒的体积成正比，因此大磨粒首先沉积，细微的磨粒则跟着在较远距离沉积，即大微粒在入口端沉积，细微粒在后端沉积。对于磁性足够的材料，在 60mm 长的基片上的沉积率达 100%。这样，最后使磨粒按照其大小次序全部均匀地沉积在基片上。油样由稳定低速泵抽出送到透明基片上，油样量通常取 2～3mL。当这些油样流过基片后，再泵送四氯乙烯清洗残存在基片上的油样，最后用固定液使磨粒牢固地贴附在基片上便制成铁谱片，以便观察和检测。

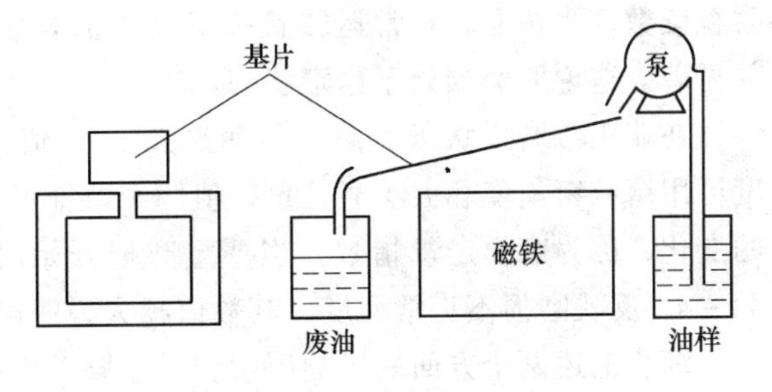

图 12-18　铁谱仪原理图

制成的铁谱片如图 12-19 所示。铁谱片长 60mm，通常磨粒沉积成为约 50mm 长的带状。对多数机器设备试验结果表明，最大微粒一般沉积在刻度 50～56mm 之间，而最小微粒通常沉积在刻度 10mm 位置上，如图 12-19b 所示。

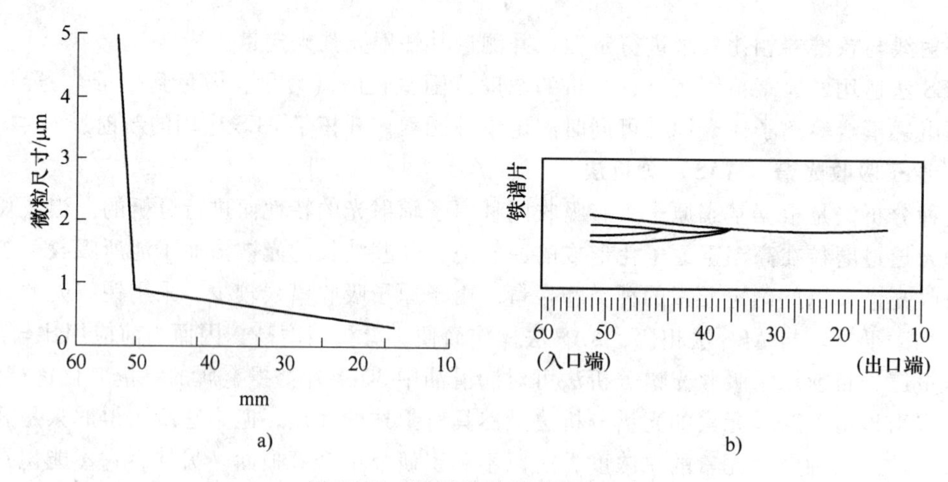

图 12-19 铁谱片及其磨粒的分布

a）磨粒在谱片上位置与磨粒尺寸 b）磨粒在谱片上的分布

2. 检测和分析铁谱片

检测和分析铁谱片的方法很多，有各种光学或电子显微镜，有化学或物理方法。下面介绍目前常用的检测和分析方法。

（1）铁谱光密度计检测分析 通常先采用铁谱光密度计（或称铁谱片读数仪）来测量铁谱片上不同位置上磨粒沉积物的光密度，从而求得磨粒的尺寸、大小分布以及微粒总量，提供零件磨损数据。微粒光密度用磨粒在基片上遮盖面积的百分数来表示。一般在铁谱片上55mm（大磨粒沉积处）和49mm（小磨粒沉积处）两处测量，以 A_L 和 A_S 分别表示大、小磨粒读数。当机器在正常运转状态下（除磨合阶段外），A_L 值一般稍大于 A_S 值，但差别不甚显著。这说明磨损处于稳定状态。

在非正常磨损状态下，A_L 值明显大于 A_S 值，而且磨粒量急剧增多。因此，磨损变化程度可用磨粒密集度和大小磨粒量差值两个特征量表示。$I_q=A_L+A_S$ 表示不同时间磨损微粒量的变化，称为磨损定量指数。当严重磨损开始时，其数值急剧增大。大、小磨粒差值 $I_s=A_L-A_S$，反映磨损不正常程度，其数值越大说明磨损越恶化，故称为磨损严重性指数。

综合上述两个方面的影响因素，对于整个磨损情况可得出磨损度指数方程为

$$I_A = I_q I_s = A_L^2 - A_S^2$$

式中 I_A——磨损度指数；

I_q——磨损定量指数；

I_s——磨损严重性指数。

根据这些指数可以判断磨损系统状态是否正常。

如果采用直读铁谱仪显示器，可直接读出进口端处大微粒（粒度 >5μm）沉积物的光密度读数和离出口端一定距离处小微粒（粒度 1~2μm）沉积物的光密度读数。通过不断地计算并显示出磨损度指数值，来判断运行的机器磨损状态和工作状态。

对于直读铁谱仪（图 12-20），两条光束横透过沉积管，第一条光束在接近沉积管的入口端，第二条光束穿过小微粒沉积之处，于是可以读出 A_L 和 A_S 值，然后计算磨损量指标。

（2）铁谱显微镜检测分析 铁谱显微镜又称双色显微镜，它由带铁谱读数器的双色显微镜组成。铁谱显微镜光学原理如图 12-21 所示。它不只是用于研究磨粒形貌，而且可以鉴

别材料种类，从而确定磨粒的来源，即判断磨损零件及其具体部位。确定磨损状态的原理与上述相同。这里只介绍鉴别材料种类。

沉积在铁谱片上的磨粒，除有金属微粒外，还有由于氧化或腐蚀产生的化合物微粒。金属磨粒是非透明的，而化合物微粒通常是透明或半透明的，因而要用铁谱显微镜检测。铁谱显微镜利用一组绿色透射光和一组红色反射光同时照射到磨粒上，不同类型的微粒呈现出不同的颜色。根据颜色和形状就可以确定磨粒的材料类别，判断出磨损的具体部位。

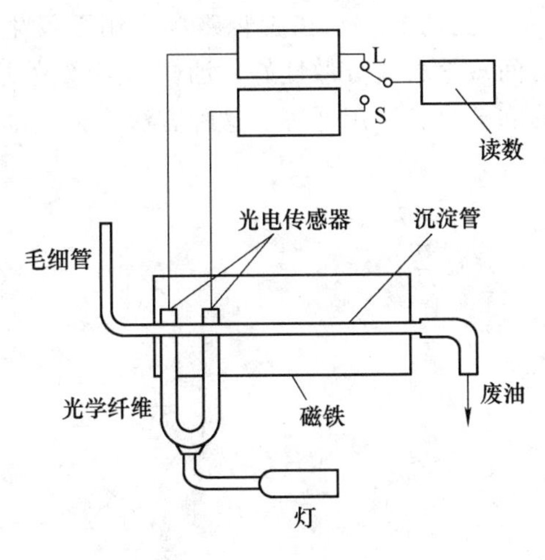

图 12-20　直读铁谱仪

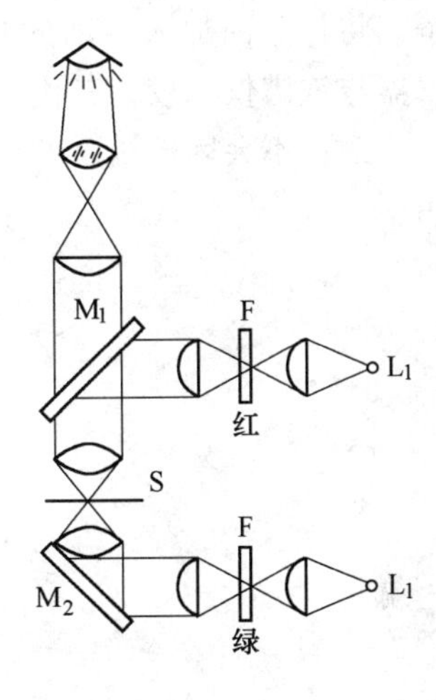

图 12-21　铁谱显微镜光学原理

（3）扫描电镜检测分析　由于扫描电镜能够深入反映微观形貌特征，应用它能观察到极其微小的单个磨损微粒形态和构造的细节，清晰地显示出和区分出片状、螺旋状、卷状、曲线状、球状和鳞状等各种形态的磨粒。根据磨粒形貌特征，可确定相应阶段所发生的磨损类型。

正常摩擦磨损的微粒一般呈小片状。切削和磨料磨损的微粒一般呈螺旋状、卷状和曲线状，这种磨粒的集中出现是严重磨损过程的表现，若其数目急剧增多，则表明机器损坏即将开始。高应力引起的表面疲劳磨损的磨粒一般呈鳞状，其形态在三个垂直方向上的尺寸接近相等。氧化磨损（化学磨损或腐蚀）的磨粒一般呈球状。

扫描电镜分析磨粒主要用于对磨粒需要进一步研究、探讨磨损机理以及对机械失效需进一步分析的场合。

（4）铁谱片加热法检测分析　对铁谱片进行加热处理，根据其颜色的变化，可以鉴别出各种磨粒的材料种类。对于铜合金，由于其特有的黄色和青铜色，不需加热便可以识别；对于如银、镉、铬、铝、镁、钛、锌等非铁磁材料，加热后其颜色没有变化；对于铸铁、镍、奥氏体不锈钢等磁性材料，加热到不同温度，其回火后颜色有所不同。例如从柴油机取得的油样制成的铁谱片上有大量切屑状磨粒及一些白色微粒，经过加热后（加热温度330℃，保温 90s），大部分白色微粒变为棕色，这表明磨粒来自铸铁零件，即气缸套和活塞环。但有时一些微粒仍为白色，表明它们是铬或铝微粒。这种铁谱片加热法检测磨粒材料种类是一种比较可行的方法。

在磨粒分析方面，铁谱和光谱分析各有所长。铁谱分析能将磨粒按尺寸大小排列，并反映出颗粒的形状、磨损的性质，但进一步定性定量分析有困难；光谱分析能够区别磨粒的元素成分，并能进行定量分析，但对于大于2μm的微粒即失去检测的效能，而很多机械失效时，磨粒尺寸往往大于2μm。因此，分析磨粒时最好两种方法联合使用，可以相互补充，使检测效果较好。

值得一提的是，目前在铁谱分析方面发展了一种新的仪器，即磨粒回转沉积分析器。它的主要组成部分是一个锥形磁体，它由电动机驱动可以绕垂直轴旋转，磁体上装有玻璃或塑料基片。在磁体上方有一个转动架，其中包括一个圆柱体以定位基片、一个样品油管以及一个清洗管子。将样品油加入转动的基片中心，在向下流的同时，在旋转磁场作用下发生沉积。这种仪器与铁谱仪比较，其优点在于：操作时间短，磨粒分散性好，油样不必像做铁谱时那样稀释，磨粒不会因输送泵的作用而发生变形和破碎，费用低等。这种方法将会逐渐得到推广使用。

参考文献

[1] 温诗铸，黄平．摩擦学原理［M］．2版．北京：清华大学出版社，2002.
[2] 郑林庆．摩擦学原理［M］．北京：高等教育出版社，1994.
[3] 翟玉生，李安，张金中．应用摩擦学［M］．东营：石油大学出版社，1996.
[4] 高彩桥．摩擦金属学［M］．哈尔滨：哈尔滨工业大学出版社，1988.
[5] 王学浩．摩擦学概论［M］．南京：河海大学出版社，1990.
[6] 张嗣伟．基础摩擦学［M］．东营：石油大学出版社，2001.
[7] 钟群鹏，田永江．失效分析基础知识［M］．北京：机械工业出版社，1990.
[8] 赵文珍．材料的表面工程导论［M］．西安：西安交通大学出版社，1998.
[9] 全永听，施高义．摩擦磨损原理［M］．杭州：浙江大学出版社，1986.
[10] 吴刚．材料结构表征及应用［M］．北京：化学工业出版社，2002.
[11] 王汝霖．润滑剂摩擦化学［M］．北京：中国石化出版社，1994.
[12] 黄惠忠．论表面分析及其在材料研究中的应用［M］．北京：科学技术文献出版社，2002.
[13] 左演声，陈文哲，梁伟．材料现代分析方法［M］．北京：北京工业大学出版社，2000.
[14] 常铁军，祁欣．材料近代分析测试方法［M］．哈尔滨：哈尔滨工业大学出版社，1999.
[15] 董浚修．润滑原理及润滑油［M］．北京：中国石化出版社，1998.
[16] 徐滨士，朱绍华．表面工程的理论与技术［M］．北京：国防工业出版社，1999.
[17] 刘江南．金属表面工程学［M］．北京：兵器工业出版社，1995.
[18] 陈学定，韩文政．表面涂层技术［M］．北京：机械工业出版社，1994.
[19] 徐滨士，刘世参．表面工程新技术［M］．北京：国防工业出版社，2002.
[20] 周仲荣，谢友柏，摩擦学设计——案例分析及论述［M］．成都：西南交通大学出版社，2000.
[21] 周美玲，谢建新，朱宝泉．材料工程基础［M］．北京：北京工业大学出版社，2001.
[22] 庞佐霞，等．工程摩擦学基础［M］．北京：煤炭工业出版社，2004.
[23] 戴雄杰．摩擦学基础［M］．上海：上海科学技术出版社，1984.
[24] 中国机械工程学会摩擦学学会《润滑工程》编写组．润滑工程［M］．北京：机械工业出版社，1986.
[25] 黄志坚，石克发，郭振俊．冶金设备液压润滑实用技术［M］．北京：冶金工业出版社，2006.
[26] 刘正林．摩擦学原理［M］．北京：高等教育出版社，2009.
[27] 邵荷生．摩擦与磨损［M］．北京：煤炭工业出版社，1992.
[28] 王学浩．摩擦学概论［M］．北京：水利电力出版社，1990.
[29] 梁治齐．润滑剂生产及应用［M］．北京：化学工业出版社，2000.